AF551419

EUL
VERLAG

EINZELSCHRIFTEN

Cornel Potthast

Folgen einer verfahrensfehlerhaft unterbliebenen Hinzuziehung Kann-Beteiligter im Betreuungsverfahren – Ist ein fehlerhaftes Verfahren noch zu „retten"?

Lohmar – Köln 2017 • 64 S. • € 40,- (D) • ISBN 978-3-8441-0522-3

Alina van Eikeren

Ökonomische Wirkungen einer Revitalisierung der Vermögensteuer

Lohmar – Köln 2017 • 120 S. • € 48,- (D) • ISBN 978-3-8441-0524-7

Markus Völker

Postmortale Gestaltungsmöglichkeiten im Erb- und Erbschaftsteuerrecht

Lohmar – Köln 2017 • 88 S. • € 44,- (D) • ISBN 978-3-8441-0527-8

Natalie Malon

Generationsübergreifende Einflussfaktoren auf Karriereentscheidungen – Eine empirische Vergleichsstudie der Generationen X und Y

Lohmar – Köln 2017 • 112 S. • € 48,- (D) • ISBN 978-3-8441-0528-5

Christoph Wössner

Wertorientierte Incentivierung – Unter besonderer Berücksichtigung von Steuerungsphilosophie und Gaming-Phänomenen

Lohmar – Köln 2017 • 232 S. • € 60,- (D) • ISBN 978-3-8441-0530-8

Dieter Krimphove

Ökonomische Analyse der Sozialenzykliken der Katholischen Soziallehre

Lohmar – Köln 2017 • 164 S. • € 52,- (D) • ISBN 978-3-8441-0532-2

Anna-Lena Kotzur

Die verlustfreie Bewertung des Bankbuchs – Eine theoretische und umsetzungsorientierte Analyse der aktuellen Regelung

Lohmar – Köln 2017 • 208 S. • € 56,- (D) • ISBN 978-3-8441-0535-3

Dr. Anna-Lena Kotzur

Die verlustfreie Bewertung des Bankbuchs

Eine theoretische und umsetzungsorientierte Analyse der aktuellen Regelung

Mit einem Geleitwort von Prof. Dr. Werner Neus,
Eberhard Karls Universität Tübingen

Bibliografische Information der Deutschen Nationalbibliothek

Die Deutsche Nationalbibliothek verzeichnet diese Publikation in der Deutschen Nationalbibliografie; detaillierte bibliografische Daten sind im Internet über <http://dnb.d-nb.de> abrufbar.

Dissertation, Eberhard Karls Universität Tübingen, 2017

ISBN 978-3-8441-0535-3
1. Auflage Dezember 2017

JOSEF EUL VERLAG GmbH
Brandsberg 6
53797 Lohmar
Tel.: 0 22 05 / 90 10 6-80
Fax: 0 22 05 / 90 10 6-88
E-Mail: info@eul-verlag.de
https://www.eul-verlag.de

Bei der Herstellung unserer Bücher möchten wir die Umwelt schonen. Dieses Buch ist daher auf säurefreiem, 100% chlorfrei gebleichtem, alterungsbeständigem Papier nach DIN 6738 gedruckt.

Die verlustfreie Bewertung des Bankbuchs

Eine theoretische und umsetzungsorientierte Analyse der aktuellen Regelung

Dissertation
zur Erlangung des Doktorgrades
der Wirtschafts- und Sozialwissenschaftlichen Fakultät
der Eberhard Karls Universität Tübingen

vorgelegt von
Anna-Lena Kotzur
aus Heidenheim

Tübingen
2016

Tag der mündlichen Prüfung: 13.01.2017

Dekan: Professor Dr. rer. soc. Josef Schmid

1. Gutachter: Professor Dr. Werner Neus

2. Gutachter: Professor Dr. Martin Ruf

Geleitwort

Banken nehmen Risiken auf sich, um eher langfristige Überschüsse aus Anlage und Refinanzierung zu generieren und um eher kurzfristige spekulative Erfolge zu erzielen. Der erstgenannte Anlagezweck wird gegebenenfalls vor allem dadurch stark beeinträchtigt, dass es zu Kreditausfällen kommen kann; der zweitgenannte Zweck ist stärker einem Preisänderungsrisiko ausgesetzt. Die Ausfallrisiken werden traditionell überwiegend dem Bankbuch zugewiesen, die Preisänderungsrisiken hingegen dem Handelsbuch.

Seit einiger Zeit rückt die Beobachtung stärker in den Mittelpunkt, dass es auch im Handelsbuch Ausfallrisiken gibt (ein Beispiel für deren Einbeziehung erkennt man in den Bewertungsanpassungen bei den Kontrahentenrisiken im Bereich von OTC-Derivaten) sowie Preisänderungsrisiken im Anlagebuch. Das wichtigste Beispiel für die letztgenannte Baustelle sind Zinsänderungsrisiken im Bankbuch. Seit etwa fünf Jahren gibt es hierzu eine Verlautbarung (Stellungnahme zur Rechnungslegung des Bankenfachausschusses – IDW RS BFA 3), die Aussagen über Methoden zur Erfassung der Erfolgswirksamkeit, zur Einordnung in das System der Grundsätze ordnungsmäßiger Buchführung sowie zum Ausweis enthält.

Die konzeptionell interessanteste Frage ist die nach dem darin enthaltenen Methodenwahlrecht. Die zulässigen Varianten bestehen darin, zur Bemessung von Rückstellungen für drohende Verluste entweder einen Vergleich der Barwerte von Einzahlungen und Auszahlungen vorzunehmen oder periodenbezogene Erfolge zu diskontieren. Anna-Lena Kotzur nähert sich den aufgeworfenen Fragen mit dem Methoden der Wissenschaft und dies auf drei Ebenen: mit Blick auf Rechnungslegungsvorschriften auf der institutionellen Ebene, mit dem theoretischen Fundament und mit einer empirischen Untersuchung.

Mit Blick auf den IDW RS BFA 3 kritisiert Anna-Lena Kotzur vor allem die Behandlung von Refinanzierungskosten bei der Schließung einer Refinanzierungslücke im Rahmen des Barwertansatzes. Dies betrifft in besonderem Maße die Eigenkapitalkosten. Die theoretische Fundierung dieser Kritik ergibt sich aus den im Lücke-Theorem festgehaltenen notwendigen Bedingungen für die Barwertäquivalenz der zulässigen Methoden zur Bemessung der Rückstellungen. Damit wird klar offengelegt, dass die genannten Regelungen des IDW RS BFA 3 den Banken die Möglichkeit des Rosinenpickens eröffnen. Die empirische Analyse des tatsächlichen Bilanzierungsverhaltens deutscher Banken zeigt, dass die Ausübung des Methodenwahlrechts und das Offenlegungsverhalten stark durch die Zugehörigkeit zu den verschiedenen Bankengruppen getrieben sind.

Mit ihrer Untersuchung erhöht Anna-Lena Kotzur in einer erheblichen inhaltlichen und methodischen Breite den Kenntnisstand rund um die verlustfreie Bewertung im Bankbuch.

Tübingen, April 2017 *Professor Dr. Werner Neus*

Vorwort

Die vorliegende Arbeit wurde im Wintersemester 2016/17 von der Wirtschafts- und Sozialwissenschaftlichen Fakultät der Eberhard Karls Universität als Dissertation angenommen. Sie entstand im Rahmen eines über dreieinhalb Jahre andauernden Kooperationsprojektes zwischen der Ernst & Young GmbH und dem Lehrstuhl für Bankwirtschaft der Universität Tübingen. An erster Stelle bedanke ich mich daher insbesondere bei Herrn Professor Dr. Werner Neus, Herrn Professor Paul Scharpf und Herrn Professor Dr. Mathias Schaber für die Möglichkeit und Unterstützung der Promotion in diesem Kooperationsprojekt.

Mein besonderer Dank gilt meinem Doktorvater Herrn Professor Dr. Werner Neus für die Betreuung meiner Arbeit, hierbei insbesondere für die angenehme Zusammenarbeit, die konstruktiven Anregungen und das entgegengebrachte Vertrauen. Bedanken möchte ich mich auch herzlich bei Herrn Professor Dr. Martin Ruf für die Erstellung des Zweitgutachtens sowie bei Herrn Professor Paul Scharpf für die Übernahme des Promotionsvorsitzes im Rahmen der Disputation und der ständigen Bereitschaft zur fachlichen Diskussion.

Ferner gilt mein Dank meinen ehemaligen Lehrstuhlkolleginnen und -kollegen Dorothee Amann M.Sc., Dr. Joachim Brixner, PD Dr. Jens Grunert, Dr. Chris Hoffmann, Dr. Florian Niederstätter, Prof. Dr. Jan Riepe, Dr. Philipp Sturm und Eva Vöhringer M.Sc. für das stets sehr angenehme bisweilen freundschaftliche Arbeitsumfeld, die fachlichen Diskussionen und die hilfreichen Ratschläge. In diesem Zusammenhang möchte ich mich auch bei den studentischen Hilfskräften bedanken, die mich bei der Datenerhebung unterstützt haben.

Ebenso danken möchte ich Dr. Katrin Scharfenkamp, Stefan Effinger und meinen Kollegen bei der Ernst & Young GmbH für die wertvollen Anregungen und die Durchsicht der Arbeit.

Mein ganz besonderer Dank gebührt schließlich meiner Familie und Freunden für ihr Verständnis und für ihren stets vorbehaltslosen Rückhalt. Mit ihrer Unterstützung, Förderung und Motivation haben Sie maßgeblich zum Gelingen meines Dissertationsprojektes beigetragen.

Stuttgart, März 2017 *Anna-Lena Kotzur*

Inhaltsverzeichnis

Abbildungsverzeichnis

Tabellenverzeichnis

Abkürzungsverzeichnis

A	Auszahlungsbetrag
A_0	Auszahlung in $t = 0$
abs.	absolut
AF_t	Diskontierungsfaktoren
AtE	Assets to Equity
AZ^p	Auszahlung durch ein zinstragendes Geschäft auf der Passivseite
Bauspk	Bausparkassen
BdB	Bundesverband deutscher Banken
BFA	Bankenfachausschuss des IDW
BilMoG	Gesetz zur Modernisierung des Bilanzrechts (Bilanzrechtsmodernisierungsgesetz) vom 25.5.2009 (BGBl. 1102)
BS	Bilanzsumme
BW	Barwert/stellv. für die barwertige Betrachtungsweise
BVR	Bundesverband der Deutschen Volksbanken und Raiffeisenbanken
CF_t	Zahlung in Zeitpunkt t
CRD IV	Richtlinie 2013/36/EU über den Zugang zur Tätigkeit von Kreditinstituten und die Beaufsichtigung von Kreditinstituten und Wertpapierfirmen, zur Änderung der Richtlinie 2002/87/EG und zur Aufhebung der Richtlinien 2006/48/EG und 2006/49/EG
CRR	Verordnung (EU) Nr. 575/2013 über Aufsichtsanforderungen an Kreditinstitute und Wertpapierfirmen
disk.	diskontiert
DPR	Deutsche Prüfstelle für Rechnungslegung
DSGV	Deutscher Sparkassen- und Giroverband
ERS	Entwurf zu einer IDW Stellungnahmen zur Rechnungslegung
EZ^a	Einzahlung durch ein zinstragendes Geschäfte auf der Aktivseite

Förder-KI	Förderkreditinstitute
fr_{t-1}	Forward Rate (impliziter Terminzinssatz)
Genos	Genossenschaftsbanken
GKM	Geld- und Kapitalmarkt
GuV	Gewinn- und Verlustrechnung/stellv. für die GuV-orientierte Betrachtungsweise
i_a	Zinssatz eines zinstragenden Geschäfts auf der Aktivseite
IDW	Institut der Wirtschaftsprüfer
i.d.R.	in der Regel
i_p	Zinssatz eines zinstragenden Geschäfts auf der Passivseite
KAGB	Kapitalanlagegesetzbuch
KI	Kreditinstitut
LtA	Loans to Assets
M_{GuV}	Periodische (GuV-orientierte) Methode/Betrachtungsweise
M_{Bar}	Barwertige (statische) Methode/Betrachtungsweise
N	Nominalbetrag eines zinstragenden Geschäfts auf der Aktivseite
Öffentl. KI	Öffentliche Kreditinstitute
PE	Periodenerfolg
PS	IDW Prüfungsstandard
P_t	Periodenergebnis
RAP	Rechnungsabgrenzungsposten
rel.	relativ
rel. Inso UN	Veränderung der regionalen Insolvenzverfahren von Unternehmen
rel. Inso Übrige	Veränderung der regionalen Insolvenzverfahren von Übrigen
RDP	Risikodeckungspotenzial
RoA	Return on Assets
RoE	Return on Equity
RS	IDW Stellungnahme zur Rechnungslegung

Spk	Sparkassen
SpkG	Sparkassengesetz
SREP	Supervisory Review and Evaluation Process
Standardabw.	Standardabweichung
t	Zeitpunkt ($t = 0, \dots T$)
T_a	Laufzeit eines zinstragenden Geschäfts auf der Aktivseite
T_p	Laufzeit eines zinstragenden Geschäfts auf der Passivseite
V_t	Gebundenes Kapital im Zeitpunkt t
$V_t - V_{t-1}$	Veränderung des gebundenen Kapitals
VöB	Bundesverband Öffentlicher Banken Deutschlands
VÜ	Verpflichtungsüberschuss
Y	Nominalwert eines zinstragenden Geschäfts auf der Passivseite
z_t	Zerobond-Rendite
ZÜ	Zinsüberschuss

I Einleitung

I.1 Problemstellung

Die schwierigen Rahmenbedingungen für Kreditinstitute (im Folgenden: Institute) waren seit Ausbruch der Finanzkrise im Jahr 2008 insbesondere vom Rückgang des Zinsniveaus geprägt. Der Zinsüberschuss, der dem Naturell des klassischen Bankgeschäfts entsprechend die mit Abstand größte[1] und damit wichtigste Ertragsquelle von Instituten[2] dargestellt, geriet dementsprechend besonders unter Druck. Der Druck spiegelt sich unter anderem in der Zinsspanne wider, die das Verhältnis zwischen Zinsüberschuss und Bilanzsumme angibt. Im Vergleich zum Vorkrisenjahr 2007 verringerte sich die Zinsspanne bis 2013 von 1,12 % auf 1,01 %.[3]

Vor diesem Hintergrund vermag es nicht zu verwundern, dass das Interesse am Zinsänderungsrisiko während dieser Zeit stark zunahm. Eingebettet ins Spannungsfeld zwischen Bankenaufsicht, internem Bankcontrolling und Bankbilanzierung war der Aktionismus überall spürbar. Von Aufsichtsseite ist besonders die Veröffentlichung des BaFin-Rundschreibens 11/2011 erwähnenswert, das auf Grundlage des § 25a Abs. 1 Satz 7 KWG a. F. i. V. m. § 24 Abs. 1 Nr. 14 a. F. KWG die Anforderungen konkretisiert, die sich für Institute bezüglich der Anwendung einer von der nationalen Aufsichtsbehörde vorzugebenden plötzlichen und unerwarteten Zinsänderung ergeben. Im Zuge der Umsetzung der Richtlinie 2013/36/EU (CRD IV) zum 1. Januar 2014 wurde die Grundlage des § 25a Abs. 1 Satz 7 KGW a. F. nach § 25a Abs. 2 KWG n. F. verschoben. Inhaltlich resultierte hieraus keine Änderung der Anordnungen des BaFin-Rundschreibens 11/2011.[4]

Im Hinblick auf das Management von Zinsänderungsrisiken – und bedingt durch aufsichtliche Vorgaben, etwa zu den Liquiditätskennziffern – mussten Institute außerdem in dem Zeitraum nach Ausbruch der Krise ihre Anlagestrategien umstellen. Exemplarisch sind der Abbau der Bestände risikotragender, nominal höherverzinslicher Aktivgeschäfte[5] sowie die Staatsanleihen und Anlagen mit Ratingklasse AA- bis AAA als neue „Anlagestrategie" zu nennen.

---

1 Der Anteil des Zinsüberschusses an den operativen Erträgen im Jahr 2013: 71,9 %, (86,4 Mrd. EUR), vgl. Deutsche Bundesbank (2014), S. 57.
2 Vgl. Deutsche Bundesbank (2014), S. 55.
3 Bezieht sich auf den Durchschnitt aller deutschen Kreditinstitute.
4 Das Rundschreiben 11/2011 wird derzeit überarbeitet (Stand: Mai 2016), vgl. Bundesbank (2016).
5 Vgl. Deutsche Bundesbank (2014), S. 59.

Aus Bilanzierungssicht wurde mit der Veröffentlichung des IDW RS BFA 3 am 30. August 2012 eine Stellungnahme zur Rechnungslegung (RS) bezüglich der Bewertung zinsbezogener Geschäfte des Bankbuchs eingeführt. Das Bankbuch, auch als Anlagebuch bezeichnet, umfasst allgemein alle Geschäfte, die nicht gemäß Art. 4 Abs. 1 Nr. 86 CRR dem Handelsbuch zuzuordnen sind. Zu den wichtigsten Positionen zählen Forderungen an Kunden und an Kreditinstitute, auf die bei klassischen Einlagen- und Kreditinstituten der größte Anteil des Ertrags entfällt. Der finale Anstoß für die Entwicklung der Regelung war die Forderung der Deutschen Bundesbank an die Praxis, „geeignete objektive Lösungsansätze für eine verlustfreie Bewertung des Anlagebuchs zu entwickeln, die eine sachgerechte Berücksichtigung der Wertentwicklung aller in die Beurteilung einbezogenen Instrumente in der Bilanz und der Erfolgsrechnung gewährleistet“[6]. Bis zur Veröffentlichung existierten keinerlei Vorgaben zur Bewertung von Zinsänderungsrisiken im Bankbuch. Vielmehr wurde mit Verweis auf die sogenannte „Bilanzierungskonvention“, einem aus der Praxis entwickelten Grundsatz ordnungsmäßiger Buchführung (GoB),[7] auf eine zinsinduzierte Bewertung für alle Geschäfte des Bankbuchs verzichtet. Dementsprechend haben Institute Forderungen trotz Niederstwertprinzip bzw. Verbindlichkeiten trotz Höchstwertprinzip nicht zinsinduziert ab- bzw. zugeschrieben, und als Steuerungsinstrument im Bankbuch eingesetzte derivative Finanzinstrumente wurden als schwebende Geschäfte keiner imparitätischen Einzelbewertung unterworfen. Diese „gelebte“ Praxis hatte insbesondere zwei Folgen: Zum einen wurden i. d. R. derivative Finanzinstrumente des Bankbuchs zur Verbesserung des Jahresergebnisses mit positivem Marktwert veräußert, zum anderen wurde für derivative Finanzinstrumente mit negativem Marktwert keine bilanzielle Risikovorsorge durchgeführt.[8] Im Allgemeinen lag somit eine Überbewertung des Bankbuchs vor, denn die darin „schlummernden“ tatsächlichen Risiken wurden nur unzureichend abgebildet.[9]

Die Thematik der zinsinduzierten Bewertung des Bankbuchs und deren Auswirkungen waren jedoch nicht unbekannt. So wurde dieses Vorgehen bereits Anfang der siebziger Jahre von der Praxis aufgegriffen,[10] aber mit Verweis auf die Unmöglichkeit der Datenerfassung und -auswertung konnte man sich nicht auf eine Regelung einigen, auch nicht im

6 Deutsche Bundesbank (2010), S. 61.
7 Vgl. Rebmann/Weigel (2014), S. 211.
8 Vgl. in diesem Sinne etwa Walter (2010), S. 234.
9 Vgl. Göttgens (2013), S. 20 i. V. m. Prahl/Naumann (1992), S. 709 ff.
10 Vgl. Stolberg (1971).

Zuge der letzten größeren Anpassung des deutschen Bilanzrechts an internationale Rechnungslegungsstandards durch das Gesetz zur Modernisierung des Bilanzrechts (Bilanzrechtsmodernisierungsgesetz – BilMoG)[11] vom 25. Mai 2009, welches Regelungen für die Bewertung der Finanzinstrumente des Handelsbestands nach § 340e HGB sowie für das Konzept der Bewertungseinheit nach § 254 HGB einführte. Das Bewusstsein wurde allerdings durch die Diskussion im Rahmen des BilMoG geschärft, eine Regelung für Geschäfte des Bankbuchs zu entwickeln. Denn sowohl um dem Normzweck nach § 264 Abs. 2 HGB, wonach der Jahresabschluss unter Beachtung der Grundsätze ordnungsmäßiger Buchführung ein den tatsächlichen Verhältnissen entsprechendes Bild der Vermögens-, Finanz- und Ertragslage vermitteln soll, als auch um den seit den siebziger Jahren erzielten Fortschritten bei der Datenaufbereitung und -auswertung komplexer Bankprodukte zu entsprechen, war eine Regelung notwendig.

I.2 Zielsetzung und Aufbau der Untersuchung

Die Stellungnahme zur Rechnungslegung IDW RS BFA 3 (im Folgenden: IDW Verlautbarung) steht im Mittelpunkt der vorliegenden Arbeit. Stark vereinfacht führt die IDW Verlautbarung aus Praxissicht dazu, dass Institute eine Bewertung insbesondere ihres originären Einlagen- und Kreditgeschäftes vorzunehmen haben. Neben allen zinsbezogenen Geschäften sind in die Bewertung auch die zuordnungsfähigen Aufwendungen für das Bankbuch einzubeziehen, wie etwa Risiko- und Verwaltungskosten. Da in der Vergangenheit eine derartige Bewertungsvorgabe nicht existierte, ist es ein Ziel dieser Arbeit, die wesentlichen Merkmale der IDW Verlautbarung aus verschiedenen Perspektiven, insbesondere bilanztheoretisch und praktisch, zu evaluieren und mögliche Grenzen bzw. Schwachstellen aufzuzeigen. Evidenz für Letztgenannte sind nicht zuletzt Nachveröffentlichungen zur IDW Verlautbarung durch den Bankenfachausschuss des IDW (BFA), bspw. in Bezug auf die Anwendung bei Bausparkassen. Auch von Praxisseite aus erschienen Kommentierungen bezüglich nicht voll abschließend präzisierter Sonderfälle. So widmeten sich entsprechende Kommentierungen entweder speziellen Sachverhalten oder bspw. Besteuerungsaspekten.[12] Darüber hinaus wird den seit Veröffentlichung der IDW Verlaut-

[11] Das Gesetz zur Modernisierung des Bilanzrechts (Bilanzrechtsmodernisierungsgesetz – BilMoG) vom 25. Mai 2009 (BGBl. I 1102) ist am 29. Mai 2009 in Kraft getreten.

[12] Vgl. zu speziellen Sachverhalten u. a. Scharpf/Schaber (2011b, 2013, 2015); zu Besteuerungsaspekten, vgl. Altvater (2013).

barung vorgenommenen und teilweise ab 2018 anzuwendenden Änderungen bei gesetzlichen Vorschriften Rechnung getragen, soweit sich dadurch Implikationen für deren Umsetzung ergeben.

Des Weiteren besteht eine Zielsetzung der vorliegenden Arbeit darin, das theoretische Fundament zu analysieren und zu verifizieren. Aus theoretischer Sicht ist die IDW Verlautbarung, die mit Veröffentlichung des Instituts der Wirtschaftsprüfer (IDW) einen praxisfokussierten Hintergrund besitzt, außergewöhnlich, da die vorgesehene Wahlmöglichkeit der anzuwendenden Methode implizit über das sogenannte Lücke-Theorem begründet wird,[13] also über die konzeptionelle Verknüpfung des Kapitalwerts von Zahlungsströmen mit dem Kapitalwert aus Periodenerfolgen. Das Lücke-Theorem basiert – wie jedes wissenschaftliche Konzept – auf besonderen Annahmen. Zwar ist ein expliziter Verweis in der IDW Verlautbarung nicht enthalten, dafür das Ergebnis in Form des Methodenwahlrechts. Im Rahmen der vorliegenden Arbeit wird ein modelltheoretischer Nachweis für die Gültigkeit des Theorems in Bezug auf das Bankbuch und die in der finalen IDW Verlautbarung kodifizierten Vorschriften erbracht. In der bisherigen Literatur wird lediglich die Bilanztheorie erläutert und (Zahlen-)Beispiele zur Unterstützung herangezogen. Basierend auf der Entwurffassung veröffentlichten *Jessen/Haaker/Briesemeister*[14] und *Scharpf/Schaber*[15] Beispielskalkulationen mit unterschiedlichen Intentionen. Das Beispiel der Erstgenannten ist einfach gehalten, denn es wird lediglich ein Aktiv- und Passivgeschäft mit den Charakteristika eines Kredits bzw. einer Einlage betrachtet. Für weitere bankspezifische Produkte sind bislang keine Beispiele konstruiert worden. Aus diesem Grund wird unter anderem im Rahmen des modelltheoretischen Beweises auch die Einbeziehung mehrerer und „komplexerer“ Finanzprodukte thematisiert sowie mit numerischen Beispielen untermauert.

---

13 Zwar sind weder in der Entwurffassung noch im IDW RS BFA 3 ein expliziter Verweis auf das Lücke-Theorem enthalten, jedoch kann man den Rückschluss aufgrund der jeweiligen Grundlage der Methoden (Periodengewinne und Zahlungsströme) sowie der Formulierung der Voraussetzung in IDW ERS BFA 3 Tz. 21 („Gleichwertigkeit ist immer dann gegeben, wenn beide Methoden auf den gleichen Bedingungen (...) basieren. In diesem Fall führen beide Methoden zu dem gleichen Ergebnis.“) ziehen, vgl. u.a. Jessen/ Haaker/Briesemeister (2011b); Scharpf/Schaber (2011b), S. 758 f.; Scharpf/Schaber (2013), S. 154.

14 Vgl. Jessen/Haaker/Briesemeister (2011a, 2011b).

15 Vgl. Scharpf/Schaber (2011a).

Aufgrund der engen Verknüpfung zwischen Theorie und Praxis ist es schließlich das dritte Ziel dieser Arbeit, zu analysieren, inwieweit die Praxis vor dem Hintergrund der Informationsfunktion der Rechnungslegung der Umsetzung der IDW Verlautbarung nachkommt. Die bisherigen Untersuchungen der Umsetzung von *Glischke/Hallpap/Wolfgarten*[16] und *Sopp/Grünberger*[17] beziehen sich auf die Umsetzung basierend auf der Entwurffassung. Die Auswertung von *Glischke/Hallpap/Wolfgarten* befasst sich rudimentär mit der Umsetzung durch die Institute in Deutschland. Dagegen untersuchen *Sopp/Grünberger* die Umsetzung in Österreich differenzierter, wenngleich mit Schwerpunkt auf die zur Steuerung des Bankbuchs eingesetzter derivativer Finanzinstrumente i. V. m. den Ergebnissen einer fragebogengestützten Umfrage unter Instituten. Um repräsentative Ergebnisse in Bezug auf die deutsche Bankenlandschaft zu bekommen, liegt der Fokus der vorliegenden Arbeit deshalb darauf, eine größere Anzahl deutscher Institute zu betrachten und differenzierter die zur Verfügung gestellten Informationen auszuwerten. Neben der Betrachtung der Umsetzung nach Veröffentlichung des Entwurfs der IDW Verlautbarung wird auch die Umsetzung nach der finalen Veröffentlichung untersucht.

Angesichts der Ziele der Arbeit werden zunächst Grundlagen der verlustfreien Bewertung diskutiert. Dazu gehört neben der Systematik von Zinsänderungsrisiken, die Abgrenzung des Begriffs „Bankbuch“ sowie die allgemeine Vorstellung des Konzepts einer verlustfreien Bewertung. Anschließend wird in Kapitel III die aktuelle Regelung, die IDW Verlautbarung, erläutert. Neben einem kurzen inhaltlichen Überblick werden relevante, insbesondere auf die Umsetzung bezogene, Veröffentlichungen vorgestellt. Im Anschluss erfolgt eine Erläuterung und Würdigung der wesentlichen Merkmale aus theoretischer und praktischer Sicht. Auf diesen Erkenntnissen aufbauend widmet sich Kapitel IV dem theoretischen Fundament der IDW Verlautbarung, der modelltheoretischen Begründung über das Lücke-Theorem. Dazu wird einerseits ein allgemeiner Beweis für die Gültigkeit durchgeführt, andererseits werden unter anderem auch die Erkenntnisse aus Kapitel III durch numerische Beispiele illustriert. Gegenstand von Kapitel V ist die empirische Untersuchung, bei der zunächst ein Überblick über die Problematik und die bisherigen Veröffentlichungen gegeben wird. Hierauf aufbauend werden, nach Institutsgruppe differenziert, die wesentlichen Umsetzungsmerkmale vorgestellt. Neben der allgemeinen Angabe umfassen die Umsetzungsmerkmale die Angabe zur Methode, zum Verpflichtungsüberschuss

16 Vgl. Glischke/Hallpap/Wolfgarten (2012).
17 Vgl. Sopp/Grünberger (2014).

sowie den Informationsumfang. Aufgrund der Bedeutung werden für die Angabe und den Informationsumfang zusätzlich theoretische Überlegungen angeführt und Hypothesen abgeleitet, die im Rahmen einer logistischen Regression getestet werden. Das Kapitel VI enthält eine kurze Zusammenfassung und Schlussbetrachtung der wesentlichen Ergebnisse und Empfehlungen.

II Grundlagen der verlustfreien Bewertung

II.1 Zinsänderungsrisiko

II.1.1 Systematisierung und Komponenten von Zinsänderungsrisiken

Unter dem Begriff „Risiko" wird aus wissenschaftlicher Sicht die Möglichkeit einer positiven oder negativen Abweichung von einem zu erwartenden Ergebnis verstanden. Im Allgemeinen dominiert die Betrachtungsweise als negative Abweichung. Übertragen auf das Zinsänderungsrisiko besteht die Gefahr darin, dass es aufgrund von Marktzinsänderungen (Änderung der Zinsstrukturkurve) zu einer negativen Abweichung vom geplanten, erwarteten Zinsergebnis kommt.[18] Der Grund für das Zinsänderungsrisiko sind unvollkommene Informationen in Bezug auf das zukünftige Zinsniveau.[19] Inhaltlich wird bei der Steuerung und Erfassung von Zinsänderungsrisiken zwischen dem Vermögensrisiko (Bewertungsrisiko) und dem Einkommensrisiko (Ertragsrisiko) unterschieden.[20] Bei Erstgenanntem steht die „Gefahr einer Vermögenswertänderung aller zinstragenden Positionen über die Totalperiode"[21] im Mittelpunkt, bei Letztgenanntem das Ergebnis der finanzwirtschaftlichen, jahresabschlussbasierten Komponente, also der periodenbezogene Zinsertrag/-erfolg. Wesentliches Unterscheidungsmerkmal ist der zeitliche Bezugsrahmen: periodenbezogen vs. stichtagsbezogen. Unter bestimmten Voraussetzungen, insbesondere wenn die dem Einkommensrisiko zugrunde gelegte Referenzgröße, der Jahresabschluss, nur Marktwerte einschließt, kann das Bewertungsrisiko in das Einkommensrisiko überführt werden.[22]

II.1.2 Vermögensrisiko und Einkommensrisiko

Das Vermögensrisiko umfasst die Veränderung des Barwerts (Marktwerts) eines Finanzierungsgeschäfts aufgrund einer Marktzinsänderung.[23] Der Barwert ist seinerseits das Ergebnis aus der Diskontierung von Zins- und Tilgungszahlungen. Sofern sich der Marktzins verändert, verändert sich auch der Diskontierungsfaktor. Unter der Annahme einer

---

18 Vgl. u. a. Oestreicher (1993), S. 2; Rolfes/Schierenbeck/Schüller (1995), S. 7; Scharpf/Luz (2000), S. 90.

19 Vgl. u. a. Kugler (1985), S. 155 ff.

20 Diese beiden Ausprägungsformen werden am häufigsten in der Literatur und Praxis unterschieden. Daneben differenziert bspw. der *Basler Ausschuss für Bankenaufsicht* zwischen Neufestsetzungs- bzw. Prolongationsrisiko, Zinsstrukturkurvenrisiko, Basisrisiko und Optionsrisiko, vgl. hierzu Basler Ausschuss für Bankenaufsicht (1997), S. 6 f.; Hannemann/Schneider/Weigel (2013), S. 899.

21 Rinck (2013), S. 299.

22 Auf genauere Bedingungen wird an dieser Stelle nicht weiter eingegangen, vgl. für weitere Ausführungen Reuse (2012), Rdn. 37.

23 Vgl. u. a. Scharpf/Luz (2000), S. 91 f.; Scheffler (1994) S. 15.

Festzinsposition, also einem Finanzierungsgeschäft mit konstant vereinbarten Zinszahlungen, wirkt sich eine Veränderung des Diskontierungsfaktors direkt auf den Marktwert aus. Generell steigt der Barwert, sofern der Zinssatz fällt und vice versa. Aus Sicht des Instituts führt ein Rückgang des Marktzinssatzes zum Wertanstieg des Aktivbestands (Vermögensmehrung) sowie zum Anstieg des Passivbestands (Vermögensminderung).

Im Mittelpunkt der vorliegenden Arbeit steht das bilanziell relevante Einkommensrisiko. In der Literatur wird hierbei am häufigsten mit der Bruttozinsspanne oder dem Zinsüberschuss eine jahresabschlussorientierte Messgröße herangezogen, bei der eine „Vermischung von Markt- und Nominalwerten erfolgt“[24]. Die Bruttozinsspanne respektive der Zinsüberschuss (oder Zinsspanne) ist das Ergebnis der Gegenüberstellung von Zins- und zinsähnlichen Erträgen und Zinsaufwendungen.[25] In der Literatur werden diverse Begriffe als Synonym für das Einkommensrisiko angesetzt. So besteht nach *Rinck* etwa das Einkommensrisiko darin, dass „sich der periodisierte Zinserfolg (Bruttozinsspanne) aufgrund von Marktzinsänderungen vermindert“[26]. *Oestreicher* definiert das Risiko als Zinsüberschussrisiko, das dadurch hervorgerufen wird, dass „das Kreditinstitut seine Anlage- und Refinanzierungsbedingungen bei einer Veränderung der Marktzinsstruktur nicht zeitgleich und im gleichen Umfang an das herrschende Zinsniveau anpassen kann, so dass sich der Zinsüberschuss infolge einer Marktzinsveränderung verkleinert“[27]. *Scharpf/ Schaber* verwenden hingegen den Begriff „Zinsspannenrisiko“ bzw. „Zinsüberschussrisiko“.[28] Ausgehend von einer Veröffentlichung des Basler Ausschusses für Bankenaufsicht führt *Reuse* den Begriff „GuV-Zinsänderungsrisiko“ in Abgrenzung zum „barwertigen Zinsänderungsrisiko“ ein.[29] Zwar nicht explizit, aber als Referenzgröße bezieht sich *Scheffler* auch auf die Zinsspanne.[30] Nach ihm ist das Einkommensrisiko definiert „als eine durch Marktzinsveränderung verursachte Verringerung der Zinnspanne“[31].

24 Düpmann (2007), S. 9.
25 Vgl. Süchting/Paul (1998), S. 401.
26 Rinck (2013), S. 300.
27 Oestreicher (1993), S. 2.
28 Vgl. u.a. Scharpf/Schaber (2011b).
29 Vgl. Reuse (2012), Rdn. 35 ff.
30 Vgl. Scheffler (1994), S. 13 ff.
31 Scheffler (1994) S. 13. Vgl. hierzu auch Mülhaupt (1980), S. 188.

II.1.3 Ausprägungen des Einkommensrisikos

Unter Berücksichtigung des bei Finanzierungsgeschäften zugrunde liegenden Zinscharakters wird das Zinsspannenrisiko unterteilt in Festzinsrisiko und variables Zinsänderungsrisiko. Diese Ausprägungen bzw. Erscheinungsformen werden auch im Aufsichtsrecht, insbesondere im Zusammenhang mit den Mindestanforderungen an das Risikomanagement (MaRisk), differenziert.[32] Auslöser des Festzinsrisikos sind Betragsinkongruenzen bei den Aktiv-/Passivgeschäften (Festzinsüberhänge).[33] Gemäß des Auftretens der Festzinsüberhänge bzw. der offenen Festzinsposition wird eine Einteilung in aktivischer Festzinsüberhang (Aktivüberhang) oder passivischer Festzinsüberhang (Passivüberhang) vorgenommen. In der Praxis ist vor allem der Aktivüberhang zu beobachten, bei dem das Risiko für Institute darin besteht, dass sich die Zinsspanne bei steigendem Marktzins verringert. Deutlich seltener, aber nicht ausgeschlossen, ist die Möglichkeit eines Passivüberhangs. Hierbei verringert sich die Zinsspanne, wenn der Marktzins sinkt. Im Gegensatz zum Festzinsrisiko liegt die Ursache des variablen Zinsrisikos an den unterschiedlichen Anpassungsgeschwindigkeiten der gewichteten aktivischen und passivischen Zinssätze auf Veränderungen der Marktzinssätze[34] oder anders ausgedrückt an den unterschiedlichen Zinselastizitäten (Zinsreagibilität) der variabel verzinslichen Bilanzpositionen. Die Gefahr einer Verringerung der Zinsspanne besteht dann, wenn – unter der Voraussetzung voneinander abweichender aktivischen und passivischen Zinsanpassungselastizitäten – entweder bei fallendem Marktzins der aktivische Durchschnittszinssatz stärker sinkt als der passivische oder vice versa bei steigendem Marktzins der aktivische Durchschnittszins langsamer ansteigt als der passivische. Übertragen auf das Geschäftsmodell von Instituten können Marktzinsänderungen in diesen Fällen nicht in vollem Umfang an Kunden weitergegeben werden.[35]

II.1.4 Zinsstrukturverläufe

Eine wesentliche Determinante des Zinsänderungsrisikos ist der Verlauf der Zinsstrukturkurve. Für die Bankbuchsteuerung ist deshalb deren Prognose in Form einer Quantifizierung, Qualifizierung und Antizipation bedeutend. Die Zinsstrukturkurve gibt allgemein

---

32 Vgl. Hannemann/Schneider/Weigl (2013), S. 898.
33 Vgl. Scharpf/Luz (2000), S. 127.
34 Vgl. u.a. Scheffler (1994), S. 14.
35 Vgl. Hannemann/Schneider/Weigl (2013), S. 898.

den Verlauf zwischen Laufzeit und Zinssätzen an. In der Literatur wird unter „Zinsstruktur" häufig die Renditestruktur der Nullkupon-Anleihen verstanden, um damit Unterschiede zu anderen Renditestrukturkurven aufzuzeigen. Die Nullkupon-Renditen werden i. d. R. zur Bewertung von Zahlungsströmen herangezogen.[36] Diesen Rückgriff befürwortet eindeutig auch die Deutsche Bundesbank, da hierdurch eine präzisere Darstellung und Analyse der Erwartung gewährleistet wird als mit geschätzten Renditestrukturkurven.[37] Allgemein werden drei Grundtypen von Zinsstrukturkurven unterschieden: flache, inverse oder steigende Zinsstrukturkurve (vgl. Abbildung 1).

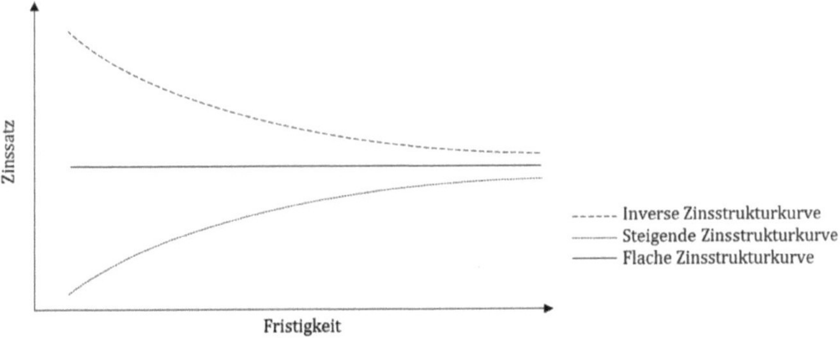

Abbildung 1: Zinsstrukturkurven

Die Zinssätze der flachen Zinsstrukturkurve sind über den Zeitverlauf konstant. Bei der inversen (fallenden) Zinsstrukturkurve nehmen die Zinsen mit zunehmender Fristigkeit ab. Diese Art von Zinsstrukturkurve tritt für gewöhnlich nach einer langen Hochzinsphase auf, wie etwa im September 1979 oder 1992/1993.[38]

Am häufigsten zu beobachten ist die normale respektive steigende Zinsstrukturkurve, bei der die Fristigkeit und die Zinssätze positiv korreliert sind. Diese Art von Zinsstrukturkurve bildet die Basis für die Generierung von Zinserträgen aus der Fristentransformation. D. h., es werden durch die Vergabe langfristiger Aktivgeschäfte (bspw. Kredite) zu höheren Zinsen bei gleichzeitiger Hereinnahme kurzfristiger Passivgeschäfte (bspw. Einlagen) zu niedrigeren Zinsen Ertragsüberschüsse erwirtschaftet.

---

36 Vgl. Scharpf/Luz (1996), S. 67 f.; Beer/Goj (2002), S. 35.
37 Vgl. Beer/Goj (2002), S. 156 i. V. m. Deutsche Bundesbank (1997), S. 61 f.
38 Vgl. Tscherny (2005), S. 225; Deutsche Bundesbank (2006), S. 16.

II.2 Die Konzeption der „verlustfreien Bewertung" im Bankbuch

II.2.1 Bewertungsobjekt Bankbuch

II.2.1.1 Abgrenzung des Bankbuchs vom Handelsbestand

Für die Bewertung von Zinsänderungsrisiken wird zwischen dem Handelsbestand (Handelsbuch) und dem Anlagebestand einschließlich Liquiditätsreserve (Bankbuch) unterschieden.[39] Die zugrunde gelegte Unterteilung ist keineswegs neu; vielmehr sind aufgrund handels- und aufsichtsrechtlicher Vorgaben Institute gehalten, diese Unterteilung im Rahmen ihrer internen Risikosteuerung vorzunehmen. Die aufsichtsrechtlichen Vorgaben finden sich bspw. im Rahmen der MaRisk. In Einklang mit BTR 2.3 MaRisk hat eine Abgrenzung zu erfolgen,[40] da Marktpreisrisiken aus dem Handelsbuch täglich zu bewerten sind. Aus handelsrechtlicher Sicht sind gemäß § 340e HGB je nach Bestand unterschiedliche Bewertungsvorschriften anzuwenden. Nach § 340e Abs. 3 HGB sind Finanzinstrumente des Handelsbestands mit dem beizulegenden Zeitwert abzüglich eines Risikoabschlags zu bewerten,[41] Forderungen und Wertpapiere, die dazu bestimmt sind, dauernd dem Geschäftsbetrieb zu dienen (Anlagebestand), hingegen mit den für das Anlagevermögen geltenden Vorschriften gemäß § 340e Abs. 1 HGB. Alle anderen Forderungen und Wertpapiere werden dem Umlaufvermögen zugerechnet. Anzumerken ist, dass der handelsrechtliche Handelsbestand nicht zwingend mit dem bankaufsichtlichen Handelsbuch übereinstimmt. Allerdings führen die ähnlichen Auslegungen dazu, dass regelmäßig eine Übereinstimmung vorliegt.

In Bezug auf den handelsrechtlichen Handelsbestand enthält der Gesetzestext keine genaue Definition, welche Finanzinstrumente jenem zuzuordnen sind. Allerdings findet sich eine Negativabgrenzung in der Begründung zum Regierungsentwurf des BilMoG (BilMoG-E).[42] Danach sind Finanzinstrumente des Handelsbestandes „diejenigen Finanzinstrumente von Kreditinstituten und Finanzdienstleistungsunternehmen, die weder zur Liquiditätsreserve noch zum Anlagebestand zählen"[43]. Weiter konkretisiert wird die Abgrenzung vom Rechtsausschuss in seiner Beschlussempfehlung und Bericht zum BilMoG-E. Darin angeführt wird, dass zum Handelsbestand „alle Finanzinstrumente (einschließlich Derivate, Devisen und Verbindlichkeiten, die kurzfristig ausgegeben und zurückerworben

[39] Die Terminologie des Handelsrechts differenziert zwischen „Handelsbestand" und „Anlagebestand", die des Aufsichtsrechts zwischen „Handelsbuch" und „Anlagebuch".
[40] Vgl. Scharpf (2012), § 254 HGB, Tz. 404d.
[41] Siehe hierzu auch die Ausführung in Abschnitt II.3.2.
[42] Vgl. BT-Drs. 16/10067, S. 95.
[43] BT-Drs. 16/10067, S. 95.

werden) und Edelmetalle zuzurechnen [sind], die mit der Absicht einer kurzfristigen Erzielung eines Eigenhandelserfolgs erworben und veräußert werden"[44]. Entscheidend ist folglich die Handelsabsicht bei Finanzinstrumenten.[45]

Demgegenüber werden dem aufsichtlichen Handelsbuch nach der Capital Requirements Regulation (CRR) insbesondere alle Positionen in Finanzinstrumenten und Waren zugeordnet, die das Institut zum kurzfristigen Wiederverkauf – also mit Handelsabsicht – im Eigenbestand hält.[46] Diese Finanzinstrumente dienen entweder dazu, Marktpreisschwankungen für Eigenhandelserfolg zu nutzen oder zur Absicherung der mit Handelsabsicht gehaltenen Finanzinstrumente und Warenpositionen.[47] Darüber hinaus können sie auch Folge von Kundenbetreuung und Marktpflege sein.[48] Die Bewertung aller Handelsbuchpositionen hat im Einklang mit den in der CRR genannten Vorschriften für eine vorsichtige Bewertung täglich zu erfolgen.[49]

Das bankaufsichtliche Anlagebuch bildet als Gegenpol zum Handelsbuch und Handelsbestand alle Geschäfte ab, die nicht gemäß Art. 4 Abs. 1 Nr. 86 CRR dem Handelsbuch zugeordnet werden. Zu den wichtigsten Positionen zählen vergebene Kredite sowie Sach- und Finanzanlagen. Das im Mittelpunkt der vorliegenden Arbeit stehende „Bankbuch" stimmt vor diesem Hintergrund weitgehend mit dem bankaufsichtlichen Anlagebuch überein; allerdings ist es als „Teilbuch" zu verstehen, da es lediglich zinsbezogene bilanzielle sowie außerbilanzielle Geschäfte umfasst. Entscheidend für die Zuordnung ist zum einen, dass die Geschäfte einen zinsbezogenen Charakter haben, zum anderen, dass sie entsprechend außerhalb des Handelsbestands gehalten werden. Aufgrund dieser Eigenschaften wird das Teilbankbuch auch als Zinsbuch bezeichnet. Im Rahmen dieser Arbeit werden „Bankbuch" und „Zinsbuch" als Synonyme verwendet.

Im Hinblick auf die einzubeziehenden außerbilanziellen Geschäfte ist ergänzend zum Zinscharakter und zur Negativabgrenzung des Handelsbestands erforderlich, dass sie nachweislich der Steuerung des Zinsänderungsrisikos dienen.[50] Damit stimmt die für bi-

---

44 BT-Drs 16/12407, S. 92.
45 Vgl. Scharpf/Schaber (2015), S. 234.
46 Vgl. Art. 4 Abs. 1 Nr. 85 lit. b i.V.m. Art. 4 Abs. 1 Nr. 86 CRR.
47 Vgl. Art. 4 Abs. 1 Nr. 85 lit. c CRR.
48 Vgl. Art. 4 Abs. 1 Nr. 85 lit. a CRR.
49 Vgl. Art. 105 Abs. 3 CRR.
50 Vgl. Scharpf (2012), zu § 254 HGB, Tz. 404c.

lanzielle Zwecke zugrunde gelegte Abgrenzung auch mit der aus dem Aufsichtsrecht kommenden Anforderung aus BTR 3.2 Tz. 5 der Erläuterung zur MaRisk überein, nach der sich der Umfang der einzubeziehenden Positionen auf die bilanziellen und außerbilanziellen Positionen des Anlagebuches, die Zinsänderungsrisiken unterliegen, erstrecken soll.

II.2.1.2 Umfang des Bankbuchs

Als Grundlage für eine grobe Bestimmung der in das Bewertungsobjekt einzubeziehenden zinsbezogenen Positionen dient der handelsrechtliche Jahresabschluss, eine externen Adressaten zur Verfügung stehende Informationsquelle. Dabei ist insbesondere die Bankbilanz von Interesse, aus der allerdings weder hervorgeht, in welchem Ausmaß zinsbezogene Aktiv- und Passivgeschäfte in den jeweiligen Bilanzpositionen vorliegen,[51] noch der Umfang zinsbezogener außerbilanzieller Geschäfte. Dennoch kann die Bankbilanz als erster Ansatzpunkt herangezogen werden, um relevante Bestände zu identifizieren. Grundlage für die Bankbilanz ist § 340a Abs. 1 HGB. Danach haben Kreditinstitute auf ihren Jahresabschluss die für große Kapitalgesellschaften geltenden Vorschriften anzuwenden. Davon ausgenommen wird nach § 340a Abs. 2 HGB unter anderem die Gliederung der Bilanz gemäß § 266 HGB. Die Vorgaben für die Gliederung der Bankbilanz sind in der Verordnung über die Rechnungslegung der Kreditinstitute und Finanzdienstleistungsinstitute (Kreditinstituts-Rechnungslegungsverordnung – RechKredV) kodifiziert. Gemäß § 2 RechKredV hat die Gliederung der Bilanz nach Formblatt 1 der RechKredV zu erfolgen. Eine Übersicht über die Positionen ist Abbildung 2 zu entnehmen.

Nach Abbildung 2 entfallen die volumenmäßig größten Anteile an der Gesamtbilanz auf der Aktivseite auf Forderungen an Kunden und Kreditinstitute sowie Schuldverschreibungen und andere festverzinsliche Wertpapiere. Auf der Passivseite zählen dazu Verbindlichkeiten gegenüber Kunden und gegenüber Kreditinstituten und verbriefte Verbindlichkeiten. In diesen Bilanzpositionen werden insbesondere die zinsbezogenen Geschäfte erfasst, die Bestandteil des Bankbuchs sind. Aus diesem Grund werden diese unter anderem im Folgenden kurz erläutert.

[51] Zwar legt die RechKredV fest, welche grundsätzlichen Geschäfte einzubeziehen sind, je nach Position fallen hierunter aber auch nicht-zinstragende Geschäfte.

Aktiva (RechKredV; in Mrd. EUR; in %)			Passiva (RechKredV; in Mrd. EUR; in %)		
Forderungen an Kunden (§ 15 RechKredV; Nr. 4 Formblatt)	3.218,8	38,8	**Verbindlichkeiten ggü. Kunden** (§ 21 RechKredV; Nr. 2 Formblatt)	3.279,0	39,5
Forderungen an Kreditinstitute (§ 14 RechKredV; Nr. 3 Formblatt)	2.042,6	24,6	**Verbindlichkeiten ggü. Kreditinstituten** (§ 21 RechKredV; Nr. 1 Formblatt)	1.820,9	21,9
Schuldverschreibungen und andere festverzinsliche Wertpapiere (§ 16 RechKredV; Nr. 5 Formblatt)	1.209,7	14,6	**Verbriefte Verbindlichkeiten** (§ 22 RechKredV; Nr. 3 Formblatt)	1.266,0	15,2
Aktien und andere nicht festverzinsliche Wertpapiere (§ 17 RechKredV; Nr. 6 Formblatt)	166,0	2,0	**Eigenkapital** (§ 25 RechKredV; Nr. 12 Formblatt)	357,9	4,3
Barreserve (§ 12 RechKredV; Nr. 1 Formblatt)	153,5	1,8	**Treuhandverbindlichkeiten** (Nr. 4 Formblatt)	95,8	1,2
Anteile an verbundenen Unternehmen (Nr. 8 Formblatt)	97,4	1,2	**Nachrangige Verbindlichkeiten** (Nr. 9 Formblatt)	93,1	1,1
Treuhandvermögen (Nr. 9 Formblatt)	95,8	1,2	**Rückstellungen** (§ 24 RechKredV; Nr. 7 Formblatt)	59,5	0,7
Beteiligungen (§ 18 RechKredV; Nr. 7 Formblatt)	39,0	0,5	**Fonds für allgemeine Bankrisiken** (Nr. 11 Formblatt)	49,3	0,6
Sachanlagen (Nr. 12 Formblatt)	26,9	0,3	**Genussrechtskapital** (Nr. 10 Formblatt)	8,9	0,1
Schuldtitel öffentlicher Stellen und Wechsel (§ 13 RechKredV; Nr. 2 Formblatt)	4,5	0,1	**Sonstige Passivposten**	1.275,4	15,4
Sonstige Aktivposten	1.251,6	15,1			
Bilanzsumme	8.305,8	100,0	**Bilanzsumme**	8.305,8	100,0

Abbildung 2: Zusammenfassung der Bankbilanzen deutscher Institute[52]

[52] Datengrundlage ist die Bankstatistik der Deutschen Bundesbank (Stand 2012) vom Juli 2013, vgl. Deutsche Bundesbank (2013).

Forderungen an Kunden und Kreditinstituten

Zum klassischen Bankgeschäft zählt typischerweise das Kreditgeschäft. Prozentual zur Bilanzsumme entfallen auf das Kreditgeschäft 63,4 %. Als Teil der sogenannten Sekundärliquidität[53] reagiert die Nachfrage nach Krediten an Banken relativ stark auf Marktzinsänderungen, daher ist sie nicht nur wegen des Volumens äußerst bedeutsam für das Bankbuch. Wesentliche Bestandteile von Kreditgeschäften sind neben dem Nominalbetrag, die Tilgungs- und Zinsvereinbarungen. Letztgenannte sind dafür verantwortlich, ob diese Bilanzposition einen zinsbezogenen (zinssensitiven) Charakter vorweist. Allerdings gibt es auch zinstragende Kredite, bei denen vertragliche Vereinbarungen festlegen, dass Marktzinsänderungen direkt weitergegeben werden. Dazu zählen bspw. Treuhandkredite und bestimmte Formen von Förderkrediten, sofern die Refinanzierung durch Einlagen vom Bund oder Land erfolgt. In diesen Fällen orientiert sich die Passivseite vollständig an der Aktivseite.

Schuldverschreibungen und andere festverzinsliche Wertpapiere

Kriterien für die Zuordnung zum Aktivposten „Schuldverschreibungen und andere festverzinsliche Wertpapiere“, auf den 14,6 % der Gesamtaktiva entfallen, sind einerseits das Vorliegen einer Börsenfähigkeit (§ 16 Abs. 1 RechKredV) und die negative Zuordnung zu dem Unterposten „Schatzwechsel und unverzinsliche Schatzanweisungen sowie ähnliche Schuldtitel öffentlicher Stellen" (Aktivposten Nr. 2a). Andererseits muss auch eine Festverzinslichkeit gegeben sein. Was unter „börsenfähig“ zu verstehen ist, wird in § 7 Abs. 2 RechKredV konkretisiert. Demnach gelten Wertpapiere dann als börsenfähig, wenn sie die Voraussetzungen einer Börsenzulassung erfüllen; bei Schuldverschreibungen genügt es, dass alle Stücke einer Emission hinsichtlich Verzinsung, Laufzeitbeginn und Fälligkeit einheitlich ausgestattet sind. Wichtig für das Bankbuch ist das zweite Kriterium, die Festverzinslichkeit. Eine analoge Konkretisierung wie bei der Börsenfähigkeit ist in der RechKredV nicht vorhanden. Unter „festverzinslich“ wird im bilanzrechtlichen Sinne ein „unveränderlicher Zins“ subsumiert. Ergänzend sieht § 16 Abs. 2 RechKredV vor, dass als festverzinslich auch Wertpapiere gelten, die mit einem veränderlichen Zinssatz ausgestattet sind, sofern dieser an eine bestimmte Größe, etwa an einen Interbanken- oder an einen Euro-Geldmarktzinssatz, gebunden ist, sowie Nullkupon-Anleihen und Schuldver-

[53] Vgl. Süchting/Paul (1998), S. 49.

schreibungen, die einen anteiligen Anspruch auf Erlöse aus einem gepoolten Forderungsvermögen verbriefen.[54] Vor dem Hintergrund, dass mit Inkrafttreten des BilMoG der Ausweis von Wertpapieren und anderen Finanzinstrumenten des Handelsbestands unter diesem Bilanzposten ausgeschlossen wurde (diese Finanzinstrumente sind ausschließlich im Handelsbestand (Aktivposten Nr. 6a) zu erfassen),[55] zählt dieser Aktivposten uneingeschränkt zum Anlagebestand respektive unter Berücksichtigung der Festverzinslichkeit zum Bewertungsobjekt Bankbuch.

Verbindlichkeiten gegenüber Kreditinstituten

Die wesentlichen Refinanzierungsquellen von Instituten bilden Einlagen anderer Kreditinstitute sowie Einlagen von Kunden. Nach § 21 Abs. 1 RechKredV werden im Passivposten „Verbindlichkeiten gegenüber Kreditinstituten" sämtliche Arten von Verbindlichkeiten aus Bankgeschäften sowie alle Verbindlichkeiten von Finanzdienstleistungsinstituten gegenüber in- und ausländischen Kreditinstituten ausgewiesen, vorausgesetzt, es handelt sich nicht um verbriefte Verbindlichkeiten.[56] Analog zur Aktivseite erfolgte mit Inkrafttreten des BilMoG die Einführung eines Passivpostens, der ausschließlich Handelsgeschäfte mit Handelsabsicht (Passivposten Nr. 3a) umfasst. Daher werden in diesem Passivposten ausschließlich Bestände ausgewiesen, die dem Bankbuch zuzuordnen sind. Aufgrund der Eigenschaft, dass für das Überlassen von Kapital (hier i. S. v. Einlagen) typischerweise Entgelt in Form von Zinszahlungen zu entrichten sind, ist dieser Posten m. E. vollständig in das Bewertungsobjekt Bankbuch einzubeziehen. Die Auswirkungen der Einbeziehung sind dabei unterschiedlich. Bspw. stimmt bei täglich fälligen Verbindlichkeiten der Buchwert mit dem Barwert überein, sodass am Abschlussstichtag keine Wertdifferenz aufgrund von Zinsänderungsrisiken besteht.

Verbindlichkeiten gegenüber Kunden

Den vom Volumen größten Passivposten mit 39,5 % stellen die Verbindlichkeiten gegenüber in- und ausländischen Nichtbanken (Kunden) dar. Bei klassischen Instituten setzt sich der Posten vor allem aus Spareinlagen und anderen Verbindlichkeiten zusammen. Spareinlagen sind nur unbefristete Gelder, die den Erfordernissen in § 21 Abs. 4 RechKredV entsprechen und insbesondere einer Mindestkündigungsfrist von drei Monaten

---

54 Vgl. Scharpf/Schaber (2015), S. 672.
55 Vgl. Scharpf/Schaber (2015), S. 671.
56 Vgl. Scharpf/Schaber (2015), S. 825.

unterliegen.[57] Unter den anderen Verbindlichkeiten werden etwa täglich fällige Verbindlichkeiten (Sichteinlagen) und Termineinlagen bilanziert.[58] Darüber hinaus ist ein Restposten „andere Verbindlichkeiten" zu bilanzieren.[59] Aufgrund der Nähe zu Verbindlichkeiten gegenüber Kreditinstituten kennzeichnen auch die hier ausgewiesenen Geschäfte die vereinbarten Zinszahlungen als Entgelt für die Überlassung von Kapital.

Verbriefte Verbindlichkeiten

Mit einem Anteil von 15,2 % dienen verbriefte Verbindlichkeiten als drittgrößte Refinanzierungsquelle. Hierunter werden verbriefte Verbindlichkeiten bei Universalinstituten erfasst, untergliedert in begebene Schuldverschreibungen und andere verbriefte Verbindlichkeiten. Gemäß § 22 Abs. 1 RechKredV sind als verbriefte Verbindlichkeiten Schuldverschreibungen und diejenigen Verbindlichkeiten auszuweisen, für die nicht auf den Namen lautende übertragbare Urkunden ausgestellt sind. Im Unterschied zu „Schuldverschreibungen und andere festverzinsliche Wertpapiere" muss weder die Börsenfähigkeit noch die Erfüllung der Wertpapierdefinition des § 7 RechKredV gegeben sein.[60] Da i. d. R. der einer verbrieften Verbindlichkeit zugrunde liegende Vertrag Zinszahlungen als Entgelt vorsieht, kann dieser Posten ebenfalls (nahezu) vollständig als Gegenstand des Bewertungsobjekts Bankbuch betrachtet werden. Dies gilt bspw. auch für kurzläufige Geldmarktpapier-Emissionsgeschäfte, wie etwa Commercial Paper, bei denen teils keine feste Zinsvereinbarung, jedoch die Emission mit Abschlag erfolgt. Die Differenz zwischen Nominalbetrag und Ausgabebetrag wird handelsrechtlich als Emissionsdisagio bezeichnet, das durch die BFH-Entscheidung vom 29. November 2006 als wirtschaftliches Mittel zur Feineinstellung des Effektivzinses anerkannt wurde,[61] und somit faktisch eine Zinszahlung mit Entgeltcharakter darstellt.

Nachrangige Verbindlichkeiten

Bilanziell gesehen sind nachrangige Verbindlichkeiten mit 1,1 % von untergeordneter Bedeutung. Nach § 4 Abs. 1 RechKredV sind Schulden als nachrangig auszuweisen, wenn sie als Verbindlichkeiten im Fall der Liquidation oder der Insolvenz erst nach den Forderungen der anderen Gläubiger erfüllt werden dürfen. Aufgrund dieser Spezifika ist es Instituten unter Beachtung weiterer Voraussetzungen erlaubt, sie als Ergänzungskapital gemäß

57 Vgl. Scharpf/Schaber (2015), S. 845.
58 Vgl. Scharpf/Schaber (2015), S. 845.
59 Vgl. Scharpf/Schaber (2015), S. 837 und 848.
60 Vgl. Scharpf/Schaber (2015), S. 853 f.
61 Vgl. Scharpf/Schaber (2015), S. 854.

Art. 62 CRR i. V. m. Art. 63 CRR anzusetzen. Da die Postenzuordnung von der Nachrangabrede geprägt ist, können hier auch verbriefte Wertpapiere ausgewiesen werden. Generell handelt es sich bei nachrangigen Verbindlichkeiten um Anleiheinstrumente, deren Verträge als Gegenleistung für die Kapitalüberlassung eine Verzinsung vorsehen und somit die Voraussetzung für die Einbeziehung in das Bewertungsobjekt Bankbuch erfüllen.

Genussrechtskapital

Genussrechtskapital ist ebenso wie nachrangige Verbindlichkeiten nahe dem Eigenkapital platziert und bilanziell gesehen sogar noch unbedeutender mit einem Anteil von ca. 0,1 %. Die RechKredV enthält für Genussrechtskapital keine Bestimmungen. Ebenso wenig ist eine Legaldefinition in anderen Gesetzen vorhanden – trotz Nennung.[62] Die Nähe zum Eigenkapital und damit die Anrechenbarkeit als Ergänzungskapital ist in Art. 63 CRR geregelt. Grundsätzlich kann Genussrechtskapital verbrieft oder unverbrieft sein.[63] Ebenso wie für nachrangige Verbindlichkeiten ist für Genussrechtsverträge kennzeichnend, dass Zinszahlungen als Entgelt für die Kapitalüberlassung bzw. als „gewinnabhängige Ausschüttung" vereinbart werden. Etwa sind an der Börse gehandelte verbriefte Genussrechte typischerweise derart ausgestaltet, dass sie unter anderem eine gewinnanhängige Ausschüttung (Verzinsung) auf das eingezahlte Genussrechtskapital für die Inhaber der Genussscheine vorsehen.[64]

Sonderfälle

Barreserve

Einen Sonderfall stellt die Barreserve dar. Auf diesen Aktivposten entfällt ein Anteil am bilanziellen Gesamtvolumen i. H. v. 1,8 %. Als Barreserve gelten nach § 12 RechKredV ein Kassenbestand sowie täglich fällige Guthaben. Aufgrund der Unverzinslichkeit bzw. der täglichen Abrufmöglichkeit entspricht am Abschlussstichtag der Buchwert dem Barwert, sodass keine Differenzen basierend auf Zinsänderungsrisiken bestehen und eine Aufnahme ins Bankbuch damit nicht zwingend notwendig ist.

---

62 Vgl. Scharpf/Schaber (2015), S. 964.
63 Vgl. Scharpf/Schaber (2015), S. 964.
64 Vgl. Verse/Wiersch (2013), S. 2 i. V. m. Dangelmayer (2013), S. 50 ff.

Aktivischer und Passivischer Rechnungsabgrenzungsposten

Bezogen auf das gesamte Bankbuch sind der Aktivische und der Passivische Rechnungsabgrenzungsposten eher von untergeordneter Bedeutung, da ihr Anteil allgemein am bilanziellen Gesamtvolumen gering ist und die Positionen auch nicht zinsbezogene Teilbestände vorweisen. Sowohl für den Aktivischen als auch den Passivischen Rechnungsabgrenzungsposten enthält die RechKredV keine weiteren Bestimmungen, daher sind die Vorschriften des HGB maßgeblich.[65] Als zu berücksichtigender Teilbestand kommen beim Aktivischen und Passivischen Rechnungsabgrenzungsposten etwa zinscharakteraufweisende Agien und Disagien, bspw. in Verbindung mit der sogenannten Nominalwertbilanzierung nach § 340e Abs. 2 HGB, bei verschiedenen Darlehensarten in Frage. Ausgelöst wird der Ansatz von Agien durch die Abweichung von § 253 Abs. 1 HGB bei Hypothekendarlehen und anderen Forderungen. Diese dürfen mit ihrem Nennbetrag angesetzt werden. Sofern der Unterschiedsbetrag zwischen dem Nennbetrag und dem Auszahlungsbetrag Zinscharakter i. S. v. § 340e Abs. 2 Satz 1 HGB hat,[66] und positiv (negativ) ist, d. h., der Nennbetrag ist niedriger (höher) als der Auszahlungsbetrag, sind Agien (Disagien) im Rechnungsabgrenzungsposten auszuweisen und planmäßig aufzulösen.[67]

Derivative Finanzinstrumente

Ein weiterer Bestandteil des Bankbuchs sind derivative Finanzinstrumente, sofern eine explizite Zuordnung zum Bankbuch stattfindet und ein Zinscharakter vorliegt. Diese außerbilanziellen Geschäfte werden als schwebende Geschäfte grundsätzlich nicht bilanziert und sind somit nicht Gegenstand der Bilanz.[68] Allerdings sind einige derivative Finanzinstrumente bzw. Bestandteile in den Bilanzpositionen der Bilanz enthalten. So können etwa in den sonstigen Verbindlichkeiten Verbindlichkeiten aus Swapgeschäften, etwa Zinsabgrenzungen, enthalten sein. Allgemein greifen Institute häufig bei der Bankbuchsteuerung, überwiegend zur Absicherung ihrer Zinsrisikopositionen, auf Zinsswapgeschäfte zurück. Insofern sind diese Finanzinstrumente für Institute bedeutend, aber aufgrund der mangelnden Information aus der Bilanz wird an dieser Stelle nicht näher auf sie eingegangen.[69]

65 Vgl. Scharpf/Schaber (2015), S. 793.
66 Vgl. Scharpf/Schaber (2015), S. 800.
67 Vgl. u. a Scharpf/Schaber (2015), S. 792 ff. und 892 ff. Eine Verrechnung von aktivischen und passivischen Unterschiedsbeträgen ist von Gesetzgeberseite aus nicht gestattet. Es gilt das Verrechnungsverbot nach § 246 Abs. 2 HGB einzuhalten, vgl. Scharpf/Schaber (2015), S. 800.
68 In diesem Sinne Scharpf/Schaber (2015), S. 231 i. V. m. Löw/Scharpf/Weigel (2008), S. 1012.
69 Zum Konzept des „schwebenden Geschäfts" sowie zur Bilanzierung und Bewertung, vgl. Abschnitt II.2.2.1 und II.3.

II.2.2 Der Begriff „verlustfrei" als Ergebnis der GoB und die Anwendung im Bankbuch

II.2.2.1 Kerngedanke des Imparitätsprinzips und das Konzept der Drohverlustrückstellung

Der Begriff „verlustfrei" im Rahmen der Bilanzierung impliziert, dass durch die zum Abschlussstichtag durchgeführte Bewertung alle vorhersehbaren Verluste, bspw. infolge einer Änderung der Marktzinssätze, antizipiert und bilanziell durch Bildung einer Drohverlustrückstellung erfasst werden. Durch diese Vorgehensweise wird sichergestellt, dass dem Imparitätsprinzip entsprochen wird, das als Ausprägung des Vorsichtsprinzips in erster Linie dem Gläubigerschutz dient.[70] Generell unterscheidet man das Imparitätsprinzip im engeren und weiteren Sinne. Das Imparitätsprinzip im weiteren Sinne sieht lediglich vor, Risiken und Chancen ungleich (imparitätisch) zu behandeln, dabei Risiken stärker zu gewichten.[71] Konkreter gefasst wird das Imparitätsprinzip im engeren Sinne. Es besagt, dass unrealisierte Verluste bzw. Aufwendungen i. S. v. Risiken berücksichtigt werden müssen, unrealisierte Gewinne bzw. Erträge i. S. v. Chancen hingegen nicht.[72] Diese antizipativ durchgeführte Ergebniskorrektur wird auch als Berücksichtigung „unrealisierter Verluste" oder als „Verlustantizipation" bezeichnet.[73] Der Anwendungsbereich erstreckt sich auf alle aktivischen und passivischen Geschäfte sowie auf diejenigen Geschäfte, die den Charakter eines schwebenden Geschäftes haben.[74] Die maßgeblichen handelsrechtlichen Bestimmungen sind in § 252 Abs. 1 Nr. 4 HGB und § 253 Abs. 2 und 3 HGB sowie im Hinblick auf schwebende Geschäfte in § 249 Abs. 1 Satz 1 HGB kodifiziert. Nach § 249 Abs. 1 Satz 1 HGB ist eine Rückstellung für drohende Verluste aus schwebenden Geschäften (Drohverlustrückstellung) zu bilden, sofern sich die damit in Verbindung stehenden Verpflichtungen nicht mehr gleichwertig gegenüberstehen.[75] Folglich wird ein Aufwandsüberschuss in Form eines möglichen künftigen Verlustes antizipiert.[76] Als Voraussetzung für den Ansatz und die Bewertung – die bei der Bildung von Drohverlustrückstellungen grundsätzlich nicht zu trennen sind –[77] müssen in der Handelsbilanz zwei Tatsachen vorliegen: zum einen eine objektivierte Verlusterwartung, zum anderen das

---

70 Vgl. Melcher/David/Skowronek (2013), S. 66; Moxter (2003) S. 3 und 56.
71 Vgl. Moxter (2003), S. 39.
72 Vgl. Moxter (2003), S. 34.
73 Vgl. Leffson (1987), S. 340 und 392.
74 Vgl. Leffson (1987), S. 342.
75 Vgl. u. a. BFH-Urteil vom 23. Juni 1997, m. w. N.; Schubert (2014), zu § 249 HGB, Rdn. 58; Melcher/David/Skowronek (2013), S. 66.
76 Vgl. u. a. Schubert (2014), § 249 HGB, Rdn. 51; Melcher/David/Skowronek (2013), S. 66.
77 Vgl. Schubert (2014), § 249 HGB, Rdn. 52.

Vorliegen eines schwebenden Geschäftes. Für die objektivierte Verlusterwartung reicht die bloße Möglichkeit eines Verlusteintritts nicht aus, vielmehr muss eine begründete, d. h. eine ernsthafte und objektive, Erwartung vorliegen.[78] Diese wiederum erfordert, dass zum Abschlusstischtag Anzeichen bestehen, dass der Erfüllungsbetrag i. S. v. § 253 Abs. 1 Satz 2 HGB den Wert der Gegenleistung übersteigt.[79] Darüber hinaus kennzeichnet schwebende Geschäfte das Vorliegen eines Vertragsverhältnisses. Die entsprechenden Verträge müssen zweiseitig verpflichtend und auf einen Leistungsaustausch i. S. d. §§ 320 ff. BGB gerichtet sein.[80] Außerdem dürfen die vereinbarten Verpflichtungen noch von keiner Seite erfüllt worden sein,[81] sodass die noch ausstehenden Erfüllungen zu einem Schwebezustand führen. Basierend auf der Frequenz des Austausches wird allgemein zwischen einem schwebenden Geschäft, welches einen einmaligen Leistungsaustausch vorsieht und einem Dauerschuldverhältnis differenziert.[82]

II.2.2.2 Übertragung des Konzepts der Drohverlustrückstellung auf die Bankbuch-Bewertung

II.2.2.2.1 Bankgeschäfte als schwebende Geschäfte

Bei der überwiegenden Anzahl von Bankgeschäften handelt es sich um schwebende Geschäfte, bei denen der Schwebezustand über das zugrunde liegende Dauerschuldverhältnis begründet wird. Daher basiert die Anwendung des Konzepts der Drohverlustrückstellung beim Bankbuch auf dem Vorliegen schwebender Geschäfte aufgrund von Dauerschuldverhältnissen.[83]

Die allgemeinen Charakteristika der Nutzungsüberlassung von Kapital über eine vereinbarte[84] Laufzeit sowie für die dafür zu entrichtenden Entgeltzahlungen führen dazu, dass in der Praxis und Literatur häufig die Parallele zum Mietverhältnis gezogen wird.[85] Denn auch hier wird ein Gegenstand für eine gewisse Zeit gegen Nutzungsentgelt überlassen,

78 Vgl. u. a. BFH-Urteil vom 23. Juni 1997, m. w. N. i. V. m. IDW RS HFA 4 Tz. 15; Schubert (2014), § 249 HGB, Rdn. 60; Heddäus (1997), S. 45.

79 Vgl. Schubert (2014), § 249 HGB, Rdn. 60.

80 Vgl. Schubert (2014), § 249 HGB, Rdn. 52; Morck (2007), § 249 HGB, Rdn. 7; IDW RS HFA 4 Tz. 2.

81 Vgl. Morck (2007), § 249 HGB, Rdn. 7; Heddäus (1997), S. 44 f.

82 Vgl. Schubert (2014), Rdn. 53 f. Des Weiteren wird auch als Unterfall des schwebenden Geschäftes ein drohender Verlust aus Bewertungseinheiten unterschieden, vgl. Schubert (2014), § 249 HGB, Rdn. 54.

83 Vgl. Abschnitt II.2.2.1 i. V. m. Schubert (2014), § 249 HGB, Rdn. 53; Birck/Meyer (1989), V 349.

84 Impliziert auch bis auf weiteres Verträge.

85 Vgl. Scharpf/Schaber (2011a), S. 2046; Oestreicher (1993), S. 3; Düpmann (2007), S. 189; Scholz (1979), S. 518.

welches als eine Art „Zinszahlung" (ugs. Mietzins) betrachtet werden kann. Ein Unterschied zum Mietverhältnis besteht darin, dass das Eigentum im Falle der Kapitalüberlassung auf den Darlehensnehmer übergeht. Der Darlehensgeber behält indes einen schuldrechtlichen Rückforderungsanspruch über die vertragliche Laufzeit.[86] Das Ende des schwebenden Geschäftes kennzeichnet die Rückzahlung der Darlehenssumme im Falle von Kapitalüberlassung, im Falle des Mietverhältnisses die Übergabe des Besitzes des vermieteten Gegenstands. Basierend auf dieser klaren Abgrenzung kann das andauernde Geschäft der Nutzungsüberlassung als schwebendes Geschäft mit entsprechenden handelsrechtlichen Konsequenzen betrachtet werden. Bezüglich der Beendigung des Geschäftes sind die Vorschriften der bonitätsbedingten Bewertung (Abschreibungen und Wertberichtigungen nach § 253 HGB) heranzuziehen.[87]

II.2.2.2.2 Aufwands- und Ertragsbetrachtung nach IDW RS HFA 4

Mit dem Rückgriff auf das Konzept der Drohverlustrückstellung gilt es für Bilanzierungszwecke auch den IDW RS HFA 4 („Stellungnahme zur Rechnungslegung: Zweifelsfragen zum Ansatz und zur Bewertung von Drohverlustrückstellungen") zu berücksichtigen. In IDW RS HFA 4 Tz. 28 bis 46 wird die Bewertung einer Drohverlustrückstellung bei schwebenden Geschäften konkretisiert. Nach den Ausführungen in IDW RS HFA 4 Tz. 33 ist eine Drohverlustrückstellung dann zu bilden, wenn der Wert der Gegenleistung hinter dem Wert der zu erbringenden eigenen Leistung zzgl. der voraussichtlich noch anfallenden Aufwendungen zurückbleibt. Bei der Bewertung sind alle Erträge und Aufwendungen einzubeziehen. Als Ertrag ist der „Wert des Anspruchs auf die Gegenleistung" anzusetzen. Die Bewertung der noch anfallenden Aufwendungen hat nach IDW RS HFA 4 Tz. 35 zu Vollkosten zu erfolgen.[88] Zu den Vollkosten zählen unter anderem Einzel-, Gemein- und direkt zurechenbare Kosten. Übertragen auf die verlustfreie Bewertung des Bankbuchs sind somit alle vertraglich vereinbarten Zinserträge und -aufwendungen anzusetzen. Darüber hinaus ist den Anforderungen in IDW RS HFA 4 Tz. 35 nachzukommen, indem alle mit dem Bankbuch in Verbindung stehenden Verwaltungs- und Risikokosten berücksichtigt werden. Sofern aus dieser Gesamtbetrachtung i. S. einer Gegenüberstellung der Erträge

---

86 Vgl. Scharpf/Schaber (2011a), S. 2046.
87 Vgl. Scharpf/Schaber (2011a), S. 2046.
88 Vgl. Scherff/Willeke (2011), S. 263.

und Aufwendungen ein Verlust (Aufwandsüberschuss) resultiert, ist eine Drohverlustrückstellung zu passivieren.[89]

II.2.2.2.3 Antizipation von Zinsänderungsrisiken in der Leasingpraxis

Bedingt durch den Rückgriff auf das Konzept der Drohverlustrückstellung bei einem vorliegenden Aufwandsüberschuss aufgrund von Marktzinsänderungen folgt die verlustfreie Bewertung des Bankbuchs der gängigen Praxis im Leasinggeschäft. Abgesehen von Immobilien-Leasingverträgen sehen die üblichen Leasingverträge eine unveränderte Ratenzahlung über die Vertragslaufzeit vor.[90] Somit kann sich ein Risiko in Ausprägung eines sogenannten Festzinsrisikos aus einer offenen Zinsposition ergeben, wenn die zugehörige Refinanzierung nicht ebenfalls ein gleiches Festzinsgeschäft umfasst oder variabel refinanziert wurde.[91] Für den Fall von steigenden Marktzinssätzen, d.h. sofern der Marktzinssatz den kalkulierten Leasingzinssatz übersteigt, sieht die Leasing-Praxis die Bildung einer Drohverlustrückstellung zur Antizipation des erwarteten Verlustes vor.[92] Die Höhe der Rückstellung ergibt sich aus der Differenz der Zinsaufwendungen (Marktzinssatz) und des im Vertrag kalkulierten Leasingzinssatzes sowie aus den zusätzlich anfallenden Aufwendungen (Vollkosten).

II.2.2.3 Anpassung des Einzelbewertungsprinzips

Ein weiterer GoB, den es im Rahmen einer verlustfreien Bewertung zu beachten gilt, ist das Einzelbewertungsprinzip von Vermögensgegenständen und Schulden (§ 252 Abs. 1 Nr. 3 HGB). Die Grundlage für diese Bewertungsvorschrift bildet das Inventar nach § 240 Abs. 1 HGB. Danach muss der Wert von Vermögensgegenständen und Schulden einzeln ermittelt werden. Die Einzelbewertung dient dabei dem Vorsichtsprinzip; sie verhindert, dass Werterhöhungen und -minderungen verschiedener Vermögensgegenstände saldiert werden.[93] Eine Abkehr von diesem Grundsatz wird nur in begründeten Fällen zugelassen, wie etwa im Rahmen der Bewertungseinheit i.S.v. § 254 HGB, der Gruppenbewertung oder der Festbewertung.[94] Eine begründete Abkehr lässt sich dabei auch bei der Bewertung des Bankbuchs feststellen. Die Steuerung und Betrachtung des Bankbuchs erfolgt

---

89 Vgl. BFH-Urteil vom 24. Januar 1990.
90 Vgl. Findeisen (2008), Tz. 89; Büschgen (1998), Tz. 67.
91 Vgl. Findeisen (2008), Tz. 89; Büschgen (1998), Tz. 67.
92 Vgl. Findeisen (2008), Tz. 89; Büschgen (1998), Tz. 67.
93 Vgl. u.a. Winkeljohann/Büssow (2014), § 252 HGB, Rdn. 22.
94 Bei der Gruppenbewertung wird ein gewogener Durchschnittswert als Ersatz für den Wert der einzelnen Vermögensgegenstände und Schulden angesetzt (vgl. § 240 Abs. 4 HGB), bei der Festbewertung

stets in seiner Gesamtheit (sogenannter Refinanzierungsverbund).[95] Dies führt dazu, dass ein Aktivgeschäft nicht direkt durch ein Passivgeschäft refinanziert wird. Anders ausgedrückt wird eine Refinanzierung mehrerer Aktivgeschäfte durchgeführt.[96] Insofern ist es nicht zielführend und nicht i. S. d. GoB, eine imparitätische Einzelbewertung durchzuführen und willkürlich zinsbezogene Aktiv- und Passivgeschäfte einander zuzuordnen.[97] Darüber hinaus wird mit der Gesamtbetrachtung dem Ziel entsprochen, den Jahresabschluss übersichtlich und klar darzustellen, so dass es für den Bilanzleser möglich ist, sich ein Bild über die tatsächliche Vermögens- und Ertragslage des Instituts zu verschaffen.[98] Außerdem unterstützt die Berechnung eines Vorsorgebedarfs eine Gesamtbetrachtung.[99]

II.2.3 Historische Einbettung der Relevanz des Zinsänderungsrisikos und der verlustfreien Bewertung

Die in Abschnitt II.1.3 und II.2 angeführten Merkmale der verlustfreien Bewertung kennzeichnen auch die historische Auseinandersetzung mit der Thematik seitens der Praxis und der Rechtsprechung. Die Ursprünge der Diskussion der bilanziellen Berücksichtigung des Zinsänderungsrisikos von Geschäften des Bankbuchs in Form einer verlustfreien Bewertung reichen bis in die siebziger Jahre zurück. So setzt sich bereits *Stolberg*[100] im Rahmen der Fachtagung des IDW in Düsseldorf im Jahr 1971 mit den Grundlagen der Bewertung des Bankbuchs auseinander. *Stolberg* resümiert in einer Zusammenfassung des Vortrags von *Scholz,* dass offen sei, „ob nicht ggf. unter anderen Gesichtspunkten als dem des Verkaufs Verluste entstehen können, die nach dem Imparitätsprinzip vorwegzunehmen sind“[101]. Später, im Jahr 1979, befasst sich *Scholz*[102] eingehend mit Zinsänderungsrisiken

hingegen ein jährlich grundsätzlich gleichbleibender Wert (vgl. § 240 Abs. 3 HGB), vgl. Moxter (2003), S. 27.

95 Hiermit wird der internen Steuerung entsprochen.

96 Vgl. Scharpf/Schaber (2011a), S. 2049.

97 Vgl. Düpmann (2007), S. 132.

98 Vgl. Bodarwé (1966), S. 668.

99 Vgl. Düpmann (2007), S. 130. Die Vereinbarkeit der Abkehr vom Einzelbewertungsprinzip und Orientierung an einem Refinanzierungsverbund (Gesamtschau) entspricht sowohl der Auffassung der Rechtsprechung als auch der Praxis. In der Rechtsprechung wird die Ausrichtung und Bewertung an einem Refinanzierungsverbund (Gesamtschau) zinsinduzierter Vermögengegenstände und Schulden explizit gefordert, vgl. u. a. BFH-Urteil vom 24. Januar 1990. Für die Praxis bestätigte der BFA die Zusammenfassung bereits im Jahr 1986. Seiner Auffassung nach könne „(a)ls Grundlage für die Beurteilung der Zinsrisiken eines Kreditinstituts dabei nur eine Zusammenfassung aller zinstragenden Geschäfte und aller einem Zinsrisiko unterliegenden Posten in Betracht kommen.“, vgl. IDW (1986), S. 447 f.; ebenso in der Praxis, vgl. Birck/Meyer (1989), V 349; *Scharpf/Schaber* bezeichnen die Gesamtschau u. a. als Globalbewertung, vgl. Scharpf/Schaber (2011b), S. 122.

100 Stolberg (1971): *Bericht über die Fachtagung des Instituts der Wirtschaftsprüfer 1971 in Düsseldorf.*

101 Stolberg (1971), S. 387.

102 Scholz (1979): *Zinsänderungsrisiken im Jahresabschluß der Kreditinstitute.*

im Jahresabschluss, insbesondere mit deren Bewertung. Seiner Auffassung nach charakterisieren einerseits die Nutzungsüberlassung und andererseits die zeitliche Komponente Aktiv- und Passivgeschäfte.[103] Die zeitliche Komponente wirkt sich sowohl dadurch aus, dass die Nutzung von zur Verfügung gestelltem Kapital begrenzt sei, als auch dass die Gegenleistung (Zinszahlung) in diesem zeitlich vorgegebenen Rahmen erfolge.[104] Aufgrund dieser in die Zukunft verlagerten (zumindest teilweisen) Erfüllung der Verträge bezeichnet *Scholz* aktivische und passivische Bankgeschäfte ausdrücklich als schwebende Geschäfte.[105] Basierend auf dieser Eigenschaft skizziert er die Grundidee,[106] dass Verluste aus „offenen Festzinspositionen" drohen. In Anlehnung an das Kursänderungsrisiko im Devisengeschäft determiniert eine offene Festzinsposition das Zinsänderungsrisiko.[107] Des Weiteren konstatiert *Scholz*, dass zur Berechnung eines möglichen Verlustes Annahmen zur zukünftigen Schließung der Lücke zu treffen seien. Seiner Auffassung nach – und aufgrund des Charakters des schwebenden Geschäftes – ist hierzu der Marktzins einschließlich besonderer Anpassungen zur Bewertung heranzuziehen.[108] Darüber hinaus führt er an, dass die aktivischen und passivischen Geschäfte zusammen als jeweils schwebendes Geschäft mit einer Durchschnittsverzinsung anzusetzen seien. Eine Drohverlustrückstellung sei dann zu bilden, wenn der zur Schließung herangezogene Marktzins über dem aktivischen Durchschnittszins oder unter dem passivischen Durchschnittszins liegt.[109] Aufgrund zahlreicher Einwände sei aber eine Rückstellung in der Bilanzierungspraxis nicht ohne Weiteres ermittelbar, insbesondere wegen Schwierigkeiten bei der Quantifizierung sowie wegen der vermuteten Geringfügigkeit.[110]

Den von *Scholz* angeführten Lösungsansatz griff im Jahr 1987 im Rahmen der Umsetzung des Bilanzrichtliniengesetzes die Kommission für Bilanzierungsfragen des *Bundesverbandes der Banken (BdB)* auf. In den Arbeitsmaterialien zum Bilanzrichtliniengesetz stellt sie ausdrücklich klar, „dass eine Pflicht zur Bildung von Rückstellungen für drohende Verluste aus schwebenden Geschäften besteht, wenn aus offenen Festzinspositionen am Bilanzstichtag ein Verlust zu erwarten ist."[111] Dem folgen auch *Birck/Meyer* im Jahr 1989:

---

103 Vgl. Scholz (1979), S. 518.
104 Vgl. Scholz (1979), S. 519.
105 Vgl. Scholz (1979), S. 518 f. Siehe hierzu auch Abschnitt II.2.2.2.
106 Diese Grundidee wurde mit dem im Mittelpunkt der vorliegenden Arbeit stehenden IDW RS BFA 3, d.h. fast drei Jahrzehnte später, umgesetzt.
107 Vgl. Scholz (1979), S. 519 f.
108 Vgl. Scholz (1979), S. 539.
109 Vgl. Scholz (1979), S. 540.
110 Vgl. Scholz (1979), S. 527.
111 Bundesverband deutscher Banken (1987), Teil 1, S. 13.

„Abzustellen ist vielmehr auf den Erfolgssaldo aus dem Aktiv- und Passivgeschäft; ergibt sich bei dieser Betrachtung ein drohender Verlust, so muss hierfür eine Rückstellung gebildet werden."[112] In Übereinstimmung mit *Scholz* resümieren *Birck/Meyer*, dass trotz erheblicher Bemühungen, „das Problem der willkürfreien Bemessung einer Rückstellung für drohende Verluste aus Zinsänderungsrisiken noch ungelöst"[113] sei. Ungeachtet der vermeintlich unlösbaren Probleme beschäftigt sich *Oestreicher* im Jahr 1993 mit den Auswirkungen von Marktzinsänderungen auf die Bilanzierung und Bewertung von Finanzierungsverträgen. Seiner Auffassung nach sind zum Verkauf bestimmte Forderungen und Verbindlichkeiten immer marktgerecht zu bewerten. In Bezug auf die verlustfreie Bewertung konstatiert er, dass zur „Bestimmung des gegebenenfalls drohenden Verlustes [...] der vereinbarte Zins den Aufwendungen gegenüberzustellen [sei], die dem Gläubiger im Zusammenhang mit der Darlehensvergabe entstanden sind oder noch entstehen werden. Dem Grunde nach gehören hierzu die Refinanzierungskosten sowie der bei der Darlehensvergabe entstehende Verwaltungsaufwand"[114]. Die Ansicht, dass eine Drohverlustrückstellung zu bilden sei, falls eine negative Zinsspanne vorliegt, vertritt auch *Naumann* im Rahmen seiner Dissertation „Bewertungseinheiten im Gewinnermittlungsrecht der Banken" aus dem Jahr 1995.[115] Im Jahr 2007 widerlegt schließlich *Düpmann* die Begründung, dass eine Drohverlustrückstellung aufgrund technischer Umsetzungsschwierigkeiten nicht möglich sei.[116] Er zeigt eine Lösung zur Ermittlung auf, die auf methodischen Ansätzen zur Quantifizierung von Zinsrisiken auf Gesamtbankebene beruht.[117] In diesem Zusammenhang konstatiert er, dass grundsätzlich eine Rückstellung zu bilden sei. Die damit geforderte Notwendigkeit einer neuen Bewertungspraxis griff die Deutsche Bundesbank im Monatsbericht 09/2010 auf. Darin fordert die Deutsche Bundesbank die Praxis auf, „geeignete Lösungsansätze für eine verlustfreie Bewertung des Anlagebuchs zu entwickeln"[118].

---

[112] Birck/Meyer (1989), V 349.
[113] Birck/Meyer (1989), V 355.
[114] Oestreicher (1993), S. 8. Diese weitergehende Konkretisierung wurde auch in der im Mittelpunkt der vorliegenden Arbeit stehenden Stellungnahme zur Rechnungslegung zur verlustfreien Bewertung (IDW RS BFA 3) berücksichtigt.
[115] Naumann (1995): *Bewertungseinheiten im Gewinnermittlungsrecht der Banken.*
[116] Vgl. Düpmann (2007), S. 109.
[117] Vgl. Düpmann (2007), S. 111 f.
[118] Deutsche Bundesbank (2010), S. 61. Der Lösungsansatz der Praxis ist die im Mittelpunkt der vorliegenden Arbeit stehende Stellungnahme zur Rechnungslegung IDW RS BFA 3.

Parallel zur Fachliteratur beschäftigte sich auch die höchstrichterliche Rechtsprechung mehrfach mit der Thematik von Rückstellungen für Verluste aus schwebenden Geschäften bei bankspezifischen Geschäften. In seiner Urteilsbegründung zur Rechtssache II ZR 23/81 schlussfolgert der Bundesgerichtshof, dass ein Jahresabschluss als nichtig anzusehen sei, sofern eine Rückstellung für Verluste aus schwebenden Geschäften unterbleibt und somit gegen die GoB verstoßen wird.[119] In dem Urteil zugrunde liegendem Fall drohte der Bank aufgrund von Unterschieden in der Fälligkeitsstruktur von Aktiva und Passiva sowie aus Zinssteigerungen ein Gesamtverlust. Nach damaligem Bilanzrecht sei die Bildung einer Drohverlustrückstellung – unter Berücksichtigung der Refinanzierungskosten und der nicht „ausreichenden Verzinsung" – „nicht nur zulässig, sondern zwingend", um eine Überbewertung zu verhindern, und somit dem Gläubigerschutz Rechnung zu tragen.[120] Auf die Zinsspanne, d.h. auf die sich wesentlich durch Zinsänderungen auswirkende Ergebnisgröße, bezieht sich der Bundesfinanzhof in seinem Urteil in der Rechtssache I R 1957/85 vom 24. Januar 1990. Darin konstatiert er, dass die Zinsspanne, die sich als Differenz zwischen den Zinsen im Aktiv- und Passivgeschäft ergibt, wesentlich zu den Erträgen im Kreditgeschäft beiträgt. Weiter betont er die „untrennbare" Verbindung zwischen Refinanzierung in Form eines Refinanzierungsverbundes und der Kreditgewährung. Bei Annahme einer unveränderten, hinreichenden Zinsmarge seien folglich von einem Kreditinstitut keine Abwertungen aufgrund von Marktzinsänderungen vorzunehmen.[121] Im Fall, dass allerdings ein Kreditinstitut eine nicht ausreichende Zinsmarge vorweist – sei es durch Fristentransformation oder durch eine festverzinsliche Refinanzierung variabel-verzinslich gewährter Kredite – muss eine Drohverlustrückstellung aus schwebenden Geschäften gebildet werden.[122] Dabei sei es Kreditinstituten nur gestattet, von der Gesamtbetrachtung der Aktiv- und Passivgeschäfte abzuweichen und eine zinsbedingte Bewertung einer einzelnen Kreditforderung durchzuführen, wenn der Verkauf dieser einzelnen Forderung geplant ist.[123] Dadurch wird der Steuerung der Geschäfte des Bankbuchs in ihrer Gesamtheit und der Anerkennung des Refinanzierungsverbundes Rechnung getragen.[124] Des Weiteren erörtert der Bundesfinanzhof den Zinssatz beim Umgang mit drohenden Verlusten aus offenen Festzinspositionen. Seiner Auffassung nach

[119] Vgl. BGH-Urteil vom 1. März 1982.
[120] Vgl. BGH-Urteil vom 1. März 1982.
[121] Vgl. BFH-Urteil vom 24. Januar 1990.
[122] Vgl. BFH-Urteil vom 24. Januar 1990.
[123] Vgl. BFH-Urteil vom 24. Januar 1990.
[124] Vgl. BFH-Urteil vom 24. Januar 1990 i.V.m. Scharpf/Schaber (2015), S. 140.

und dem Umstand geschuldet, dass der Zinssatz, mit welchem die offene Festzinsposition in Zukunft geschlossen wird, unbekannt ist, wäre der Marktzinssatz zum Bilanzstichtag, unter Berücksichtigung des Vorsichtsprinzips, hierfür anzusetzen.

II.3 Bilanzielle Berücksichtigung von Zinsänderungen im Bankbuch

II.3.1 Bilanzierung und Bewertung von Geschäften des Bankbuchs vor BilMoG

Die Bilanzierung von Forderungen und Verbindlichkeiten des Bankbuchs sah vor Einführung des BilMoG vor, dass bei Forderungen weder das Niederstwertprinzip noch bei Verbindlichkeiten das Höchstwertprinzip zur Anwendung kam. Nach § 340e Abs. 1 Satz 2 HGB konnten Forderungen des Weiteren zwar per Zuordnung auch dem Anlagevermögen zugerechnet und dessen Bewertungsvorschriften unterworfen werden, allerdings war dies nur in Ausnahmefällen gestattet. Dementsprechend wurde bei Forderungen und Verbindlichkeiten in den meisten Fällen die Bewertungsvorschriften des Umlaufsvermögens angewendet und auf eine zinsinduzierte Bewertung verzichtet bzw. lediglich Bonitätsveränderungen erfasst.[125]

In Bezug auf derivative Zinsinstrumente (Finanzinstrumente) wurden vor der Einführung des BilMoG die Bilanzierungs- und Bewertungsvorschriften von schwebenden Geschäften zugrunde gelegt. Nach Ansicht des BFA waren Zinsderivate des Bankbuchs gleich zu bewerten wie Forderungen und Verbindlichkeiten.[126] Als Ergebnis dieser Berücksichtigung konnten Institute bei expliziter Zuordnung zum Bankbuch auf eine imparitätische Einzelbewertung bei Derivaten verzichten.[127] Als Begründung führte man die dem Bankbuch zugrunde gelegte Globalbewertung an; denn wenn bei Aktiv- und Passivgeschäften des Bankbuchs „keine zinsinduzierte (Barwert-)Bewertung nach Maßgabe des strengen Einzelbewertungsgrundsatzes stattfindet, lässt sich dies wohl – mit gleich guten oder gleich schlechten Argumenten – auch nicht für derivative Zinsinstrumente, die zur Sicherstellung einzelner oder der gesamten Zinsrisikoposition abgeschlossen, fordern“[128]. Zusätzlich wurde das Argument vorgebracht, dass ein derivatives Zinsinstrument die gleichen Zinsrisiken vorweist, wie eine fristeninkongruente Refinanzierung einer Aktivposition.[129]

---

125 Vgl. Scharpf/Schaber (2015), S. 94 f. und 121.
126 Vgl. Scharpf/Schaber (2011b), S. 141.
127 Dies galt für derivative Finanzinstrumente des Bankbuchs.
128 Krumnow et al. (2004), § 340e HGB, Rdn. 151.
129 Vgl. Geldhausen/Fey/Kämpfer (2009), S. 739.

Die daraus resultierende Unterlassung einer Bewertung, bei der zusätzlich die Schwierigkeiten bei der Ermittlung als Deckmantel fungierten,[130] wurde in der Praxis als sogenannte Bilanzierungskonvention im Rahmen der Aktiv-/Passivsteuerung festgeschrieben.[131] Gemäß der Bilanzierungskonvention wurde „das Bankbuch keiner zinsbedingten Einzelbewertung unterzogen [...] und in der Folge auch die zur Zinsrisikosteuerung des Bankbuchs eingesetzten Derivate keiner Einzelbewertung [...]"[132]. Insgesamt wurde somit ausschließlich ein pragmatischer Ansatz verfolgt. D. h., dass weder ein GoB noch eine Lehre aus dem bilanztheoretischen Regelwerk der Bilanzierungspraxis zugrunde lag.[133] Für Institute bot sich dadurch allerdings eine „cherry-picking"-Möglichkeit: Sofern derivative Zinsinstrumente einen positiven Marktwert aufwiesen, konnten sie gewinnbringend veräußert werden, hingegen wurden derivative Zinsinstrumente mit negativem Marktwert dem Bankbuch zugeordnet und nicht bewertet.

II.3.2 Anpassung der Bilanzierungs- und Bewertungsvorschriften seit BilMoG

Aus der Veröffentlichung des BilMoG ergaben sich keine Änderungen im Hinblick auf die Bilanzierungs- und Bewertungsvorschriften von Forderungen und Verbindlichkeiten des Bankbuchs.[134] Bis heute gelten somit die Bewertungsvorschriften des Umlaufvermögens, die bonitätsbedingte Wertberichtigungen auf den Rückzahlungsbetrag unverändert vorsehen.

In Bezug auf Sicherungsbeziehungen führte das BilMoG zu einer differenzierteren Vorgabe. So wurde etwa das Konzept der Bewertungseinheit in § 254 HGB gesetzlich normiert. Des Weiteren wurde die Bewertung von Finanzinstrumenten des Handelsbestands in § 340e HGB neu gefasst. Offen blieb die Bilanzierung und Bewertung von direkt dem Bankbuch zugeordneter derivativer Zinsinstrumente. Die Diskussionen in den einschlägigen Fachgremien ergaben, dass auf die Bewertung des Bankbuchs § 254 HGB nicht anwendbar sei. Dies deshalb, weil die Bilanzierung und Bewertung von Sicherungsbeziehungen konzeptionell anders vorzunehmen ist als die Bilanzierung und Bewertung von schwebenden Geschäften des Bankbuchs. Die Bewertungsfrage wurde schließlich mit Veröffentlichung des IDW RS BFA 3 geklärt.

---

130 Vgl. Abschnitt II.2.3.

131 Vgl. Scharpf (2009), S. 205.

132 Löw/Scharpf/Weigel (2008), S. 1020.

133 Vgl. Krumnow et al. (2004), § 340e HGB, Rdn. 151.

134 Vgl. Scharpf (2009), S. 206.

III Umsetzung der verlustfreien Bewertung des Bankbuchs

III.1 Überblick der aktuellen Regelung der verlustfreien Bewertung

III.1.1 Vorstellung des IDW RS BFA 3

Um der Aufforderung der Deutschen Bundesbank nachzukommen,[135] veröffentlichte der BFA am 9. Dezember 2011 den „Entwurf einer Stellungnahme zur Rechnungslegung: Einzelfragen der verlustfreien Bewertung von zinsbezogenen Geschäften des Bankbuchs (Zinsbuchs) (IDW ERS BFA 3)“. Nach Anpassungen, wie unter anderem einer Präzisierung der Abgrenzung zur Bildung einer Bewertungseinheit i. S. d. § 254 HGB (macro hedge), folgte am 30. August 2012 die finale Veröffentlichung des IDW RS BFA 3. Der Hauptfachausschuss (HFA) des IDW nahm deren billigende Kenntnisnahme am 6. September 2012 vor. Mit dieser finalen Veröffentlichung wurde schlussendlich auch die bislang geltende Bewertung, die sogenannte Bilanzierungskonvention[136], abgelöst. Die Stellungnahme zur Rechnungslegung präzisiert Einzelheiten zur Bewertung von finanziellen Vermögensgegenständen, Verbindlichkeiten und Derivaten des Bankbuchs von Kreditinstituten i. S. d. § 1 Abs. 1 KWG und ist wie in Abbildung 3 dargestellt aufgebaut.

1. Vorbemerkung
2. Anwendung der Grundsätze für die Bildung von Drohverlustrückstellungen
3. Abgrenzung des Bewertungsobjekts (Bankbuch)
4. Grundsätze und Methoden der verlustfreien Bewertung des Bankbuchs
    4.1. Allgemeine Bewertungsgrundsätze
    4.2. Methoden der verlustfreien Bewertung
        4.2.1. Periodische (GuV-orientierte) Betrachtungsweise
        4.2.2. Barwertige Betrachtungsweise
5. Ausweisfragen
6. Anhang
7. Lagebericht

Abbildung 3: Aufbau des IDW RS BFA 3

Inhaltlich wird in der Vorbemerkung und im Rahmen der Anwendung der Grundsätze für die Bildung von Drohverlustrückstellungen angemerkt, dass Institute im Rahmen ihres

[135] Siehe hierzu auch Abschnitt I.1 und II.2.3.
[136] Vgl. Abschnitt II.3.1.

Geschäftsmodells aktivische und passivische Zinspositionen bewusst eingehen, um eine positive Zinsmarge zu erzielen. Im Regelfall ist eine bestimmte Zuordnung einzelner zinstragender Finanzinstrumente nicht möglich, sodass – unter anderem auch mit Verweis auf höchstrichterliche Rechtsprechungen des BFH und BGH[137] – das Bankbuch in seiner wirtschaftlichen Gesamtheit (dem sogenannten Refinanzierungsverbund) zu bewerten ist.[138] Die Einhaltung des Einzelbewertungsgrundsatzes und des Imparitätsprinzips werden durch Bildung einer Drohverlustrückstellung gemäß § 340a HGB i. V. m. § 249 Abs. 1 Satz 1 Alt. 2 HGB gewährleistet, sofern sich aus der Gesamtheit der zinsbezogenen Finanzinstrumente des Bankbuchs ein Verpflichtungsüberschuss ergibt. In Bezug auf das Konzept der Drohverlustrückstellung wird auf die Ausführungen zu den Grundsätzen zur Ermittlung von Drohverlustrückstellungen nach IDW RS HFA 4 verwiesen.[139] Darin wird explizit angeführt, dass die zur Bewirtschaftung des Bankbuchs erforderlichen Aufwendungen (Refinanzierungskosten, Risikokosten und Verwaltungskosten) zu berücksichtigen sind. Des Weiteren sieht die IDW Verlautbarung vor, dass die spezifischen Bewertungsvorschriften nach § 340e Abs. 3 HGB sowie nach § 254 HGB grundsätzlich unberührt von den Regelungen bleiben. In Bezug auf Bewertungseinheiten nach § 254 HGB ist anzumerken, dass deren zinsbezogene Bestandteile in die verlustfreie Bewertung einzubeziehen sind. Außerdem müssen bonitätsbedingte Wertberichtigungen sowie zinsinduzierte Abschreibungen auf den beizulegenden Wert nach § 340a HGB i. V. m. § 253 Abs. 3 und 4 HGB unabhängig vorgenommen werden.

Im dritten Abschnitt wird das Bewertungsobjekt präzisiert. Das Bankbuch umfasst – entsprechend der Dokumentation des internen Risikomanagements – alle bilanziellen und außerbilanziellen zinsbezogenen Finanzinstrumente außerhalb des Handelsbestands. Sofern sich aus der Zuordnung ergibt, dass eine Unterteilung des Bankbuchs in mehrere Bankbücher vorliegt, ist jeder Saldierungsbereich einzeln zu bewerten. Eine Verrechnung mit anderen Saldierungsbereichen ist mit Verweis auf den Grundsatz der Einzelbewertung unzulässig. Im Hinblick auf das Stichtagsprinzip nach § 252 Abs. 1 Nr. 3 HGB ist die Einbeziehung von geplantem Neugeschäft ebenfalls unzulässig. Dies gilt auch, wenn das

137 Vgl. Abschnitt II.2.3.

138 Durch die Berücksichtigung der Gesamtheit wird an die interne Steuerung angeknüpft, vgl. IDW RS BFA 3 Tz. 14.

139 Nach IDW RS HFA 4 wird vorausgesetzt, dass es sich bei den einbezogenen Finanzinstrumenten um schwebende Zinsgeschäfte handelt, bei denen der Wert der Leistungsverpflichtung den Gegenleistungsanspruch übersteigt, sodass ein Verlust droht, vgl. für weitere Ausführungen Abschnitt II.2.2.2.

Neugeschäft im Rahmen der internen Steuerung Berücksichtigung findet. Für die Bewertung von derivativen Finanzinstrumenten ist explizit festgelegt, dass auch diese – sofern sie bei der Steuerung des allgemeinen Zinsänderungsrisikos eingesetzt werden – von der imparitätischen Einzelbewertung ausgenommen und stattdessen in die verlustfreie Bewertung einzubeziehen sind.[140]

Ausgehend vom Bewertungsobjekt werden im vierten Abschnitt zunächst die allgemeinen Grundsätze und Methoden der verlustfreien Bewertung konkretisiert. Danach stehen mit der periodischen (GuV-orientierten) und der barwertigen (statischen) Betrachtungsweise zwei gleichwertige Methoden zur Ermittlung zur Verfügung. Die Gleichwertigkeit basiert unter der Voraussetzung gleicher Prämissen auf der Übereinstimmung der Ergebnisse. Bei der jeweiligen Anwendung einer Methode sind die Grundsätze der Willkürfreiheit und Stetigkeit zu beachten. Die Grundlage bei beiden Methoden bilden die vertraglichen Zahlungsströme. Bei unbestimmten Fälligkeiten[141] und Kündigungsrechten sind geeignete Annahmen zu treffen, die der Dokumentation im internen Risikomanagement entsprechen müssen. Des Weiteren wird darauf hingewiesen, dass bei Vorliegen von Betrags- und Laufzeitinkongruenzen, diese zum Stichtag fiktiv zu schließen sind. Zur Schließung kann entweder auf fristenadäquate Geld- und Kapitalmarktzinssätze (GKM-Zinssätze) inkl. Refinanzierungsaufschlag oder auf die Eigenkapitalkosten zurückgegriffen werden. In Bezug auf die zu berücksichtigenden, noch anfallenden Aufwendungen für das Bankbuch werden weitere Erläuterungen konkretisiert, so zählen zu den Refinanzierungskosten etwa auch bestimmte Provisionsaufwendungen, als Risikokosten sind die erwarteten Ausfälle anzusetzen. Bei den Verwaltungskosten ist der Ansatz aus der Risikosteuerung zugrunde zu legen.

Neben diesen Präzisierungen wird auch die Vorgehensweise der periodischen und barwertigen Betrachtungsweise näher erläutert. So ist bei Erstgenannter der Saldo der diskontierten zukünftigen Periodenergebnisbeiträge zu ermitteln. Sofern dieser Saldo unter Berücksichtigung von offenen Positionen und zukünftigen Aufwendungen negativ ist, ist eine Drohverlustrückstellung zu bilden. Bei der barwertigen Betrachtungsweise wird hingegen der Barwert des Bankbuchs ermittelt und dem Buchwert des Bankbuchs gegenübergestellt. Hierbei ist ebenfalls eine Drohverlustrückstellung unter Berücksichtigung

[140] Damit werden auch negative Zeitwerte berücksichtigt.

[141] Ein Beispiel für unbestimmte Fälligkeiten sind „bis auf weiteres"-Vereinbarungsklauseln.

der zukünftigen Aufwendungen zu bilden, sofern der Buchwert größer als der Barwert ist. Eine Doppelberücksichtigung mit einer Drohverlustrückstellung für eine Bewertungseinheit wird indes ausgeschlossen, da in diesem Fall eine Korrektur der Drohverlustrückstellung vorzunehmen ist.

Im fünften bis siebten Abschnitt wird schließlich geklärt, in welchen Bilanz- und GuV-Posten der Ausweis einer Drohverlustrückstellung bzw. einer Zuführung zu dieser Rückstellung zu erfolgen hat. Im Anhang sind Angaben im Rahmen der Bilanzierungs- und Bewertungsmethoden nach § 340a HGB i.V.m. § 284 Abs. 2 Nr. 1 HGB anzugeben, dabei insbesondere Angaben zum angewandten Verfahren. In Bezug auf den Lagebericht müssen Institute eine ergänzende Berichterstattung über künftige Zinsänderungsrisiken vornehmen.

III.1.2 Weitere IDW Verlautbarung zur Anpassung und Präzisierung

III.1.2.1 Besonderheiten bei Bausparkassen

Dass die Thematik der verlustfreien Bewertung und die Vorschläge des BFA zur Umsetzung nicht unkritisch von der Praxis aufgenommen wurden, ist mit Verweis auf eine Reihe von Stellungnahmen im Zuge der Entwurfsveröffentlichung belegbar.[142] Ein Problemfeld ergab sich aus der Tatsache, dass von der Regelung auch Institute betroffen sind, die nicht das klassische Einlagen- und Kreditgeschäft betreiben. Dazu zählen etwa Bausparkassen. Probleme für Bausparkassen bei der Umsetzung von Regelungen, die sich an alle Institute i.S.v. § 1 Abs. 1 KWG richten, sind keineswegs neu. Beispielsweise bereitete den Bausparkassen die Umsetzung des BaFin-Rundschreibens 11/2011 zu Zinsänderungsrisiken im Anlagebuch Schwierigkeiten. Ohne eine Anpassung hätte es zu unangemessenen Folgen geführt.[143] Die Herausforderung bei der Umsetzung der Vorschriften der IDW Verlautbarung rührt im Fall der Bausparkassen vom Außenvorlassen des Neugeschäfts aufgrund des Stichtagsprinzips gemäß IDW RS BFA 3 Tz. 15 her. Für Bausparkassen ist das Neugeschäft ein zentraler Aspekt bei der Ertragssteuerung (bei der Kalkulation ihrer Zinssätze) und unabdingbar für das Geschäftsmodell. Nach § 1 BauSparkG ist „deren Geschäftsbetrieb darauf gerichtet [...], Einlagen von Bausparern (Bauspareinlagen) entge-

---

142 Vgl. Schorr (2012); Deutsche Kreditwirtschaft (2012); Moccia (2012); Walter (2012); Sternberg (2012).

143 Vgl. Knüdeler/Feil (2012), S. 402.

genzunehmen und aus den angesammelten Beträgen den Bausparern für wohnungswirtschaftliche Maßnahmen Gelddarlehen (Bauspardarlehen) zu gewähren (Bauspargeschäft)." Entsprechend handelt es sich bei dem Geschäftsmodell um einen synallagmatischen Leistungsaustausch zwischen Bausparern und Bausparkasse, der durch Bausparverträge fixiert wird[144] und für sich ein geschlossenes System darstellt. Dieses würde bei einer rein statischen Betrachtungsweise, wie sie die IDW Verlautbarung vorsieht, nicht adäquat berücksichtigt werden, weil die Basis der Kollektivgeschäfte, die dynamischen Elemente, unbeachtet blieben.[145]

Vor diesem Hintergrund erörterte der BFA in seiner Sitzung am 8. Oktober 2012 die Besonderheit bei Bausparkassen und verlautbarte zwei Konkretisierungen: Demnach darf grundsätzlich nicht kontrahiertes Neugeschäft weiterhin nicht einbezogen werden, jedoch dürfen „identifizierte zukünftige Finanzierungslücken sowohl im kollektiven als auch im außerkollektiven Geschäft entsprechend ihren institutsspezifischen Refinanzierungsmöglichkeiten"[146] geschlossen werden. Als institutsspezifische Refinanzierungskosten können die aktuellen Tarifkonditionen des Instituts angesetzt werden, sofern die Kollektivsimulation die Deckung der Lücke durch zukünftige Bauspareinlagen prognostiziert.[147] Demzufolge ist es Bausparkassen gestattet, in Einklang mit der internen Steuerung ihren aktuell kalkulierten Einlagezinssatz, der unter Berücksichtigung des Neugeschäfts berechnet wird, anzusetzen.

Eine weitere Konkretisierung bezieht sich auf den Fonds zur bauspartechnischen Absicherung (FbtA). Dessen Ziel ist es, als Vorsorgereserve für Zeiten rückläufiger Zuteilungsliquidität zu dienen, um schwankende Neugeschäftsabschlüsse bzw. ungleichmäßige Spargeldeingänge auszugleichen und abzuschwächen.[148] Eingestellt in den Fonds werden die Mehrerträge, die außerkollektive Geldanlagen der vorübergehend nicht zuteilbaren Bausparguthaben gegenüber den kollektiven Darlehenszinsen abwerfen.[149] Aufgrund dieser Merkmale vertritt der BFA die Ansicht, dass die Finanzierungswirkung des Fonds

---

144 Siehe hierzu u. a. Dreher (1991) i. V. m. Lehmann (1934), S. 2006 ff.
145 Vgl. Knüdeler/Feil (2012), S. 402.
146 IDW FN Nr. 1/2013, S. 64.
147 Vgl. IDW FN Nr. 1/2013, S. 64
148 Vgl. Schäfer/Cirpka/Zehnder (1999), § 5 BSpkG, Anm. 18b und 18c.
149 Vgl. Schäfer/Cirpka/Zehnder (1999), § 5 BSpkG, Anm. 18b.

nach Maßgabe des IDW RS BFA 3 Tz. 26 zur Schließung von Aktivüberhängen berücksichtigt werden darf.[150] Darüber hinaus besteht auch die Möglichkeit, einen Verpflichtungsüberschuss mit dem Fonds zu verrechnen. In diesem Fall hat eine Anhangsangabe mit dem Verweis zu erfolgen, dass keine Drohverlustrückstellung gebildet wurde.

III.1.2.2 Vereinfachte Vorgehensweise

Eine neue Regelung korrespondiert zwangsläufig mit Umsetzungsaufwand. Der Gesetzgeber ist stets bemüht, den Umsetzungsaufwand bei aufrechterhaltender Zielerreichung möglichst gering zu halten. In Bezug auf die IDW Verlautbarung ist es das Ziel, i.S.d. Imparitätsprinzips mögliche zukünftige Verluste vorwegzunehmen. Um den Umsetzungsaufwand gering zu halten, verständigte sich der BFA im Rahmen seiner Sitzung am 8. Oktober 2012 auf eine vereinfachte Vorgehensweise (sog. Sliding Scale) beim Nachweis über die Notwendigkeit zur Bildung einer Drohverlustrückstellung nach § 340a HGB i.V.m. § 249 Abs. 1 HGB. Sofern hohe Reserven vorliegen, bspw. durch dominierende Erträge, stellt eine Ermittlung weder eine bilanzielle Konsequenz noch einen wirklichen Informationsgewinn für den externen Adressaten dar. Voraussetzung für die vereinfachte Vorgehensweise ist, dass die Ermittlung keinen Verpflichtungsüberschuss ergibt. Die Vereinfachung ihrerseits bezieht sich auf die Ermittlung der Verwaltungs- und Risikokosten. Diese dürfen demnach grob ermittelt werden, bspw. durch pauschale Annahmen. Als pauschale Annahmen gelten etwa Durchschnittswerte in Bezug auf die Laufzeit des Bestandsgeschäfts oder Ausfallraten sowie die Anwendung der Durationsmethode.[151] Der Grad der Detaillierung der Prämissen wirkt sich auf das Ergebnis aus; insofern ist Vorsicht bei den Prämissen geboten. Der Rückgriff auf die vereinfachte Vorgehensweise ist untersagt, sofern ein Verpflichtungsüberschuss resultiert. In diesem Fall ist zwingend eine differenzierte Ermittlung durchzuführen.[152]

III.2 Bisherige Veröffentlichungen zu BFA 3

III.2.1 Veröffentlichung von Jessen/Haaker/Briesemeister (2011)

Jessen/Haaker/Briesemeister liefern einen entscheidenden Beitrag zur Entwicklung und zum Verständnis der aktuellen Regelung der verlustfreien Bewertung des Bankbuchs.[153]

---

150 Vgl. IDW FN Nr. 1/2013, S. 65.
151 Vgl. IDW FN Nr. 1/2013, S. 64.
152 Vgl. IDW FN Nr. 1/2013, S. 64.
153 Jessen/Haaker/Briesemeister (2011a, 2011b): *Der handelsrechtliche Rückstellungstest für das allgemeine Zinsänderungsrisiko im Rahmen der verlustfreien Bewertung des Bankbuchs*, Teil 1 und Teil 2.

Aufgeteilt in zwei Themenblöcke widmet sich der erste Abschnitt der theoretischen Untersuchung und der zweite der Umsetzung des Rückstellungstests für das allgemeine Zinsänderungsrisiko. In Bezug auf die theoretischen Überlegungen werden unter anderem das Zinsspannenrisiko sowie die Notwendigkeit eines Rückstellungstests näher spezifiziert. Dabei wägen die Autoren ab, ob ggf. auch eine Abschreibung in Frage kommt. Da keine eindeutige Zuordnung stattfindet, wäre eine zinsinduzierte Abschreibung willkürlich und würde keine systematische Erfassung darstellen. Deshalb schlussfolgern die Verfasser, dass auf (globaler) Zinsbuchebene Zinsänderungsverluste durch Überprüfung der Notwendigkeit zur Bildung einer Rückstellung zu ermitteln und zu erfassen sind.[154] Darüber hinaus leiten sie aus dem Saldierungsbereich ab, dass weder das Eigenkapital noch das Neugeschäft angesetzt werden dürfen.

Im zweiten Abschnitt steht die Simulation einer praxisgerechten Umsetzung anhand eines Beispiels im Mittelpunkt. Als Begründung für das Methodenwahlrecht verweisen die Verfasser auf das sogenannte Lücke-Theorem und konstatieren die Übereinstimmung mit BTR 2.3 MaRisk.[155] In ihrem Beispiel wird von einem fünfjährigen Aktivgeschäft und einem einjährigen Passivgeschäft ausgegangen, bei dem das Aktivgeschäft zum laufzeitäquivalenten Marktzinssatz abgeschlossen ist. Das Passivgeschäft weist einen über dem Marktzins liegenden Zinssatz auf. Betrags- und Laufzeitunterschiede schließen die Verfasser fiktiv nur im Rahmen der periodischen Betrachtungsweise. Dazu werden am Abschlussstichtag Forward-Geschäfte am Geld- und Kapitalmarkt unterstellt. Der Ansatz wird begründet als eine objektive arbitragefreie Bewertung mittels aktueller Marktkonditionen, die kein willkürliches Vorgehen darstellt.[156] Die übereinstimmenden Ergebnisse bei den beiden Methoden werden als Bestätigung für die Gültigkeit der Methodenfreiheit herangezogen. Die Gleichwertigkeit basiert darauf, dass bei der barwertigen Betrachtungsweise ein direkter Vergleich zwischen Buch- und Barwerten stattfindet, der aber auch implizit bei der periodischen Betrachtungsweise durch die Ermittlung der residualen Zinsüberschüsse durchgeführt wird.[157] Dass dieses Ergebnis nicht nur für ein fiktives Bankbuch, sondern auch auf ein reales gilt, weisen die Verfasser ebenfalls nach.[158]

---

154 Vgl. Jessen/Haaker/Briesemeister (2011a), S. 315 i.V.m. Stolberg (1971), S. 387.
155 Vgl. Jessen/Haaker/Briesemeister (2011b), S. 360.
156 Vgl. auch Jessen/Haaker/Briesemeister (2011b), S. 361; Düpmann (2007), S. 163; Naumann (1995), S. 149; Beer/Goj (2002), S. 81 ff.; i.w.S. auch Scholz (1979), S. 539.
157 Vgl. Jessen/Haaker/Briesemeister (2011b), S. 362.
158 Vgl. Jessen/Haaker/Briesemeister (2011b), S. 363 f.

Darüber hinaus werden unter anderem im zweiten Teil der Diskontierungsfaktor, der Ausweis und die Refinanzierungskosten thematisiert. In Bezug auf die Refinanzierungskosten mahnen die Verfasser an, dass deren Berücksichtigung nicht als Aufschlag auf die Basiszinskurve erfolgen darf, sondern in einem separaten Berechnungsschritt zu berücksichtigen ist. Andernfalls kann sich bei der Bemessung der Rückstellung ein unrealisierter Scheingewinn ergeben. Dieser fällt unter das Verbot des Ausweises eines originären Goodwills nach § 248 Abs. 2 HGB.[159]

III.2.2 Veröffentlichung von Scharpf/Schaber (2011)

Scharpf/Schaber erörtern in ihrem Beitrag zur IDW Verlautbarung einige Sonderfragen.[160] Dazu zählen etwa die Sonderrolle des Eigenkapitals sowie die anzuwendenden Methoden bei der Ermittlung von stillen Reserven bzw. Lasten des Bankbuchs. Ihrem Standpunkt nach darf das Eigenkapital nicht zur Refinanzierung eines möglichen Aktivüberhangs angesetzt werden. Hierfür führen sie drei Gründe in Bezug auf die Funktion und Charakteristika des Eigenkapitals an. Zum einen kann das Eigenkapital nicht gleichzeitig als Verlustdeckungspotenzial und der Refinanzierung der Aktiva dienen. Zum anderen handelt es sich beim Eigenkapital nicht um ein schwebendes Geschäft, das überdies keinem Zinsrisiko unterliegt. Insofern werden zwei wesentliche Bedingungen für die Berücksichtigung bei der verlustfreien Bewertung nicht erfüllt. Darüber hinaus konstatieren die Verfasser, dass ein möglicher Ansatz einer Nullverzinsung für das Eigenkapital willkürlich wäre, und ebenso nicht sachgerecht wie auch der Ansatz einer kalkulatorischen Eigenkapitalverzinsung. Einer Berücksichtigung entgegen steht auch die bilanzielle Funktion des Eigenkapitals als Residualgröße, die als Zielgröße und daher nicht als Steuerungsgröße fungiert. In diesem Zusammenhang weisen sie auch auf die Probleme einer Doppelberücksichtigung als Refinanzierungsquelle hin.

In Übereinstimmung mit *Jessen/Haaker/Briesemeister* betrachten die Verfasser die Gleichwertigkeit der Methoden als gegeben und das Methodenwahlrecht als in Einklang mit den Ausführungen der BTR 2.3 MaRisk. Einschränkend wird jedoch vorgebracht, dass die Gleichwertigkeit nur unter bestimmten Restriktionen über das Lücke-Theorem begründet werden kann. Im Hinblick auf die Einbeziehung der weiteren Aufwendungen für

---

159 Vgl. Jessen/Haaker/Briesemeister (2011b), S. 363.

160 Scharpf/Schaber (2011a): *Verlustfreie Bewertung des Bankbuchs bei Kreditinstituten – Einige ausgewählte Aspekte.*

das Bankbuch schlagen *Scharpf/Schaber* eine anwendungsorientierte Auslegung vor: In Bezug auf die Risikokosten ist auf den Gleichlauf mit der internen Steuerung zu achten. Deshalb sind die erwarteten Ausfälle (Expected Losses) anzusetzen. Bei den Verwaltungskosten sind alle, d. h. auch die Aufwendungen für die Passiva einzubeziehen. Die erhöhten Refinanzierungskosten sind indes nur insoweit zu beachten, als diese auch tatsächlich entstehen können. Entsprechend sind die individuellen Refinanzierungsmöglichkeiten entscheidend. Darüber hinaus wird noch eine Vorgehenssystematik zur Ermittlung der stillen Reserve bzw. Last vorgeschlagen. Diese sieht vor, zunächst aus den reinen Bankbuchgeschäften die stillen Reserven bzw. Lasten zu ermitteln und anschließend die stillen Reserven bzw. Lasten aus den derivativen Finanzinstrumenten sowie die Barwerte der Verwaltungs-, Risiko- und erhöhten Refinanzierungskosten zu verrechnen, um so die gesamte, relevante stille Reserve bzw. Last zu quantifizieren.

III.2.3 Veröffentlichung von Löw (2013)

Einen rein theoretischen Beitrag liefert *Löw* mit seiner Veröffentlichung, der schwerpunktmäßig drei Themenblöcke umfasst: Zum einen die Abwägung zwischen dem Einzelbewertungsgrundsatz des HGB und der portfoliobasierten (internen) Zinssteuerung, zum anderen die Abgrenzung zu anderen Rückstellungen, insbesondere zur Bewertungseinheit, sowie den Ansatz von Eigenkapital zur Schließung von Laufzeit- und Betragsinkongruenzen.[161]

In Bezug auf den ersten Themenkomplex führt *Löw* etwa an, warum es für Banken Spezialregelungen bedarf, die über das HGB hinausgehen. Dabei wird speziell auf das BGB und die zivilrechtlichen Ansprüche verwiesen sowie exemplifiziert, dass für die Bewertung des Zinsbuchs der IDW RS HFA 35 nicht adäquat sei, da das Zinsbuch bspw. nicht zwingend Derivate umfassen muss. In diesem Kontext wird auch das Spannungsfeld zwischen interner und externer Steuerung thematisiert, wobei eingeräumt wird, dass der Rückgriff auf die interne Steuerung nur insoweit zulässig ist, als dem kein übergeordneter Objektivierungsgrund entgegen steht.[162]

---

161 Löw (2013): *Handelsrechtliche Aspekte der verlustfreien Bewertung von zinsbezogenen Geschäften des Bankbuchs.*

162 Vgl. Löw (2013), S. 322.

Im Rahmen des zweiten Themenkomplexes, namentlich zur Bewertungseinheit, begrüßt der Verfasser deren Einbeziehung, weil das Konzept nach § 254 HGB nicht auf Vollkostenbasis beruht. Jedoch wird zunächst die „missverständliche" Formulierung in IDW RS BFA 3 Tz. 33 moniert, wonach diejenigen Aufwendungen, die bei der Bewertungseinheit Berücksichtigung finden, bei der Drohverlustrückstellung außenvorgelassen werden dürfen. Der Verfasser sieht darin die Gefahr, dass eine Rückstellung für die verlustfreie Bewertung durch eine Rückstellung für Bewertungseinheiten verdeckt werden könnte, indem eine einfache Umbenennung durchgeführt wird, um schlussendlich eine Schieflage zu verschleiern. Dass diese Gefahr jedoch nicht wirklich berechtigt ist, zeigt der Verfasser durch den Verweis auf die Formulierung in IDW RS BFA 3 Tz. 18. Danach müssen die in eine Bewertungseinheit einbezogenen Geschäfte in der Berechnung der verlustfreien Bewertung berücksichtigt werden. Erst anschließend besteht die Möglichkeit einer Korrektur einer Mehrfachberücksichtigung. Vor diesem Hintergrund stellt *Löw* sodann die Sinnhaftigkeit der Bewertungseinheit in Frage und rechtfertigt deren Existenz nur aufgrund von steuerlichen Vorteilen.

Im dritten Themenblock stellt *Löw* die Argumente Für und Wider einer Berücksichtigung von Eigenkapital gegenüber. Unter anderem wird gegen die Berücksichtigung von ihm vorgebracht, dass es sich beim Eigenkapital aus handelsrechtlicher bzw. bilanzieller Sicht um eine Saldogröße handelt, die weder ein schwebendes Geschäft noch zinstragend ist. In diesem Zusammenhang wird Kritik an dem in der IDW Verlautbarung enthaltenen Klammerzusatz, dass bspw. Ausschüttungen heranzuziehen seien, geübt; denn diese sind nicht Gegenstand der internen Steuerung. Allerdings handelt es sich nach der Auffassung von *Löw* bei der Berücksichtigung des Eigenkapitals um eine Kompromisslösung, die ausschließlich auf die interne Steuerung zurückzuführen ist. Für Zwecke der internen Steuerung wird Eigenkapital als eine Art Steuerungsgröße betrachtet, bspw. in Form des Return on Equity (RoE). Als weitere Begründung wird in diesem Kontext auf ökonomische Theoreme verwiesen.

III.2.4 Veröffentlichung von Altvater (2013)

Im Mittelpunkt der Arbeit von *Altvater* stehen steuerliche Aspekte der verlustfreien Bewertung des Bankbuchs.[163] Dabei wird insbesondere das steuerliche Ansatzverbot für

[163] Altvater (2013): *Steuerrechtliche Aspekte der verlustfreien Bewertung von zinsbezogenen Geschäften des Bankbuchs.*

Drohverlustrückstellungen aus schwebenden Geschäften in Bezug auf die verlustfreie Bewertung erörtert. Nach *Altvater* rechtfertige die Ausnahme vom Grundsatz der Einzelbewertung die steuerliche Abzugsfähigkeit eines etwaigen Verpflichtungsüberschusses. Als Grund wird angeführt, dass es sich bei dem Verpflichtungsüberschuss nicht um ein schwebendes Geschäft handelt, sondern dass dieser das Ergebnis der Bewertung des gesamten Bankbuchs darstellt. Hierbei verweist der Verfasser auch auf die Gesetzesbegründung zu § 5 Abs. 4a Satz 2 EStG, wonach das Ansatzverbot nur auf Drohverlustrückstellungen beschränkt ist, die sich im Zusammenhang mit einzelnen Dauerschuldverhältnissen ergeben, d. h. nicht in Bezug auf die Zusammenschau mehrerer Geschäfte. Für Letztere gibt es kein Passivierungsverbot.[164] Dem Gesetzgeber nach handele es sich bei der Drohverlustrückstellung für Bewertungseinheit um eine technische Rückstellung.[165] Entsprechend folgert *Altvater*, dass eine Begrenzung der Anrechnungsfähigkeit auf Bewertungseinheiten nicht nachvollziehbar sei.[166] Des Weiteren wird der Grundsatz der Besteuerung nach der wirtschaftlichen Leistungsfähigkeit sowie der Gleichmäßigkeit der Besteuerung angeführt. Hierbei wird betont, dass die verlustfreie Bewertung kein bilanzielles Gestaltungsmittel sei, sondern der Sicherstellung diene, dass weder handelsrechtlich noch substanziell im Wege der Einzelbewertung Verluste entstehen. Das angeführte Argument der Gleichmäßigkeit der Besteuerung entspricht der Auffassung von *Löw*; so darf es steuerlich nicht von Belang sein, in welchem Umfang ein Institut bei Bankbuchgeschäften Bewertungseinheiten zur Absicherung eingeht.

III.3 Vorstellung und Würdigung der wesentlichen Merkmale

III.3.1 Ermittlungsmethode nach IDW RS BFA 3

III.3.1.1 Methodenwahlrecht

Neben der Besonderheit, dass mit der Veröffentlichung der IDW Verlautbarung nunmehr auch derivative Finanzinstrumente des Bankbuchs einer Bewertung unterliegen, beinhaltet die IDW Verlautbarung eine Reihe weiterer Besonderheiten. Zunächst ist das Methodenwahlrecht in IDW RS BFA 3 Tz. 21 zu nennen, welches als wesentlicher Eckpfeiler der IDW Verlautbarung zu verstehen ist. Das Wahlrecht fußt einerseits auf der aktiven Bankbuchsteuerung, andererseits ist es aus theoretischer Sicht das Ergebnis des allgemeinen

---

164 Vgl. Altvater (2013), S. 333 i. V. m. BT-Drs. 16/634, S. 10.

165 Vgl. Altvater (2013), S. 333.

166 Vgl. Altvater (2013), S. 335 f.

Lücke-Theorems.[167] Der Bezug auf das Lücke-Theorem wird sowohl von *Jessen/Haaker/Briesemeister* als auch *Scharpf/Schaber* attestiert.[168] Noch in der Entwurffassung der IDW Verlautbarung wurde deshalb den betroffenen Instituten empfohlen, bei erstmaliger Anwendung entweder die Rückstellungen mit beiden Methoden zu ermitteln oder auf andere Art und Weise nachzuweisen, dass das ermittelte Ergebnis unabhängig von der angewandten Methode ist.[169] Auf eine entsprechende Anforderung wurde allerdings vonseiten des BFA verzichtet. Rein methodisch ist die Haltung des BFA vertretbar, da die Methoden zu gleichen Ergebnissen führen müssen – zumindest aus theoretischer Sicht. Für den methodischen Beweis und weitere Ausführungen wird an dieser Stelle auf Kapitel IV verwiesen.

In Übereinstimmung mit den Auffassungen von *Jessen/Haaker/Briesemeister* und *Scharpf/Schaber* steht das Wahlrecht in Einklang mit BTR 2.3 Tz. 6 MaRisk.[170] Inhaltlich sieht es vor, dass Institute entweder eine periodische (GuV-orientierte) oder eine barwertige (statische) Betrachtungsweise bei der Ermittlung der Drohverlustrückstellung nach § 340a HGB i. V. m. § 249 Abs. 1 Satz 1 HGB zugrunde legen müssen. Keine der beiden Betrachtungsweisen ist für die Institute neu. Vielmehr ist die Bankbuchsteuerung schon seit Jahren an dem Zinsbuch-Barwert und am GuV-Ergebnis bzw. konkret an der periodischen Zinsspanne ausgerichtet[171]. Die barwertige Betrachtungsweise ist Gegenstand des BFH-Urteils vom 24. Januar 1990.[172] Ausgehend vom Grundprinzip der verlustfreien Bewertung (Gegenüberstellung von Erträgen und Aufwendungen eines Geschäfts) wäre nach IDW RS HFA 4 die periodische Betrachtungsweise das „richtige" Verfahren; denn im Mittelpunkt stehen die Auswirkungen von Zinsänderungen auf das handelsrechtliche Ergebnis (Zinsergebnis).[173] Unter Berücksichtigung der aktiven Bankbuchsteuerung lässt sich allerdings festhalten, dass Institute diese sowohl GuV-orientiert als auch barwertig durchführen.

---

167 Vgl. Jessen/Haaker/Briesemeister (2011a), S. 318; Scharpf/Schaber (2011b), S. 758; Abschnitt IV.1.

168 Vgl. Abschnitt III.2.1 und III.3.2.

169 Vgl. Scharpf/Schaber (2011b), S. 758.

170 Nach BTR 2.3 Tz. 6 MaRisk i. V. m. den Erläuterungen ist eine Voraussetzung bei der Anwendung der periodischen Betrachtungsweise, dass eine angemessene Betrachtung über den Bilanzstichtag hinaus erfolgt, da sich Zinsänderungsrisiken regelmäßig erst mit zeitlicher Verzögerung auf das handelsrechtliche Ergebnis auswirken.

171 Siehe zur barwertigen und periodischen Zinsrisikosteuerung u. a. Oesterreichische Nationalbank (2008), S. 27 f.

172 Vgl. Scharpf/Schaber (2011b), S. 758; Abschnitt II.2.3.

173 Vgl. Hannemann/Schneider (2011), S. 735.

Bei der GuV-orientierten Steuerung ist die Zielgröße der Zinsüberschuss. Nach IDW RS BFA 3 Tz. 34 ist eine Drohverlustrückstellung zu bilden, sofern sich ein negativer Saldo aus den (diskontierten) Periodenergebnisbeiträgen abzüglich Risiko- und Verwaltungskosten ergibt. Die zukünftigen Periodenergebnisbeiträge werden durch vertragliche Vereinbarungen der Aktiv- und der Passivgeschäfte bestimmt, also durch Zinserträge und -aufwendungen. Für Zwecke der Ermittlung wird unterdessen unterschieden in Periodenergebnisbeiträge aus geschlossenen Festzinspositionen und aus offenen Zinspositionen (Festzinsüberhang).[174] Ausgangspunkt ist jeweils die Ablaufbilanz. Hierbei werden zunächst die periodischen Erfolgsbeiträge aus den geschlossenen Festzinspositionen durch Volumen gewichtete Durchschnittsverzinsung je Laufzeitband ermittelt,[175] bevor der periodische Erfolgsbeitrag aus der offenen Zinsposition durch deren Gegenüberstellung mit einer fiktiven Verzinsung i. S. v. IDW RS BFA 3 Tz. 24 je Laufzeitband folgt. Die Konditionen der fiktiven Schließung sind grundsätzlich nach IDW RS BFA 3 Tz. 25 an den fristenadäquaten GKM-Zinssätzen auszurichten. Allerdings besteht eine Abweichungsmöglichkeit.[176] In der Folge hat ein Institut die Wahl: Entweder es subtrahiert direkt von dem resultierenden Saldo die korrespondierenden Verwaltungs- und Risikokosten je Laufzeitband[177] oder es diskontiert den Saldo direkt und ermittelt und subtrahiert separat den Barwert der Verwaltungs- und Risikokosten. Die Diskontierung erfolgt in Einklang mit § 253 Abs. 2 HGB. Im Unterschied zu anderen Rückstellungsarten wird jedoch nicht der von der Deutschen Bundesbank zur Verfügung gestellte Zinssatz, sondern ein anderer „risikoloser" Zinssatz herangezogen. Nach IDW RS BFA 3 Tz. 25 ist es möglich, den Zinssatz um einen Aufschlag für Refinanzierungs-, Risiko- und Verwaltungskosten zu erhöhen. Mit Verweis auf den Ausweis möglicher „Scheingewinne" ist davon abzuraten. Es bietet sich vielmehr an, den Barwert sowohl von Refinanzierungs- als auch von Risiko- und Verwaltungskosten separat zu ermitteln.[178]

Der Vorteil der GuV-Methode besteht im Wesentlichen darin, dass sich der zeitliche Anfall der Einkommenseffekte zeigen lässt sowie dass kurzfristig Einfluss auf den Periodenerfolg genommen werden kann.[179] Jedoch birgt Letzteres auch die Gefahr, dass der aktuelle Periodenerfolg nur bedingt aussagekräftig ist; denn der mit kurzfristigen Maßnahmen

---

174 Vgl. Jessen/Haaker/Briesemeister (2011b), S. 360; Scharpf/Schaber (2011a), S. 2050.
175 Vgl. Scharpf/Schaber (2011a), S. 2050.
176 Siehe hierzu u. a. Abschnitt III.3.4 und III.3.6.
177 Vgl. Scharpf/Schaber (2011a), S. 2050.
178 Dies entspricht auch dem Vorschlag von *Scharpf/Schaber*, vgl. Scharpf/Schaber (2011a), S. 2050.
179 Vgl. Oesterreichische Nationalbank (2008), S. 28.

verbundene Barwerteffekt wird außer Acht gelassen.[180] Darüber hinaus ist ein wesentlicher Nachteil die sachgerechte Berücksichtigung von Zinsderivaten, da eine periodische Verteilung der Erträge bzw. Aufwendungen einzig für Swaps und Forward-Rate-Agreements umsetzbar ist, hingegen nicht ohne Weiteres für strukturierte Produkte und Optionen (Swaptions, Caps, Floors). Das Problem bei den angeführten Produkten sind die darin enthaltenen Wahlrechte.[181] Diese führen bspw. bei Optionen, insbesondere bei Swaptions, dazu, dass keine klaren Zahlungsströme darstellbar sind. Die Ursache liegt an dem Charakteristikum der Produkte, wonach das Risiko bei unbegrenzter Chance auf die Höhe der Anschaffungskosten begrenzt ist.[182] Aufgrund der Ungewissheit von Ausübungen können diese Produkte somit entweder nur unter strikten Prämissen oder separat im Rahmen des Rückstellungstests berücksichtigt werden. Für den Fall einer separaten Berücksichtigung empfiehlt es sich, bei diesen Produkten die barwertige Betrachtungsweise anzuwenden. Gleiches gilt auch für eine Reihe anderer Produkte, die ebenfalls mit Optionalitäten ausgestattet sind, wie etwa Festzinsprodukte mit Kündigungsoptionen oder Kreditzusagen.[183] Bei ihnen sind jedoch Informationen über nachweislich tatsächliche Verhaltensweisen der Kunden sowohl in Bezug auf die Laufzeit als auch auf die anzusetzenden Zinssätze vorhanden, sodass der Rückgriff auf die interne Dokumentation nach IDW RS BFA 3 Tz. 23 zum Tragen kommt.[184] Dies gilt im Übrigen auch für jede Art von Darlehensvertrag, der eine Laufzeit von mehr als zehn Jahren hat. Gemäß § 489 Abs. 1 Alt. 2 HGB hat ein Darlehensnehmer das Recht „einen Darlehensvertrag mit gebundenem Sollzinssatz ganz oder teilweise kündigen, in jedem Fall nach Ablauf von zehn Jahren [...]". In der IDW Verlautbarung explizit geregelt werden nur unwiderrufliche Kreditzusagen. Diese sind nach IDW RS BFA 3 Tz. 15 nach Maßgabe der in der internen Steuerung dokumentierten Inanspruchnahme ggf. in die Ermittlung des Rückstellungstest einzubeziehen.[185] Allgemein ist somit die Systematik bei allen Produkten mit Optionalitäten identisch.

---

180 Vgl. Oesterreichische Nationalbank (2008), S. 28.
181 Vgl. u.a. zu Zinsoptionen Beer/Goj (2002), S. 119 ff.
182 Dies gilt für den Kauf einer Option. Beim Verkauf einer Option ist die Chance bei unbegrenztem Risiko begrenzt, vgl. Beer/Goj (2002), S. 119.
183 Vgl. u.a. Kühn (2011), S. 468 f.
184 Vgl. Scharpf/Schaber (2013), S. 156.
185 Folgt man *Scharpf/Schaber* ist es auch zulässig, das den unwiderruflichen Kreditzusagen innewohnende Zinsspannenrisiko gemeinsam mit der Bewertung des Bonitätsrisikos als Rückstellung zu erfassen. Als Grund wird die Wesentlichkeit in Bezug auf das Volumen der Kreditzusagen angeführt, denn bei der Betrachtung eines kurzen Zeitraums sind in der Regel die Effekte gering, vgl. Scharpf/Schaber (2013), S. 161 i.V.m. 164.

Bei der zweiten Methode, der barwertigen Betrachtungsweise, steht ein direkter Vergleich der zinsbezogenen Bar- und Buchwerte im Mittelpunkt. Dazu werden zunächst die Zahlungsströme aller zinstragenden Aktiv- und Passivgeschäfte separat ermittelt. Aus diesen ergeben sich dann per Diskontierung und Addition die Barwerte der Aktiv- und Passivseite. Die jeweiligen Diskontierungsfaktoren werden wiederum aus der risikolosen Zinskurve nach IDW RS BFA 3 Tz. 32 abgeleitet, am besten ohne Anpassung in Form einer Berücksichtigung von Refinanzierungs-, Risiko- und Verwaltungskosten.[186] Im Anschluss erfolgt eine Gegenüberstellung mit den entsprechenden Buchwerten. Sofern der Diskontierungszins keine Refinanzierungs-, Risiko- und Verwaltungskosten inkludiert, sind deren Barwerte von der Summe der Barwert/Buchwert-Vergleiche abzuziehen. Bei einem negativen Ergebnis hat das Institut gemäß IDW RS BFA 3 Tz. 35 eine Drohverlustrückstellung zu bilden. Dies kann entsprechend auch dann der Fall sein, wenn die Summe der Barwert/Buchwert-Vergleiche positiv ist, jedoch einzig mit der Berücksichtigung von Risiko- und Verwaltungskosten negativ wird.

In der Praxis setzen Institute die barwertige Betrachtungsweise häufig ein, da hierdurch eine ganzheitliche Risikoanalyse ermöglicht wird.[187] Außerdem offeriert sie ein transparentes Bild über langfristige Effekte aus Marktzinsänderungen.[188] Ein weiterer Vorteil ist in Bezug auf die Berücksichtigung von Zinsderivaten und strukturierten Produkten festzustellen. Das Problem mit deren Einbeziehung kann eleganter „versteckt" werden, da eine Erfassung der Derivate in Höhe ihrer stillen Reserven/Lasten erfolgt. Diese werden durch Gegenüberstellung von Marktwert und Buchwert ermittelt. Für die Barwertermittlung kann hierbei bspw. das Modell von Black-Scholes herangezogen werden.[189] Durch diese Problembeseitigung ist der Widerstand im Vergleich zur GuV-orientierten Betrachtungsweise geringer, wenn auch die grundsätzliche Problematik fortbesteht.

III.3.1.2 Barwert als Entscheidungskriterium und Diskontierungsfaktor

Auch wenn in der IDW Verlautbarung unterschieden wird zwischen der periodischen und barwertigen Betrachtungsweise, so zeigen die anzuwendenden Vorgehensweisen in IDW

---

186 Nach IDW RS BFA 3 Tz. 36 ist zwar grundsätzlich auch die Einbeziehung von Risiko- und Verwaltungskosten in den Diskontierungszins möglich, aber mit Verweis auf mögliche Scheingewinne sollte dies negiert werden, vgl. zu Scheingewinnen u. a. die Ausführungen in Abschnitt III.3.1.1.

187 Vgl. Oesterreichische Nationalbank (2008), S. 29.

188 Vgl. Oesterreichische Nationalbank (2008), S. 29.

189 Vgl. Hull (2009), S. 364 ff. Anzutreffen sind in der Praxis insbesondere zwei Methoden, die sogenannte juristische Zinsbindung mit mathematisch berechneten Optionen und die Kalkulation mit verhaltensorientierten Produktlaufzeiten, vgl. Kühn (2011), S. 468 ff.

RS BFA 3 Tz. 34 und Tz. 35, dass in beiden Fällen ein „Barwert" ermittelt werden muss. In Bezug auf die periodische Betrachtungsweise ist der ermittelte Barwert direkt das Entscheidungskriterium. Dieser ergibt sich mittels Diskontierung der Periodenergebnisbeiträge.[190] Formal ausgedrückt ergibt sich der Barwert (BW) wie folgt:

$$BW = \sum_{t=1}^{T} (i_a N - i_p Y) AF_t$$

wobei i_a und i_p für den Zinssatz des Aktiv- respektive Passivgeschäfts stehen, N und Y für die entsprechend zugrunde gelegten Nominalbeträge. Der periodische Diskontierungsfaktor wird als AF_t bezeichnet.

Im Gegensatz dazu ist der Barwert bei der barwertigen Betrachtungsweise ein Hilfsinstrument, mit jedoch entscheidender Wirkung: So basiert die Bildung einer Drohverlustrückstellung auf dem Vergleich der Barwerte mit den Buchwerten bei Aktiv-, Passivgeschäften und derivativen Finanzinstrumenten. Der Höhe der Barwerte wird dabei entscheidende Bedeutung beigemessen; diese ist aufgrund von Marktzinsänderungen variabel. Formal berechnet sich der Barwert der Aktiv- und Passivgeschäfte wie folgt:

$$BW_a = \sum_{t=1}^{T} AF_t(i_a N) + AF_T(N)$$

$$BW_p = \sum_{t=1}^{T} AF_t(i_p Y) + AF_T(Y)$$

Insgesamt greifen somit beide Betrachtungsweisen auf das aus der Investitions- und Finanzierungstheorie bekannte Barwert-Konzept (Present Value) zurück – allerdings mit unterschiedlicher Intention. Durch diesen Rückgriff sind die Vorgehensweisen generell sachlogisch und durch die Orientierung am Shareholder-Value theoretisch begründet.

Basierend auf dem Rückgriff auf das Barwertkonzept ist aus theoretischer Sicht auch IDW RS BFA 3 Tz. 32 als sachgerecht einzustufen. Danach wird bei der Ermittlung eines Drohverlustes nicht auf die Diskontierungszinssätze auf Basis der Verordnung über die Ermittlung und Bekanntgabe der Sätze zur Abzinsung von Rückstellungen (RückAbszinsV) zurückgegriffen. Das zugrunde liegende Barwert-Konzept fordert, dass aus den aktuellen Transaktionen abgeleitete Marktzinssätze anzusetzen sind, insofern besteht kein

190 Vgl. IDW RS BFA 3 Tz. 34.

Ermessensspielraum. Ein Rückgriff auf die RückAbzinsV hätte nämlich erst in Bezug auf das Ergebnis aus der periodischen bzw. barwertigen Betrachtungsweise erfolgen dürfen. Diese Ergebnisse geben jedoch bereits den Wert in Periode t=0 an, sodass keine weitere Diskontierung i. S. d. § 253 Abs. 2 Satz 1 HGB erforderlich ist.[191]

III.3.2 Ermittlung von Risikokosten

Bei dem Konzept der Drohverlustrückstellung wird handelsrechtlich das Vollkostenprinzip i. S. d. IDW RS HFA 4 zugrunde gelegt.[192] Nach IDW RS HFA 4 Tz. 35 erfordert der Rückstellungstest ein einheitliches Vorgehen für die Ertrags- und Aufwandsseite. Mit dem Ansatz der Zinserträge wird grundsätzlich vollumfänglich der Ertragsanforderung nachgekommen. Deshalb müssen zwangsläufig auch alle in Verbindung stehenden Aufwendungen berücksichtigt werden. Hierzu zählen neben den originären Zinsaufwendungen aus Geschäften der Passivseite auch die anteiligen Risikokosten. Nicht zuletzt aufgrund ihres Einflusses auf den Erfolg eines Instituts stehen Risikokosten bspw. auch im Aufsichtsrecht im Fokus, etwa bei der Ermittlung der Risikotragfähigkeit.[193] In der IDW Verlautbarung wird der Sachverhalt explizit in IDW RS BFA 3 Tz. 10 aufgegriffen. Danach sind bei der Beurteilung eines möglichen Drohverlustes von den Erträgen die noch zur Bewirtschaftung des Bankbuchs erforderlichen Aufwendungen, d. h. das „Kostentrio" bestehend aus Refinanzierungs-, Risiko- und Verwaltungskosten, abzuziehen.

Allgemein gelten als Risikokosten Ausfallrisikokosten, die sich unterteilen lassen in Risikokosten für erwartete und für unerwartete Ausfälle.[194] Nach IDW RS BFA 3 Tz. 31 sind zum Zwecke der verlustfreien Bewertung nur die erwarteten Ausfälle zu berücksichtigen. Die Einbeziehung bei der periodischen bzw. barwertigen Betrachtungsweise ist in IDW RS BFA 3 Tz. 34 bzw. Tz. 36 geregelt. Als Ansatz kommt grundsätzlich ein Auf- bzw. Abschlag auf den risikolosen Diskontierungsfaktor oder ein separat ermittelter Barwert in Frage.[195] Für den Fall einer separaten Ermittlung des Barwerts sind bei beiden Betrachtungsweisen die allgemein anerkannten, aus aktuellen Markttransaktionen abgeleiteten

191 Vgl. auch IDW RS HFA 4 Tz. 44.

192 Vgl. Abschnitt II.2.2.2.

193 Vgl. Deutsche Bundesbank (2015b).

194 Vgl. u. a. VöB (2011), S. 13; Obst/Hintner (2000), S. 720 ff.

195 Ein separater Ansatz ist grundsätzlich zu bevorzugen, da eine unsachgerechte Berücksichtigung zu „Scheingewinnen" führen kann, vgl. Abschnitt III.3.1.1.

fristenadäquaten GKM-Zinssätze am Abschlussstichtag heranzuziehen.[196] Eine weiterführende Konkretisierung, wie exakt bspw. die erwarteten Ausfälle zu ermitteln sind, bleibt offen und kann entsprechend institutsindividuell durchgeführt werden. Unter der Berücksichtigung, dass die IDW Verlautbarung auf die interne Steuerung verweist, ist es sachgerecht, dieser auch beim Ansatz der erwarteten Ausfälle zu folgen.

In der Vergangenheit, insbesondere für andere Zwecke als IDW RS BFA 3, setzten Institute regelmäßig die erwarteten Kreditausfälle (Expected Credit Losses) als Risikokosten an, die für Zwecke des auf Basel II bzw. III beruhenden fortgeschrittenen IRB-Ansatzes berechnet wurden. Der Expected Credit Loss ergibt sich als Produkt aus dem ausfallgefährdeten Betrag (Exposure at Default – EAD), der Ausfallwahrscheinlichkeit (Probability of Default – PD) sowie der Verlustquote (Loss Given Default – LGD).[197] Problematisch in Bezug auf die IDW Verlautbarung ist allerdings, dass diese den erwarteten Ausfall nur für ein Jahr und nicht bis zur Abwicklung des Bestands prognostizieren. Für eine sachgerechte Anwendung müssen Institute deshalb Modifikationen, insbesondere im Hinblick auf die Einbeziehung der im Zeitablauf eintretenden Bestandsreduktion sowie auf die Veränderung der Verlustquoten und Ausfallwahrscheinlichkeiten vornehmen.[198]

Daneben setzten Institute ihre erwarteten Einzelwertberichtigungen (EWB) und Abschreibungen als Risikokosten an, wobei dieser Rückgriff aufgrund von Konvergenzbestrebungen in Richtung der internationalen Rechnungslegung immer seltener zu beobachten ist.[199] Institute, die sich jedoch bereits in der Vergangenheit im Rahmen des Risikocontrollings an den internationalen Rechnungslegungsstandards orientierten, setzen die aus dem „Incurred Loss Model" nach IAS 39 abgeleiteten Risikokosten an. Im Unterschied zum reinen Ansatz der EWB wurden dadurch in gewisser Weise auch Pauschalwertberichtigungen (PWB) berücksichtigt, da das Incurred Loss Model neben der Bildung von EWB die Bildung von pauschalierten Einzelwertberichtigungen (pEWB) und Portfolioberichtigungen vorsieht.[200] Die hierbei auftretende Problematik mangelnder Zukunftsorientierung wurde durch den im Juli 2014 vom IASB veröffentlichten internationalen

---

196 Vgl. IDW RS BFA 3 Tz. 32.

197 Vgl. Basler Ausschuss für Bankenaufsicht (2006).

198 Vgl. Glischke/Hallpap/Wolfgarten (2012), S. 6.

199 Verstärkt wird diese Entwicklung bspw. auch durch die in der jüngeren Vergangenheit eingeführte Aufsicht der EZB. Unter die Aufsicht der EZB fallen nun vermehrt auch deutsche Institute, die somit verpflichtend zumindest teilweise die Vorgaben der internationalen Rechnungslegungsstandards zu befolgen haben.

200 Vgl. u. a. Henkel (2010), S. 169. Zum Incurred Loss Model, vgl. Kuhn/Scharpf (2006), S. 294 ff.

Rechnungslegungsstandard IFRS 9 reduziert.[201] Der Standard sieht explizit die Abkehr von der Orientierung an bereits eingetretenen Verlusten hin zur Berücksichtigung erwarteter Verluste vor.[202] In einem dreistufigen Verfahren sind als Risikokosten zunächst die erwarteten 12-Monats-Verluste, dann bei signifikanter Erhöhung des Kreditrisikos auf Stufe 2 bzw. mit Eintritt eines objektiven Hinweises auf Wertminderung auf Stufe 3 die erwarteten Verluste über die Gesamtrestlaufzeit der Finanzinstrumente, der sogenannter Lifetime Expected Credit Loss, anzusetzen.[203] Eine verbindliche Anwendung von IFRS 9 hat für die betroffenen Institute erst ab dem 1. Januar 2018 zu erfolgen.[204]

Für eine nachhaltige Bewertung einer vermeintlich fehlenden Konkretisierung der Berechnung der Risikokosten muss mitunter auch Wesentlichkeit der Risikokosten betrachtet werden. Sofern die Risikokosten tatsächlich großen Einfluss haben sollten, wäre es wünschenswert, eine differenzierte Vorgehensweise in der IDW Verlautbarung vorzufinden. Aufgrund des relativ geringen prozentualen Anteils im Verhältnis zum zinstragenden Geschäft werden die Risikokosten in den meisten Fällen nicht von elementarer Bedeutung sein. Aus diesem Grund ist es vertretbar, wenn Institute in Einklang mit der internen Steuerung auf einen pauschalen, einfachen Ansatz zurückgreifen. Aus methodischer Sicht wäre es jedoch empfehlenswert, wenn vermehrt auf den Ansatz nach IFRS 9 zurückgegriffen werden könnte, um der Anforderung der Zukunftsorientierung zu entsprechen. In diesem Zusammenhang gilt es auch darauf hinzuweisen, dass generell der Rückgriff auf erwartete Ausfälle in der Fachliteratur nicht unumstritten ist. So hat *Göttgens*[205] darauf verwiesen, dass kontrovers diskutiert werde, ob lediglich die voraussichtlich erwarteten Ausfälle der Zinserträge anzusetzen seien.[206] Seiner Auffassung nach bestehe eine Risikovorsoge in Bezug auf die Kapitalerträge bereits durch die Bildung von EWB und PWB bei Buchforderungen bzw. Niederstwertabschreibungen bei Wertpapieren. Aufgrund der Komplexität einer möglichen zu korrigierenden Doppelerfassung bevorzugt *Göttgens* lediglich die Zins-Cash-Flows einzubeziehen.[207] Diese Auffassung ist mit Blick auf IDW RS HFA 4 als theoretische Grundlage abzulehnen. Die Einbeziehung der Kosten i. S. d. Vollkos-

201 IFRS 9 wird mit Inkrafttreten den IAS 39 ersetzen.

202 Vgl. u. a. EY (2014); Deloitte (2014); PwC (2013).

203 Vgl. EY (2014).

204 Vgl. IFRS (2016).

205 Göttgens (2013): *Einzelfragen der verlustfreien Bewertung von zinsbezogenen Geschäften des Bankbuchs (Zinsbuchs) – Zur Anwendung von IDW RS BFA 3.*

206 Vgl. Göttgens (2013), S. 27.

207 Vgl. Göttgens (2013), S. 27.

tenprinzips nach IDW RS HFA 4 erfordert, dass alle Kosten, die direkten Bezug zum Bankbuch haben, berücksichtigt werden. Bei den Kosten muss indes kein direkter Zinsbezug vorliegen. Außerdem gilt es im Falle der IDW Verlautbarung die Ermittlungsmethoden zu betrachten. Bei der periodischen Betrachtungsweise werden die Zins-Cash-Flows berücksichtigt, bei der barwertigen Betrachtungsweise wird konzeptionell bedingt zusätzlich das Kapital eingebunden, einerseits im Rahmen des Ansatzes des Buchwerts, andererseits als Rückzahlungsbetrag. Der jeweilige Wertansatz entspricht dem Stichtagswert. Die Risikokosten bestehen unabhängig von der Ermittlungsmethode in gleicher Höhe, da das Bankbuch identisch ist. In der Praxis werden deshalb die Risikokosten unabhängig von IDW RS BFA 3 und dessen Ermittlungsmethoden ermittelt, etwa zum Zwecke der internen Steuerung. Hierbei erfolgt nur eine Einbeziehung der Zinscharakter-vorweisenden Bestandteile, die als fiktiver Zahlungsverlauf dargestellt werden. Aufgrund der Schwierigkeiten bei der Berücksichtigung im Diskontierungsfaktor und um auf die entsprechend bestehenden Daten zurückzugreifen, ist es in beiden Methoden empfehlenswert, die Risikokosten als losgelösten Barwert anzusetzen. Die von *Göttgens* weiter angeführte Befürchtung, dass es zu einer Doppelberücksichtigung von Risiken kommt, ist mit Blick auf die von *Scharpf/Schaber* vorgeschlagene Vorgehensweise unbegründet.[208] Denn nach *Scharpf/Schaber* wird eine Neutralisierung der bonitätsbedingten Wertberichtigungen in Form von EWB und PWB je nach Berechnung vorgenommen. Die Neutralisierung findet dergestalt statt, dass sofern die erwarteten Ausfälle bei den Barwerten berücksichtigt werden, auch die Buchwerte jeweils um die Wertberichtigungen vermindert werden müssen.[209] Für den Fall, dass keine Wertberichtigungen bei den Barwerten berücksichtigt werden, ist der Barwert/Buchwert-Vergleich ohne Anpassungen durchzuführen, wobei das Ergebnis um die PWB in Form von stillen Reserven (Lasten) reduziert (erhöht) werden muss.

III.3.3 Einbeziehung von Verwaltungskosten

Die Einbeziehung von Verwaltungskosten wird ebenfalls über den Vollkostengedanken des IDW RS HFA 4 begründet.[210] Nach IDW RS HFA 4 Tz. 38 müssen die voraussichtlich noch anfallenden Aufwendungen auch die am Abschlussstichtag vorhersehbaren Entwicklungen bis zur Beendigung bzw. Abwicklung der Bestände widerspiegeln, ebenso wie

---

208 Vgl. Scharpf/Schaber (2013), S. 169 f.
209 Vgl. Scharpf/Schaber (2013), S. 169.
210 Vgl. hierzu Abschnitt III.3.2.

nach IDW RS HFA 4 Tz. 39 vorhersehbare Preis- und Kostenänderungen. Nach IDW RS BFA 3 Tz. 30 können zur Bemessung der voraussichtlich noch anfallenden Verwaltungskosten die in der internen (Zins-)Risikosteuerung verwendeten Werte herangezogen werden. Voraussetzung ist, dass alle objektiven Hinweise und hinreichend sichere Erwartungen über die zukünftigen Aufwendungen i. S. d. IDW RS HFA 4 Tz. 26 bestehen bzw. berücksichtigt werden. Dem in Bezug auf die Bestandsabwicklung im IDW RS HFA 4 vorgebrachten Hinweis wird in IDW RS BFA 3 Tz. 30 nachgekommen. Danach sind die Aufwendungen im Rahmen der Ermittlung einer Drohverlustrückstellung zu berücksichtigen, die auf die Bestandsverwaltung des Bankbuchs in seiner am Abschlussstichtag bestehenden Höhe und Struktur entfallen. Die Einbeziehung im Rahmen der periodischen bzw. barwertigen Betrachtungsweise findet sich in IDW RS BFA 3 Tz. 34 bzw. 36. Nach IDW RS BFA 3 Tz. 36 steht es den Instituten analog zu den Risikokosten frei, ob sie die Aufwendungen als Auf- bzw. Abschlag auf den Diskontierungsfaktor oder separat als Barwert berücksichtigen.[211] Die vorgenannte Problematik besteht bei Verwaltungskosten analog zu den Risikokosten.

Weitere Konkretisierungen in Bezug auf die Ermittlung und den Ansatz sind in der IDW Verlautbarung nicht enthalten. Generell können Institute bspw. die Verwaltungskosten aus der Unternehmensplanung[212] oder aus der Risikoberichterstattung[213] ansetzen. In Bezug auf die Risikoberichterstattung ist Vorsicht geboten, wenn darin auch die Aufwendungen für das Neugeschäft berücksichtigt werden. In diesem Fall muss vonseiten des Controllings eine Unterteilung in Form einer Zuordnung in Verwaltungskosten für die Bestandsverwaltung und für das Neugeschäft vorgenommen werden. Unter der Prämisse eines unveränderten Geschäftsmodells sind die Kosten der Bestandsverwaltung i. d. R. keinen wesentlichen Schwankungen unterworfen. Insofern ist es mit Verweis auf die vereinfachte Vorgehensweise sachgerecht,[214] wenn für die zukünftige Entwicklung der Verwaltungskosten ein proportionales Verhältnis angesetzt wird. Ausgehend von den Verwaltungskosten des aktuellen Geschäftsjahrs spiegelt dieses Verhältnis die Verwaltungskosten in Bezug auf die Reduzierung des Bestands wider.[215]

211 Ein separater Ansatz ist grundsätzlich zu bevorzugen, da eine unsachgerechte Berücksichtigung zu „Scheingewinnen" führen kann, vgl. Abschnitt III.3.1.1.
212 Vgl. Glischke/Hallpap/Wolfgarten (2012), S. 4.
213 Institute müssen bspw. bei der Ermittlung der RTF Verwaltungskosten berechnen, diese können hier angesetzt werden.
214 Vgl. IDW FN Nr. 1/2013, S. 64 i. V. m. Abschnitt III.1.2.
215 Vgl. Glischke/Hallpap/Wolfgarten (2012), S. 5.

Für eine praktische Beurteilung ist ebenfalls der Anteil der Verwaltungskosten am Volumen des Bankbuchs ausschlaggebend. Tendenziell ist dieser noch geringer als derjenige der Risikokosten. Auf dieser Überlegung beruhend, dürften Institute mit Verweis auf die vereinfachte Vorgehensweise eher dazu tendieren, die Aufwendungen pauschal zu berechnen. Um jedoch handelsrechtlichen Vorgaben zu genügen, sollte eine ausreichende Dokumentation in der internen Steuerung sowie im Rahmen von IDW RS BFA 3 vorliegen. Dies ist auch vor dem Hintergrund eines möglichen Drohverlustes relevant, da in diesem Fall eine genaue Berechnung notwendig wird.

Aus bilanztheoretischer Sicht ist der Rückgriff auf § 249 Abs. 1 Satz 1 Alt. 2 HGB und somit auch auf IDW RS HFA 4 begründet.[216] Für eine fehlerfreie Umsetzung der Anforderungen sollten Institute insbesondere IDW RS HFA 4 Tz. 39 Beachtung schenken. Nach Satz 2 ist ein gewisses Maß an Lohn- und Preissteigerungen selbst in Zeiten relativer Geldwertstabilität zu den vorhersehbaren Entwicklungen und folglich bei der Ermittlung zu berücksichtigen. Insofern dürfte ein rein vergangenheitsorientierter Wertansatz ohne weitere Anpassungen nicht den Anforderungen genügen. Auch das Konzept der Kostenremanenz verstärkt in diesem Kontext die Problematik. Denn die Kostenreduktion korreliert nicht perfekt mit dem Abbau an Verwaltung. Vielmehr tritt die Kostenreduktion in abgeschwächter Form ein. Insgesamt lässt sich folgern, dass der Ansatz von Verwaltungskosten zwar bilanztheoretisch begründbar ist, jedoch durch die i. d. R. vorherrschende praktische Umsetzung der vereinfachten Vorgehensweise das Vorsichtsprinzip durch Unterschätzung der Aufwendungen verletzt werden kann.

III.3.4 Ansatz und Berücksichtigung von Refinanzierungskosten allgemein und besonders im Rahmen der fiktiven Schließung

Der Ansatz der Refinanzierungskosten wird ebenso wie der Ansatz der Risiko- und Verwaltungskosten über den Vollkostengedanken des IDW RS HFA 4 begründet und ist in IDW RS BFA 3 Tz. 10 verankert. Danach sind die „ermittelten künftigen Refinanzierungskosten" zu berücksichtigen. Ausführlich wird die Einbeziehung der institutsspezifischen Refinanzierungskosten in IDW RS BFA 3 Tz. 24 dargestellt. Zunächst heißt es, dass Betrags- und Laufzeitinkongruenzen zum Abschlussstichtag fiktiv zu schließen sind. Im Anschluss wird auf die Refinanzierungskosten eingegangen. Demnach sind unabhängig von

216 Vgl. hierzu auch Abschnitt II.2.2.2.

der gewählten Methode bei der Ermittlung der betreffenden Zahlungsströme die voraussichtlich noch anfallenden institutsspezifischen Refinanzierungskosten zu bestimmen. Zu beachten ist im Einklang mit der internen Steuerung die individuelle Refinanzierungsstruktur. Die genaue Vorgehensweise der Berücksichtigung ist Gegenstand von IDW RS BFA 3 Tz. 25, wonach die Konditionen des fiktiven Schließungsgeschäfts zuerst an den fristenadäquaten GKM-Zinssätzen auszurichten sind, und anschließend der individuelle Refinanzierungsaufschlag des jeweiligen Instituts bei der Ermittlung der voraussichtlich noch anfallenden Aufwendungen zu erfolgen hat. Weitere Bezugnahmen im Rahmen der periodischen oder barwertigen Betrachtungsweisen sind nicht vorzufinden. Inhaltlich spezifizieren Ausführungen in zwei Textziffern, was unter Refinanzierungskosten zu verstehen ist. Nach IDW RS BFA 3 Tz. 26 kann als fiktive Schließung die „Finanzierungswirkung des Eigenkapitals" angesetzt werden. Eine Bewertung hierzu findet sich in Abschnitt III.3.5. Bei der zweiten Textziffer handelt es sich um IDW RS BFA 3 Tz. 29. Darin wird angeführt, dass auch Provisionsaufwendungen, die für die Besicherung eigener Verbindlichkeiten, wie etwa Avale anfallen, zu den Refinanzierungskosten zählen. Hierbei wird explizit angeführt, dass diese entweder pro Periode oder barwertig in Abzug gebracht werden dürfen.

Allgemein, losgelöst von der IDW Verlautbarung, sind Refinanzierungskosten die von Dritten tatsächlich als Entgelt geforderten Zinsen. Dabei kann es sich bspw. um den am Abschlussstichtag geforderten Interbankenzinssatz oder den von anderen Fremd- und Eigenkapitalgebern geforderten Zinssatz handeln. Erhöhte Refinanzierungskosten stellen hingegen die Differenz zwischen dem zu erwartenden, d. h. dem von Dritten zur Überlassung von Kapital geforderten Zinssatz und einem fiktiven höheren Zinssatz dar.

Aus praktischer und theoretischer Sicht sind die Ausführungen in der IDW Verlautbarung kritisch zu sehen, da sie teilweise nicht präzise sind. Damit besteht für Institute ein großer Auslegungsspielraum. Zunächst ist die Formulierung zur fiktiven Schließung einer Lücke in IDW RS BFA 3 Tz. 24 zu nennen, wonach Betrags- und Laufzeitinkongruenzen zu schließen sind. Anschließend folgt die Formulierung, dass „unabhängig von der gewählten Methode [...] bei der Ermittlung der betreffenden Zahlungsströme die voraussichtlich noch anfallenden institutsspezifischen Refinanzierungskosten zu bestimmen" sind. Damit verlangt der BFA, dass auch im Rahmen der barwertigen Betrachtungsweise eine fiktive Lücke in Form von Bestandslücke zwischen Aktiv- und Passivseite zu schließen ist. Dies widerspricht jedoch dem theoretischen Barwert-Konzept, da bei diesem mit unabhängigen

„Beständen" gearbeitet wird. Konkret heißt das, dass über einen definierten Zeitraum ein Geschäft betrachtet wird, das sich aus einen Anfangs- und Endbestand sowie aus periodischen Zahlungen zusammensetzt. Mathematisch lässt sich aus dem Endbestand und den periodischen Zahlungen ein Barwert ableiten. Der Buchwert dieses Geschäfts entspricht dem Anfangsbestand. Sowohl beim Buchwert als auch beim Barwert wird das Geschäft als in sich abgeschlossen behandelt. Insofern bezieht der Barwert/Buchwert-Vergleich alle Komponenten eines einzelnen Geschäfts mit ein. Dies begründet auch die von *Scharpf/Schaber* vorgeschlagene Vorgehensweise, bei dem für Aktiv- und Passivseite jeweils getrennt voneinander die Buch- und Barwerte ermittelt werden.[217] Der resultierende Überschuss (positiv oder negativ) wird der weiteren Berechnung zugrunde gelegt. Insgesamt findet somit im Gegensatz zur periodischen Betrachtungsweise kein direkter Vergleich der Erträge und Aufwendungen pro Periode statt, sondern ein Vergleich des Werts der stillen Reserven bzw. Lasten zum Abschlussstichtag.[218] Generell sind Laufzeitunterschiede beim Barwert-Konzept irrelevant, da als Entscheidungskriterium der Wertansatz zum Abschlussstichtag heranzuziehen ist. Sofern methodisch falsch eine „Lücke" in der barwertigen Betrachtungsweise geschlossen wird, ist aufgrund der Erfolgsneutralität hierfür zunächst der Zinssatz eines fiktiven, aber tatsächlich am GKM durchführbaren Termingeschäfts anzusetzen. Zur Vereinfachung des Arguments sei angenommen, dass die (erhöhten) Refinanzierungs-, Risiko- und Verwaltungskosten in Anlehnung an den Vorschlag von *Scharpf/Schaber* separat ermittelt werden. Entsprechend würde die Diskontierung der fiktiven Lücke mit dem gleichen Zinssatz eines fiktiv, aber tatsächlich am GKM durchführbaren Termingeschäfts erfolgen, sodass im Ergebnis ein Barwert von null resultiert. Insofern ist aus theoretischer Sicht eine fiktive Schließung bei der barwertigen Betrachtungsweise grundsätzlich abzulehnen. Sofern dies aber dennoch erfolgt und methodisch korrekt umgesetzt wird, ist aufgrund eines neutralen Ergebnisses, nämlich i. H. v. null, der Ansatz erfolgsneutral bzw. ergebnisunwirksam. Schlussendlich hat die methodisch korrekte Berücksichtigung keinerlei Auswirkung. Als weiteren Beleg für diese Auffassung sind die Ausführungen zum Lücke-Theorem in Kapitel IV heranzuziehen. In diesem Kapitel wird analytisch und numerisch gezeigt, dass eine fiktive Schließung im Rahmen der barwertigen Betrachtungsweise ergebnisunwirksam ist. Vor diesem Hintergrund wäre aus theoretischer und praktischer Sicht eine Modifikation der IDW RS BFA 3

[217] Vgl. Scharpf/Schaber (2011a), S. 2050 f.

[218] Vgl. hierzu die Ausführungen in Abschnitt III.3.1.1.

Tz. 24 wünschenswert, bei der der Ansatz der Refinanzierungskosten präzisiert wird.[219] Zudem wäre es folgerichtig, die Formulierung „betreffenden" zu streichen. Denn ein wichtiger, bislang noch nicht angesprochener Sachverhalt ist, ob der BFA mit seinen Vorgaben generell erhöhte oder allgemeine Refinanzierungsaufwendungen anvisiert. Diese Unterscheidung ist bedeutend: Falls lediglich allgemeine Refinanzierungsaufwendungen anzusetzen sind, wäre im Fall der barwertigen Betrachtungsweise keinerlei zusätzliche Berücksichtigung notwendig. Von Institutsseite könnte man nämlich darauf verweisen, dass die Passivseite als institutsspezifische Refinanzierung betrachtet wird. Im Falle der periodischen Betrachtungsweise wäre eine fiktive Lücke zu schließen, bei der die zukünftigen Refinanzierungskosten anzusetzen sind. In diesem Zusammenhang könnte basierend auf der individuellen Refinanzierungsstruktur ein durchschnittlicher Refinanzierungsaufschlag bzw. -abschlag, also ein Refinanzierungsspread, auf den Zinssatz eines fiktiv, aber tatsächlich am GKM durchführbaren Termingeschäfts herangezogen werden.[220]

Aufgrund der Formulierung in IDW RS BFA 3 Tz. 10, wonach die voraussichtlich noch zur Bewirtschaftung des Bankbuchs anfallenden Aufwendungen einzubeziehen sind, ist aber davon auszugehen, dass unter noch anfallenden institutsspezifischen Refinanzierungskosten auch erhöhte Refinanzierungskosten (einschließlich die in IDW RS BFA 3 Tz. 29 angeführten Refinanzierungskosten) zu verstehen sind. Auslöser für zukünftig höhere Refinanzierungsaufwendungen können etwa Verschlechterungen des Marktumfeldes oder der Institutsbonität sein. Wenn dieser Auslegung gefolgt wird, so ist ein künftiger Zahlungsstrom anzusetzen, der im Rahmen des Rückstellungstests entweder als ein prozentualer Aufschlag auf den Diskontierungsfaktor oder als separater Barwert abgebildet werden kann. Dies würde mit der in IDW RS BFA 3 Tz. 30 angegebenen Vorgehensweise übereinstimmen.[221] Insofern ist es auch nur konsequent und aus theoretischen Überlegungen heraus überzeugend, Refinanzierungskosten in beiden Betrachtungsweisen als eigenen Kostenbestandteil zu berücksichtigen.[222] Gleichzeitig wird hierdurch nicht die Schließung

---

[219] Dazu müsste zunächst der Verweis auf die Schließung eliminiert bzw. als einleitenden Satz in IDW RS BFA 3 Tz. 25 verschoben werden.

[220] Vgl. u. a. Scharpf/Schaber (2013), S. 158 i. V. m. DGRV, Teil 1, D.II, S. 60.

[221] Hierbei ist analog zu den Risiko- und Verwaltungskosten anzuführen, dass eine grundsätzliche Berücksichtigung im Diskontierungsfaktor aufgrund von Scheingewinnen vermieden werden sollte, vgl. hierzu auch Abschnitt III.3.1.1.

[222] Damit wird automatisch auch der Vorgabe, die konkreten Verhältnisse nach vernünftiger Beurteilung zu berücksichtigen, bei der Ermittlung eines Drohverlustes gemäß IDW RS HFA 4 Tz. 28 nachgekommen.

eines Aktivüberhangs[223] im Rahmen der periodischen Betrachtungsweise eingeschränkt. Diese hat parallel zu der Ermittlung und Berücksichtigung der erhöhten Refinanzierungskosten zu erfolgen. Als einzig nachhaltiger Zinssatz kommt hierfür der Zinssatz eines fiktiven, aber tatsächlich am GKM durchführbaren Termingeschäfts in Frage, da dieser als erfolgsneutral weder zu Scheingewinnen noch zu Scheinverlusten führt. Um der institutsspezifischen Refinanzierungsstruktur Rechnung zu tragen, wird die Differenz zum risikolosen Zinssatz eines fiktiv, aber tatsächlich am GKM durchführbaren Termingeschäfts, pro Periode bestimmt. Die so ermittelten „erhöhten" Refinanzierungskosten werden analog im Rahmen eines Auf- oder Abschlags (sofern im Rahmen des Diskontfaktors eingebunden) oder als eigenständige Größe (separater Zahlungsstrom) berücksichtigt.

Mit dieser Auslegung der Refinanzierungskosten würde es weder zu einer Verletzung theoretischer Konzepte noch zur Unterschätzung von Aufwendungen durch ausschließliche Einbeziehung von Refinanzierungskosten im Rahmen der periodischen Betrachtungsweise führen. Darüber hinaus würde auch von Vornherein dem anderen Extrem, d.h. einer Doppelberücksichtigung von Refinanzierungskosten begegnet werden. Denn als Folge könnte eine Doppelberücksichtigung dadurch entstehen, dass zunächst Refinanzierungskosten zur Schließung der Refinanzierungslücke und generell bei der barwertigen Berechnung angesetzt werden. Allerdings gilt es einschränkend festzuhalten, dass diese Art von Doppelberücksichtigung durch aufmerksame und konsequente Umsetzung der zu berücksichtigenden Berechnungsgrößen vermieden werden könnte. Der Arbeitsaufwand wäre gleichwohl umfangreicher. Anzumerken gilt es ferner, dass mit der separaten Erfassung über die Perioden hinweg auch eine Differenzierung nach Laufzeiten stattfinden müsste.[224]

III.3.5 Schließung von Aktiv- und Passivüberhängen

Unter Berücksichtigung der Ausführungen zu Refinanzierungskosten in Abschnitt III.3.4 ist ein Aktivüberhang lediglich im Rahmen der periodischen Betrachtungsweise fiktiv zu schließen. Ausgelöst wird ein Aktivüberhang dadurch, dass einem Aktivgeschäft kein oder nur ein vom Umfang nicht ausreichendes Refinanzierungsgeschäft gegenübersteht. Die Ermittlung der Lücke erfolgt durch eine Gegenüberstellung der Bestände nach Laufzeiten

223 Ein Aktivüberhang bedeutet, dass einem Aktivgeschäft kein oder nur ein vom Umfang nicht ausreichendes Refinanzierungsgeschäft gegenübersteht.

224 Vgl. Scharpf/Schaber (2013), S. 158 i.V.m. DGRV, Teil 1, D.II, S. 60.

gegliedert. Den Ausführungen aus Abschnitt II.2.4 folgend sind als Refinanzierung die Zinsen, die aus fiktiven, aber tatsächlich am GKM durchführbaren Termingeschäften abgeleitet werden, zu unterstellen. Der Grund, weshalb eine Lücke zu schließen ist, wird in der Literatur selten diskutiert. Dreh- und Angelpunkt ist, dass den Zinserträgen Zinsaufwendungen in allen Laufzeitbeständen gegenüberzustellen sind, wobei für die Schließung einer Lücke die Konditionen aus den GKM abzuleiten sind. Ausschlaggebend ist das Merkmal des Einlagen- und Kreditgeschäfts, auf einem rollierenden Einlagengeschäft zu basieren, und damit die Abbildung von tatsächlichen Geschäftsvorgängen. Die vertraglichen Laufzeiten der Aktivseite sind zwar i. d. R. deutlich länger als die der Passivseite, aber mittels rollierender Einlagengeschäfte können Institute längerfristige Kredite refinanzieren. Insofern ist eine Annahme in Einklang mit der Praxis, dass auch wenn zum Abschlussstichtag kein gültiger Vertrag für ein Passivgeschäft vorliegt, ein Refinanzierungsgeschäft antizipiert werden kann. Als Begründung für diese Vorgehensweise kann man ein theoretisches Beispiel der Berücksichtigung des Eigenkapitals heranziehen. Darin weist ein Institut auf der Passivseite ausschließlich Eigenkapital auf.[225] Würde man der Bilanztheorie an dieser Stelle folgen, d. h., dass Eigenkapital unter anderem als nicht zinstragendes Geschäft von Berücksichtigung ausgenommen ist,[226] wäre ein 100 %-ziger Aktivüberhang zu beobachten. Demzufolge müsste das Institut eine Drohverlustrückstellung bilden. Jedoch gilt es nach IDW RS HFA 4 Tz. 28 bei der Bildung einer Drohverlustrückstellung nach vernünftiger kaufmännischer Beurteilung vorzugehen. Entsprechend wäre es angebracht, eine Refinanzierung anzusetzen. Dies würde auf jeden Fall die tatsächlichen Begebenheiten besser widerspiegeln als der Verzicht auf den Ansatz eines Refinanzierungsgeschäfts.

Etwas überraschend findet sich in der IDW Verlautbarung lediglich in einer Fußnote eine explizite Nennung eines Passivüberhangs.[227] Im Rahmen von IDW RS BFA 3 Tz. 10 wird in der Fußnote darauf hingewiesen, dass als künftige Refinanzierungskosten bei Passivüberhängen die Wiederanlageerträge anzusetzen sind, soweit das Bankbuch nicht fristen- oder betragsmäßig geschlossen wurde. Ein Passivüberhang entsteht in Analogie zum Aktivüberhang dann, wenn die Laufzeiten länger oder Beträge der Geschäfte der Passivseite größer sind als die der Aktivseite. Entsprechend sind die Zinsaufwendungen größer als

[225] Vgl. Göttgens (2013), S. 26. Allerdings ist aus bilanztheoretischen Gründen die Einbeziehung von Eigenkapital abzulehnen, vgl. Abschnitt III.3.6.

[226] Siehe hierzu auch die Ausführung von Scharpf/Schaber (2011a), S. 2048 f.

[227] Ausführungen zum Passivüberhang wurden darüber hinaus im Rahmen einer Verlautbarung veröffentlicht, vgl. IDW FN Nr. 11/2013, S. 502.

die Zinserträge. Auch wenn dieses „Phänomen" in der Praxis selten auftreten wird, so ist es zumindest aus theoretischer Sicht nicht völlig ausgeschlossen. Entsprechend einem Aktivüberhang ist ein solcher Passivüberhang aus theoretischer Sicht fiktiv zu schließen. Als Konditionen der Schließung im Rahmen der periodischen Steuerung sind ebenfalls die Zinssätze von fiktiven, aber tatsächlich am GKM durchführbaren Termingeschäften anzusetzen. Bedenken, bspw. ob mit einem Ansatz nicht gegen das Imparitätsprinzip derart verstoßen wird, dass Gewinne fiktiv angesetzt werden, oder ein fiktives Neugeschäft unterstellt wird, sind unbegründet. Denn mit Ansatz des Zinssatzes eines fiktiv, aber tatsächlich am GKM durchführbaren Termingeschäfts wird ein erfolgsneutraler Zinssatz angewandt. Den theoretischen Nachweis der Gültigkeit liefert das Lücke-Theorem.[228] Die Berücksichtigung von den voraussichtlich zur Bewirtschaftung des Bankbuchs erforderlichen Aufwendungen bleibt grundsätzlich unberührt. Aus praktischer Sicht kann der Ansatz einer fiktiven Schließung eines Passivüberhangs über die Going-Concern-Prämisse begründet werden; denn unter einer Going-Concern-Prämisse wird die Annahme, Kredite auch künftig zu vergeben, da es dem Geschäftsmodell entspricht, gerechtfertigt. Eine Ausnahme würde infolgedessen lediglich bei Abkehr von der Going-Concern-Prämisse bestehen.

III.3.6 Finanzierungswirkung von Eigenkapital bei fiktiver Schließung

Die derzeit gültige Fassung der IDW Verlautbarung sieht zwei Optionen zur fiktiven Schließung vor: einerseits den Rückgriff auf fristenadäquate GKM-Zinssätze (IDW RS BFA 3 Tz. 25), andererseits die Finanzierungswirkung von Eigenkapital (IDW RS BFA 3 Tz. 26). Den Ausführungen in Abschnitt III.3.4 folgend ist nur der Ansatz von fristenadäquaten GKM-Zinssätzen systemkonform. Wenn überhaupt, so wäre IDW RS BFA 3 Tz. 26 lediglich so auszulegen, dass Eigenkapitalkosten separat als erhöhte Refinanzierungskosten angesetzt werden können.[229] Mit dieser Vorgehensweise wird zumindest der Modelltheorie entsprochen, da keine Verletzung der Gültigkeit und Systematik des Lücke-Theorems stattfindet.[230] Aus praktischer Sicht würde darüber hinaus das Imparitätsprinzip gewahrt bleiben, da kein Ausweis von Scheingewinnen oder -verlusten erfolgt.

---

228 Siehe hierzu auch Kapitel IV.

229 Vgl. Abschnitt III.3.4. Dabei würde nur die Differenz zwischen den Eigenkapitalkosten und dem risikolosen fristenadäquaten GKM-Zinssatz berücksichtigt werden.

230 Siehe hierzu den Beweis in Kapitel IV.

Die Berücksichtigung aus theoretischer Sicht erscheint jedoch diffiziler. Dies zeigen nicht zuletzt die in der Literatur veröffentlichten Fachbeiträge, bei denen die Meinungen zur generellen Berücksichtigung von Eigenkapital weit auseinandergehen.[231] *Löw* folgend handelt es sich deshalb bei der aktuellen Regelung um eine Kompromisslösung. Ausgangspunkt der Argumentation der Befürworter der Einbeziehung ist die interne Steuerung. So führen sie bspw. an, dass im Rahmen der internen Steuerung das Eigenkapital aktiv gesteuert wird, da dieses aufgrund von bankaufsichtlichsrechtlichen Anforderungen einen Engpassfaktor darstellt.[232] Wenn die IDW Verlautbarung explizit auf die Berücksichtigung der internen Steuerung verweist, rechtfertigt dies deren Auffassung nach auch die Berücksichtigung von Eigenkapital. Im Hinblick auf die Verzinsung basieren die Argumente einer Einbeziehung hauptsächlich auf finanzwirtschaftlichen Begebenheiten.[233] Denn etwa im Rahmen des Modigliani-Miller-Theorems wird der Eigenkapitalkostensatz ausgewiesen, der sich linear aus dem Gesamtkapitalkostensatz, der Differenz zwischen Gesamtkapitalkostensatz und Fremdkapitalkostensatz multipliziert mit dem Verschuldungsgrad ergibt. Des Weiteren wird etwa auf die Refinanzierungswirkung von Eigenkapital hingewiesen; denn dieses steht Instituten i. d. R. über einen länger Zeitraum hinweg zur Verfügung. *Düpmann* führt dazu an, dass eine risikokompensierende Wirkung des Eigenkapitals in den Perioden gegeben sei, in denen ein Aktivüberhang vorliegt.[234] Dieser könne durch die Einbeziehung des Eigenkapitals gemindert werden, wobei basierend auf Vorsichtsüberlegungen eine fiktive Tilgung des Eigenkapitals zu unterstellen sei.[235] Diese Tilgung suggeriere, dass der Umfang, in dem das Eigenkapital künftig einem Institut zur Verfügung stände, reduziert wäre. Problematisch bei dieser Betrachtung ist einerseits jedoch die Ungewissheit bei der Bestimmung der Laufzeit, denn diese lässt sich nicht objektiv ermitteln. Andererseits scheint auch die Bemessung der Höhe des Eigenkapitals eher willkürlich. Als Extremfall könnte jedoch das in Abschnitt III.3.5 beschriebene Beispiel eines Instituts, das zu 100 % mit Eigenkapital refinanziert ist, auftreten.[236] In diesem Fall wäre die Höhe und Laufzeit „bestimmbar". Allerdings handelt es sich hierbei um ein theoretisches Beispiel. Insofern ist aus Objektivitätsgründen, die ein Postulat bei der Umsetzung der IDW Verlautbarung sind, eine Berücksichtigung eher zu negieren.

---

231 Vgl. u. a. Göttgens (2013), S. 25.
232 Vgl. Löw (2013), S. 327.
233 Vgl. Löw (2013), S. 327.
234 Vgl. Düpmann (2007), S. 200.
235 Vgl. Düpmann (2007), S. 200.
236 Vgl. Göttgens (2013), S. 26.

Ein eindeutiger bilanztheoretischer Grund für das Außenvorlassen stellt hingegen die Funktion des Eigenkapitals dar. Zunächst ist die Risikodeckungsmasse anzuführen. Unter Beachtung der Gläubigerschutzfunktion des HGB dient das Eigenkapital dazu, Verluste zu absorbieren. Eine Berücksichtigung sowohl bei der Ermittlung eines Verlusts als auch als Deckungsmasse ist gleichzusetzen mit einem Zirkelschluss.[237] Dies wird durch IDW RS BFA 3 Tz. 38 bestätigt, wonach Vorsorgereserven nach § 340f Abs. 1 HGB bei der Berechnung neutral zu behandeln bzw. lediglich zur Kompensation eines Drohverlustes anzusetzen sind. Daneben ist aus handelsrechtlicher Perspektive der ausschließliche Verweis verboten, dass ausreichend Eigenkapital zu Verfügung steht.[238] Vielmehr ist nur eine einfache Berücksichtigung des Eigenkapitals als Risikodeckungsmasse vertretbar. Die Auffassung, dass Eigenkapital vorrangig der Verlustabsorption dienen soll, teilt auch der Basler Ausschuss. Dies sieht man nicht zuletzt daran, dass im Mittelpunkt von Basel III unter anderem die Verbesserung der Qualität des aufsichtlichen Kapitals, insbesondere des sogenannten „harten" Kernkapitals stand, um die Verlustabsorptionsfähigkeit zu verbessern.[239]

Des Weiteren spricht auch aus Sicht der Rechnungslegung dagegen, Eigenkapital zur Berücksichtigung einer zu schließenden Lücke heranzuziehen, da es sich beim Eigenkapital lediglich um eine Residualgröße handelt.[240] Von einer Residualgröße, also einem Saldo, der sich aus der Differenz zwischen bewerteten Vermögensgegenständen (Aktiva) und Schulden (Passiva)[241] zum Abschlussstichtag ergibt, kann weder eine Laufzeit noch eine definitive Höhe abgeleitet werden. Gleiches gilt für die periodischen Zahlungsströme bzw. Cash-Flows.[242] Insofern gilt wie zuvor in Bezug auf die Festlegung einer Tilgung von Eigenkapital das Argument, dass aus Objektivitätsgründen von einer Berücksichtigung Abstand genommen werden muss.

Ein weiteres Argument gegen die Berücksichtigung ist der fehlende Zinsbezug des Eigenkapitals.[243] Denn nach IDW RS BFA 3 Tz. 11 umfasst das Bewertungsobjekt alle bilanziellen und außerbilanziellen zinsbezogenen Finanzinstrumente außerhalb des Handelsbestands (einschließlich der Wertpapiere der Liquiditätsreserve und der Wertpapiere des

237 Siehe hierzu auch Haaker (2012), S. 104.
238 Vgl. Düpmann (2007), S. 201.
239 Vgl. Deutsche Bundesbank (2011), S. 9.
240 Vgl. u. a. Schildbach (2009), S. 142; Löw (2013), S. 326.
241 Vgl. u. a. Göttgens (2013), S. 25 f.; Döring/Buchholz (2005), S. 9.
242 Vgl. Scharpf/Schaber (2013), S. 163 i. V. m. Heuter (2007), S. 394 f.
243 Vgl. Göttgens (2013), S. 26.

Anlagebestands). Da das Eigenkapital nicht auf Marktzinsänderungen reagiert, ist nachweislich kein Zinsbezug vorhanden. Eine Einbeziehung steht somit im Widerspruch zur Definition des Bewertungsobjekts. Allerdings ist aufgrund von IDW RS BFA 3 Tz. 26 der Einbezug explizit gestattet. Bei dieser Auslegung handelt es sich also um entgegen gesetzte Ansichten, die verstärkt werden durch die Ausführungen in IDW RS BFA 3 Tz. 13. Danach liegt eine objektivierbare und willkürfreie Abgrenzung des Bewertungsobjekts vor, sofern bei zinsbezogenen Finanzinstrumente im Rahmen der internen Steuerung den Anforderungen der MaRisk entsprochen wird. Mit Verweis auf die MaRisk und ihren Erläuterungen zu BTR 2.3 Tz. 7 MaRisk wird der Ansatz des Eigenkapitals als risikolose Refinanzierung untersagt. Insofern dürfte das Eigenkapital angesetzt werden; wenn dies allerdings mit einem Zinssatz i. H. v. 0 % erfolgt, wäre ein Bruch mit dem Aufsichtsrecht festzustellen. Bei dem Klammerzusatz in IDW RS BFA 3 Tz. 26, wonach Ausschüttungen als Eigenkapitalkosten angesetzt werden dürfen, handelt es sich folglich um ein Pulverfass. In der Praxis liegt nämlich bspw. eine Nullverzinsung bei Sparkassen vor, da deren Träger regelmäßig keine Ausschüttungen erwarteten.[244] Teilweise ist dies explizit in der Satzung kodifiziert. Um dem Aufsichtsrecht zu genügen und keine „Parallelwelt" zu fördern, dürfte folglich die Auslegung von IDW RS BFA 3 Tz. 26 Ausschüttungen als Eigenkapitalkosten anzusetzen, nur von bestimmten Instituten angewandt werden. Die IDW Verlautbarung sieht allerdings keine institutsbezogenen Ausnahmen vor, deshalb ist eine Einzelfalllösung nicht möglich. Vor diesem Hintergrund erscheint es am wahrscheinlichsten, dass es sich bei diesem Zusatz nicht um eine theoretisch begründete Anmerkung, sondern vielmehr um eine Verteidigung der Interessen von Sparkassen handelt. Denn mit Hinblick auf das aktuelle Niedrigzinsumfeld sind die Fremdkapital-, also die Refinanzierungszinssätze sehr niedrig. Einzig für Sparkassen – sofern sie eine Nullverzinsung ansetzen – sowie für Bausparkassen ist der Klammerzusatz interessant. Bausparkassen können dadurch indirekt ihr geplantes Neugeschäft, das Teil ihres Geschäftsmodells ist, berücksichtigten.[245]

Ebenfalls eine differenzierte Betrachtungsweise ist im Hinblick auf eine weitere aufsichtliche Vorgabe erforderlich; denn die Nichtberücksichtigung – zumindest in Bezug auf die barwertige Betrachtungsweise – steht in Einklang mit der Ansicht der BaFin. Diese lehnte

---

[244] *Löw* verweist in diesem Zusammenhang auf ein HFA Online-Ergebnisprotokoll von der Sitzung am 5. September 2012, wonach eine Nullverzinsung im Einzelfall zulässig sein kann, vgl. Löw (2013), S. 327 f.

[245] Dies entspricht der Auffassung von *Löw*. Dieser begrüßt explizit die Abzinsung basierend auf der individuellen Refinanzierungsstruktur und betont in diesem Zusammenhang den Vorteil insbesondere für Bausparkassen, vgl. Löw (2013), S. 326. Siehe hierzu auch Abschnitt III.1.2.

in ihrem Rundschrieben 11/2011 die Einbeziehung von „Eigenkapitalbestandteilen, die dem Kreditinstitut zeitlich unbegrenzt zur Verfügung stehen" bei der (barwertigen) Ermittlung des Zinsänderungsrisikos ab. Folglich würde eine Berücksichtigung im Rahmen der barwertigen Betrachtungsweise auch an dieser Stelle einen Keil zwischen Aufsichtsrecht und Bilanzierungsanforderungen treiben.

Aus bilanzieller Sicht bedeutend ist außerdem das Verhältnis von Eigenkapital zum Konzept der Drohverlustrückstellung, da Letzteres die Basis für die verlustfreie Bewertung bildet. Das Konzept der Drohverlustrückstellung sieht vor, nur „schwebende Geschäfte" zu berücksichtigen. Allerdings handelt es sich beim Eigenkapital weder im juristischen noch im wirtschaftlichen Sinne um ein schwebendes Geschäft.[246] Vor diesem Hintergrund muss die Einbeziehung bilanztheoretisch ebenfalls abgelehnt werden.[247] Damit wird auch der Ansicht des BGH in seinem Urteil vom 1. März 1982, sowie des BFH in seinem Urteil vom 24. Januar 1990 entsprochen.[248]

III.4 Aktuelle Herausforderungen

III.4.1 Bewertungseinheit als Teilmenge der verlustfreien Bewertung

Explizit wird in IDW RS BFA 3 Tz. 4 darauf verwiesen, dass die Anwendung von § 254 HGB unberührt bleibt. Dies führt dazu, dass sofern Bewertungseinheiten gebildet werden, deren zinsbezogene Bestandteile in die verlustfreie Bewertung des Bankbuchs einzubeziehen sind. Sofern jedoch eine Rückstellung für Bewertungseinheiten vorliegt, darf diese auf eine etwaige Drohverlustrückstellung im Rahmen der verlustfreien Bewertung angerechnet werden. Als Begründung für den „Parallellauf" wird exemplarisch auf die Abgrenzung i. V. m. dem Regelungsgehalt hingewiesen, der bei § 254 HGB und § 249 Abs. 1 HGB unterschiedlich ist. Allerdings stellte nicht zuletzt *Altvater* diesen Parallellauf in Frage; er fordert die steuerliche Gleichbehandlung zwischen Bewertungseinheit und Drohverlustrückstellung für das Bankbuch.[249] Eine teilweise in der Praxis verbreitete Auffassung ist, dass der einzige Vorteil und insofern Begründung für die Daseinsberechtigung einer Bewertungseinheit darin besteht, dass deren Drohverlustrückstellung steuerlich anerkennungsfähig ist. Dies lässt sich anhand eines Beispiels verdeutlichen: Hierbei sei angenommen, dass es sich bei dem Sicherungsinstrument der Bewertungseinheit um einen Swap

246 Vgl. Düpmann (2007), S. 201.
247 Vgl. Löw (2013), S. 327.
248 Siehe hierzu auch Scharpf/Schaber (2013), S. 162.
249 Vgl. Abschnitt III.2.4.

handelt.[250] Aufgrund der wesentlichen Komponente, d. h. dem Zinsänderungsrisiko, wird ein Zinsswap berücksichtigt, der seinerseits i. d. R. zur aktiven Bankbuchsteuerung eingesetzt wird. Nach *Scharpf/Luz* ist Merkmal eines Zinsswaps der Austausch von festen zu variablen Zinszahlungen.[251] Je nach Ausgestaltung handelt es sich um einen Payer- oder Receiver-Swap.[252] Im Rahmen der Bewertung der Bewertungseinheit werden einerseits die variablen, andererseits die festen Zinszahlungen vorzeichengerecht als Zinsaufwendungen bzw. -erträge erfasst und als Saldo in Form eines Gesamtergebnisses für das Sicherungsinstrument dargestellt. In Anlehnung an *Scharpf/Schaber* bestimmt sich sodann aus der Gegenüberstellung mit dem Grundgeschäft die gesamte Wertänderung aus der Bewertungseinheit.[253] Die Wertänderung kann entweder neutral sein oder eine stille Reserve bzw. Last ergeben. Anschließend wird im Rahmen der Messung der Wirksamkeit zum Zwecke des Bilanz- und GuV-Ausweises noch der auf gesicherte bzw. ungesicherte Risiken entfallende Anteil der stillen Reserve bzw. Last bestimmt.[254] Auffallend ist, dass sofern der letzte Schritt ausgeblendet wird, damit eine identische Vorgehensweise zur verlustfreien Bewertung vorgenommen wird. Denn im Endeffekt entspricht diese Vorgehensweise dem von *Scharpf/Schaber* vorgestellten Ermittlungsschema.[255] Der Grund für die Übereinstimmung ist das jeweilige barwertige Ermittlungsschema: Sowohl die barwertige Betrachtungsweise i. S. d. verlustfreien Bewertung als auch die Bestimmung der Wertänderung beruht auf einer barwertigen Ermittlung des aktuellen Wertes der Geschäfte, sowie einer anschließenden Gegenüberstellung mit dem Buchwert, wobei der Swap einen Buchwert von null aufweist. Numerisch wird die Berücksichtigung von Bewertungseinheiten in Abschnitt IV.4.3 gezeigt.

Konkludiert existieren somit aktuell zwei konzeptionell gesehen unterschiedliche Vorgehensweisen, die im Ergebnis und damit im Hinblick auf das Vorsichtsprinzip eine identische Wirkung erzielen. Denn bei der verlustfreien Bewertung handelt es sich um eine Nachkalkulation, aus der sich ein Drohverlust ergibt, wohingegen bei der Bewertungsein-

---

250 Der Grund hierfür ist, dass sich zum Nachweis weder ein Future-Agreement noch eine Option eignen. Im ersten Fall ist das Basisrisiko von mehreren Faktoren geprägt, im Letztgenannten Fall liegt u. U. im Rahmen der verlustfreien Bewertung und der Bewertungseinheit nicht die gleiche Wertkomponente vor.

251 Vgl. Scharpf/Luz (2000), S. 194 f.

252 Vgl. Scharpf/Luz (2000), S. 194 f.

253 Vgl. Scharpf/Schaber (2015), S. 437 ff.

254 Vgl. Scharpf/Schaber (2015), S. 437 ff.

255 Vgl. Scharpf/Schaber (2011a), S. 2050 f.

heit die Bewertung der Absicherung den Drohverlust manifestiert. Dadurch, dass im Rahmen einer möglichen Drohverlustrückstellung für die verlustfreie Bewertung die Anrechnung einer ggf. Drohverlustrückstellung aus Bewertungseinheiten erfolgt, wird eine bilanzielle „Risikovorsorge" korrekterweise nur einmal durchgeführt. Daher hat der Vorschlag von *Altvater* einen gewissen Charme, eine Anrechnung der Drohverlustrückstellung für steuerliche Zwecke durchzuführen.[256] Im Endeffekt handelt es sich bei der Bewertungseinheit lediglich um eine Teilmenge der verlustfreien Bewertung.

III.4.2 Negative Zinsen

Ebenfalls bedeutend für die Ermittlung eines möglichen Drohverlustes aus zinstragenden Geschäften ist das aktuelle Niedrigzinsumfeld. Die Praxis moniert gebetsmühlenartig die Auswirkungen der sinkenden Zinsmarge, durch die sich der Ertragsdruck bei den Instituten erhöht. *Weidmann* zufolge stellt dies für deutsche Institute eine besondere Herausforderung dar, da diese bereits mit einer langjährigen strukturellen Schwäche der Ertragsentwicklung konfrontiert sind. Indiz hierfür sei die seit Jahren rückläufige Zinsspanne.[257] Besonders Sparkassen und Genossenschaftsbanken sind hiervon betroffen, weil die Zinsspanne deren wesentliche Ertragsquelle darstellt. Dennoch werden grundsätzlich alle Institute tangiert, da aufgrund von Wettbewerbsdruck der Einlagenzins nicht im gleichen Maße an die Zinsstrukturkurve angepasst werden könne.[258] In Bezug auf das Zinsänderungsrisiko mahnt *Weidmann* deshalb an: „Außerdem müssen die Banken das sogenannte Zinsänderungsrisiko im Auge behalten, welches darin besteht, dass bei steigenden Geld- und Kapitalmarktzinsen die Zinsaufwendungen schneller steigen als die Zinseinnahmen."[259] In Bezug auf die Umsetzung der verlustfreien Bewertung haben die makro- und mikroökonomischen Entwicklungen keine Auswirkungen und sollten dementsprechend zu keiner Anpassung der IDW Verlautbarung führen; dies entspricht auch der Auffassung des BFA.[260] Die Vorschriften der IDW Verlautbarung dienen lediglich als eine Art Werkzeug. Inhaltlich im Mittelpunkt steht die Zinsspanne, diese wird durch Haben- und Sollzins gleichermaßen beeinflusst. Insofern nimmt die Bedeutung zu, und angesichts der bis dato selten aufgetretenen Bildung einer Rückstellung[261] ist mittel- bis langfristig, sofern

[256] Dies entspricht auch der Auffassung von *Haaker*, vgl. Haaker (2012), S. 108.
[257] Vgl. Deutsche Bundesbank (2013b) i. V. m. Deutsche Bundesbank (2013c), S. 53.
[258] Vgl. Deutsche Bundesbank (2013b).
[259] Deutsche Bundesbank (2013b).
[260] Vgl. IDW FN Nr. 8/2015, S. 449.
[261] Vgl. hierzu die Ergebnisse in Abschnitt V.2.3.

sich aus Sicht der Institute keine Besserung des Zinsumfelds ergibt, mit der vermehrten Bildung einer Drohverlustrückstellung aus Vorsichtsgründen zu rechnen.

III.4.3 Aufhebung des Investmentgesetzes

Aus redaktionellen Gründen besteht in der aktuellen Fassung der IDW Verlautbarung zusätzlicher Anpassungsbedarf. Nach IDW RS BFA 3 Tz. 20 sind bei der Abgrenzung des Bewertungsobjekts Anteile an Investmentfonds nach dem Investmentgesetz (InvG) bzw. wirtschaftlich vergleichbare Rechtsgebilde, die im Rahmen des internen Risikomanagements hinsichtlich ihrer zinsbezogenen Bestandteile in die Steuerung des Bankbuchs einbezogen werden, insoweit auch Gegenstand des Refinanzierungsverbunds. Mit der Verabschiedung des Kapitalanlagegesetzbuchs (KAGB) am 22. Juli 2013 wurde das bis dato geltende Investmentgesetz abgelöst. Inhaltlich ist die Einbeziehung, sofern sie dem Refinanzierungsverbund angehört, weiter zu befürworten.

III.5 Zwischenfazit I

Anhand der unterschiedlichen Schwerpunkte in den Fachbeiträgen und der Verzahnung modelltheoretischer und theoretischer Konzepte zeigt sich, dass die IDW Verlautbarung ein vielseitig interessantes Thema ist. Aufgrund der Zielorientierung der verlustfreien Bewertung, als Nachkalkulation dem Vorsichtsprinzip zu dienen, und der besonderen Vertrauenssensitivität des Bankensektors sollten die Regelungen nachvollziehbar, konsequent und eindeutig sein. Die Würdigung der wesentlichen Merkmale und die aktuellen Herausforderungen zeigen sowohl aus theoretischer als auch aus praktischer Sicht Schwachstellen an der aktuellen Fassung auf. Im Hinblick auf die theoretische Sicht ist zunächst die korrekte Berücksichtigung der Refinanzierungskosten zu nennen. Diese sollten separat ermittelt und berücksichtigt werden, ganz in Anlehnung an das Ermittlungsschema von *Scharpf/Schaber*. Ferner ist präzise festzulegen, dass es sich bei der Schließung um Refinanzierungskosten und allgemein um erhöhte Refinanzierungskosten handelt. In diesem Zusammenhang wäre eine weitere Präzisierung zu befürworten, denn aus modelltheoretischer Sicht ist es unabdingbar, dass zur Schließung einer vorhandenen Lücke die Zinssätze von fiktiven, aber tatsächlich am GKM durchführbaren Termingeschäfte angesetzt werden. Die Schließung ist aus theoretischer Sicht nur im Falle der periodischen

Betrachtungsweise durchzuführen. Eine Abweichung, bspw. auch bei den einzubeziehenden zinstragenden Komponenten oder Zinssätzen, führt indes (wenn auch ungewollt) zur Verletzung der Methodengleichheit.[262]

Schließlich ist die Einbeziehung des Eigenkapitals zur Schließung einer Lücke abzulehnen, auch wenn nachvollziehbarerweise aus praktischer Sicht entgegenstehende Ansichten bestehen. Grund für den Ausschluss bildet das „Fundament" der IDW Verlautbarung i.V.m. Konsistenzüberlegungen; denn die IDW Verlautbarung beruht bei der Berechnungsmethode auf einem modelltheoretischen Konzept, aber die inhaltliche Ausgestaltung orientiert sich an der Bilanztheorie und dem Aufsichtsrecht. Aus diesem Grund ist an dieser Stelle den Gegnern der Befürworter einer Einbeziehung zuzustimmen. Im Endeffekt zielen alle Bemühungen der Befürworter darauf ab, ein finanzmathematisches Proxy zu begründen, aber ohne den inhaltlichen Konsequenzen Bedeutung zu schenken. Sofern der BFA an der grundsätzlichen Möglichkeit der Berücksichtigung festhalten sollte, wäre es zumindest wünschenswert, wenn klargestellt wird, dass die Differenz zum Zinssatz eines fiktiven, aber tatsächlich am GKM durchführbaren Termingeschäftes als „erhöhte" Refinanzierungskosten zu berücksichtigen ist. Damit würde zumindest dem modelltheoretischen Fundament entsprochen.

Darüber hinaus wäre aus praktischer Sicht eine Konkretisierung im Hinblick auf die Refinanzierungsaufwendungen, dass diese sich ausschließlich auf die periodische Betrachtungsweise beziehen, wünschenswert, da durch sprachliche Ungenauigkeiten in der aktuellen Fassung den Instituten Ermessensspielräume zugestanden werden, die dem Zweck der Rechnungslegung entgegenstehen. Arbitrage-Möglichkeiten können dahingehend bestehen, dass es Instituten ermöglicht wird, bei der Ermittlung eines Drohverlustes zunächst beide Methoden zugrunde legen, und dann „cherry-picking-mäßig" das für sie bessere Ergebnis ergo Betrachtungsweise zu wählen. Damit einhergehend hätten auch Abschlussprüfer Probleme die Richtigkeit der Bewertungsgrundlagen zu verifizieren. Sie müssten unter Umständen dazu einen Vergleich der Methoden selbst durchführen, um ihren Prüfpflichten nachzukommen.[263] Aufgrund von Unsicherheiten in Bezug auf die Datenlage dürfte dies schwierig sein.

---

[262] Siehe hierzu u.a. Abschnitt IV.2.3.4 und IV.2.3.5.

[263] Für einen Vergleich bei erstmaliger Anwendung, vgl. Scharpf/Schaber (2011b), S. 758.

Schließlich fordern auch die aktuellen Entwicklungen im Hinblick auf das KAGB redaktionelle Nachbesserungen an der aktuellen Fassung.

IV Modellbasierte Analyse der IDW Verlautbarung

IV.1 Allgemeiner Beweis der Gleichwertigkeit der Methoden durch das Lücke-Theorem

IV.1.1 Ausgangspunkt: Beweis von Marusev/Pfingsten[264]

Entscheidend für die Würdigung einer Regelung sind die Effektivität im Sinne der Zielerreichung sowie das Fundament. Da die Effektivität erst als Folge der Umsetzung beobachtbar ist, wird diese unter anderem im späteren Verlauf der Arbeit im Rahmen der empirischen Analyse im Mittelpunkt stehen. Das Fundament für die Gleichwertigkeit der Methoden bei der verlustfreien Bewertung ist aus konzeptioneller Sicht das Lücke-Theorem.[265] Dieses wird zwar nicht ausdrücklich in der IDW Verlautbarung angeführt, jedoch weist der Rückgriff auf das Methodenwahlrecht implizit auf einen Bezug hin.[266] Aus diesem Grund wird auch in den Beiträgen zur verlustfreien Bewertung von *Jessen/Haaker/Briesemeister* sowie *Scharpf/Schaber* das Lücke-Theorem explizit genannt.[267]

Die zugrunde liegende Gesetzmäßigkeit des Lücke-Theorems wies *Wolfgang Lücke*[268] im Jahr 1955 im Zusammenhang mit der Kosten- und Leistungsrechnung nach.[269] Es besagt ursprünglich, dass unter bestimmten Voraussetzungen der Barwert der Residualgewinne dem Kapitalwert der Leistungssalden (Zahlungsüberschüsse) entspricht.[270] Mit diesem Beweis wurde der lange Zeit bestehende Konflikt, ob nun für Investitionsentscheidungen eine kurzfristige Analyse über Periodenerfolge oder eine eher langfristig ausgelegte Analyse über Barwerte zu erfolgen hat, obsolet.[271] Die Besonderheit besteht darin, dass man nicht den „reinen" Gewinn ansetzt, sondern den sogenannten Residualgewinn. Dieser ergibt sich aus der Differenz zwischen Periodengewinn und den kalkulatorischen Zinsen auf das gebundene Kapital der Vorperiode. Das gebundene Kapital setzt sich hierbei aus

264 Marusev/Pfingsten (1993): *Das Lücke-Theorem bei gekrümmter Zinsstruktur-Kurve.*

265 Siehe hierzu Abschnitt III.5.

266 Siehe hierzu Abschnitt III.3.1.

267 Siehe Abschnitt III.2.1 und III.2.2.

268 Lücke (1955): *Investitionsrechnung auf der Grundlage von Ausgaben oder Kosten.*

269 Unabhängig von Lücke wies Preinreich ebenfalls die Gesetzmäßigkeit nach, wenn auch nicht explizit die Barwertidentität von Einzahlungsüberschüssen und Periodenerfolge. In der Literatur wird daher das Lücke-Theorem auch als Preinreich-Lücke-Theorem bezeichnet, vgl. Preinreich (1937, 1938) i.V.m. Hax (2004), S. 90; Kesten (2005), S. 2.

270 Vgl. Franke/Hax (2004), S. 89.

271 Nach *Lücke* ist es in der Investitionsrechnung irrelevant, ob diese mit Kosten- oder mit Ausgabenbeträge durchgeführt wird. Die Voraussetzung ist, dass in der Kosten-Diskontierungsreihe kalkulatorische Zinsen miteinbezogen werden, vgl. Lücke (1955), S. 314.

der Differenz zwischen den kumulierten Zahlungen und den kumulierten Gewinnen zusammen.

Marusev/Pfingsten erweiterten diese Gesetzmäßigkeit im Jahr 1993, indem sie die Gültigkeit des Beweises für nicht-flache Zinskurven erbrachten. Im Unterschied zum ursprünglichen Beweis von *Lücke* gehen sie nicht von einem einheitlichen Kalkulationszins (flache Zinsstrukturkurve) aus, sondern berücksichtigen die Erkenntnisse aus der Beobachtung von Marktdaten, indem sie einen laufzeitabhängigen Kalkulationszins (gekrümmte Zinsstrukturkurve) unterstellen. Im Ergebnis ist das Lücke-Theorem auch bei Kreditinstituten erfüllt, denn der Barwert der erwarteten Zahlungsüberschüsse entspricht dem Barwert der erwarteten Erfolgsbeiträge abzüglich der Zinsen auf das gebundene Kapital.[272] Voraussetzung ist die Einhaltung folgender vier Bedingungen eines Investitionsprojekts, die sich mit denen von *Lücke* in Bezug auf eine Maschine bzw. einen Produktionsprozess decken:[273]

1. Das gebundene Kapital (V_0) muss im Zeitpunkt t_0 der Anfangsauszahlung, d. h. dem Negativen der Zahlung ($-CF_0$) entsprechen, also:

   $$V_0 = -CF_0 \tag{1}$$

2. Am Ende des Betrachtungszeitraumes $t = T$ ist im Projekt kein Kapital mehr gebunden, insofern gilt:

   $$V_T = 0 \tag{2}$$

3. Bei der periodenorientierten Berechnung setzt sich das Periodenergebnis (PE_t) aus der Summe der Zahlungen und der Veränderung des gebundenen Kapitals ($V_t - V_{t-1}$) zusammen:

   $$PE_t = CF_t - (V_{t-1} - V_t) \tag{3}$$

4. Zur Diskontierung der Zahlungsreihen bzw. Periodenerfolge werden die Diskontierungsfaktoren AF_t ($t = 0, \dots T$) angewendet. Dabei gilt:

---

272 Vgl. Marusev/Pfingsten (1993), S. 363.

273 Die Voraussetzungen sind in Anlehnung an *Marusev/Pfingsten* angegeben, vgl. Marusev/Pfingsten (1993), S. 362. *Lücke* unterstellt in seinem Nachweis einer Gesetzmäßigkeit in Bezug auf die Kostenrechnung den Kauf einer Maschine zum Zeitpunkt t=1, Abschreibung und Kosten, vgl. Lücke (1955).

$$AF_0 = 1 \tag{4}$$

Darüber hinaus sind die Zinssätze von entscheidender Bedeutung,[274] mit denen das gebundene Kapital zu verzinsen ist. Als Zinssatz ist zwingend der einjährige (implizite) Terminzinssatz, also die arbitragefreie Forward Rate (fr_{t-1}) anzuwenden.[275] Diese spiegeln den Zinssatz für ein fiktives, aber tatsächlich am GKM durchführbares Termingeschäft wider, wobei als deren Berechnungsgrundlage die Diskontierungsfaktoren heranzuziehen sind. Unter Berücksichtigung der angeführten Bedingungen ergibt sich formal folgende Gesetzmäßigkeit:

$$\sum_{t=1}^{T}(PE_t - V_{t-1}f_{t-1})AF_t = \sum_{t=0}^{T} CF_t AF_t \tag{5}$$

IV.1.2 Notation und Übertragung der Annahmen auf das Bankbuch

IV.1.2.1 Einzahlungen und Auszahlungen

Ausgehend von den Erkenntnissen des Nachweises von *Marusev/Pfingsten* müssen für einen formalen Nachweis der Gleichwertigkeit der in der IDW Verlautbarung angegebenen Methoden zunächst die Begrifflichkeiten auf die Geschäfte des Bankbuchs übertragen und angepasst werden. Zahlungsströme im Bankbuch werden durch Einzahlungen und Auszahlungen generiert. Einzahlungen ergeben sich aus den Zinsen und zinsähnlichen Erträgen der zinstragenden Geschäfte auf der Aktivseite (EZ^a). Unter Berücksichtigung der volumenmäßigen Aufteilung fallen hierunter insbesondere vertraglich fixierte Forderungen mit Zins- und Tilgungsvereinbarung, wie etwa Forderungen an Kunden oder Kreditinstitute.[276] Die Ausgestaltung der Zinsvereinbarung kann variabel verzinslich oder festverzinslich sein. Im Rahmen der vorliegenden Arbeit wird für den ersten Beweis (Basisbeweis) und die entsprechenden numerischen Beispiele ein klassisches Geschäft der Aktivseite (Kredit) angenommen. Dieses ist dadurch gekennzeichnet, dass aus Sicht des Kreditinstituts im Zeitpunkt $t = 0$ eine Auszahlung erfolgt, der entsprechend den vertraglichen Konditionen Einzahlungen in Form von Zins- und Tilgungsleistungen gegenüberste-

---

[274] Siehe hierzu die Herleitung bei *Marusev/Pfingsten*, vgl. Marusev/Pfingsten (1993), S. 362 f.

[275] *Marusev/Pfingsten* zeigen, dass die Beziehung zwischen Abzinsungsfaktor und Forward Rate zwingende Voraussetzung für die Gleichwertigkeit bei nicht-flacher Zinsstrukturkurve ist, vgl. Marusev/Pfingsten (1993), S. 362.

[276] Siehe Abschnitt II.2.1.

hen. Darüber hinaus wird zunächst unterstellt, dass die Auszahlung (A_0) dem Nominalbetrag (N) entspricht. Auf Ausfälle wird, wie auch auf Verwaltungs- und erhöhte Refinanzierungskosten, nicht eingegangen; diese können mit Verweis auf das von *Scharpf/Schaber* vorgeschlagene Ermittlungsschema separat ermittelt werden.

Des Weiteren wird für den ersten Beweis davon ausgegangen, dass der Zinssatz (i_a) über die gesamte Laufzeit des Kredits ($t = 1,..,T$) konstant ist und die Zinszahlungen zu diskreten Zeitpunkten erfolgen. Die Höhe der Zinszahlungen bemisst sich am Nominalbetrag (N) und ist folglich pro Periode konstant ($i_a N$). Am Ende der Laufzeit wird unterstellt, dass vonseiten des Schuldners eine vollständige Tilgung erfolgt. Folglich werden sowohl eine vorzeitige Tilgung als auch Modifikationen der Zahlungsbedingungen ausgeschlossen.

Ausgehend von diesen Grundannahmen ergibt sich für ein Aktivgeschäft folgender Zahlungsstrom:

$$EZ_t^a = \begin{cases} -N & \text{für } t = 0 \\ i_a N & \text{für } t = 1,..,T \\ N & \text{für } t = T \end{cases} \tag{6}$$

Die Passivseite, die unter anderem der Refinanzierung von Geschäften der Aktivseite dient, stellt im weiteren Sinne Auszahlungsverpflichtungen bzw. allgemein Verpflichtungen dar. Diese können – ebenso wie auf der Aktivseite – fest- oder variabel verzinslich sein. In diesem Sinne ergibt sich, vereinfacht ausgedrückt, ein spiegelverkehrtes Auszahlungsschema (AZ^p). Es erfolgt also eine Einzahlung in Periode $t = 0$ zum Nominalwert (Y). Theoretisch denkbar wäre, dass die Höhe der anfänglichen Einzahlung vom zurückzuzahlenden Nominalbetrag abweicht, wie es etwa bei passivischen Verpflichtungen mit Disagio der Fall ist. Für den ersten Beweis und die entsprechenden numerischen Beispiele wird eine Bank mit klassischem Einlagen- und Kreditgeschäft angenommen. Charakteristisch hierfür ist die Refinanzierung von Krediten über die Hereinnahme von Einlagen. Die anfängliche Höhe der entgegengenommenen Einlage entspricht dabei per Annahme dem Nominalwert und schließlich auch der rückzuzahlenden Verbindlichkeit und ist gleichzusetzen mit dem Buchwert. Entsprechend wird zunächst auf die Berücksichtigung von Disagien/Agien verzichtet.

Weiterhin wird angenommen, dass der Zinssatz (i_p) analog zur Aktivseite über die Laufzeit der Einlage $(t = 1, \dots, T)$ konstant für ist und diskrete Zahlungszeitpunkte vereinbart sind. Pro Periode sind folglich konstante Zinszahlungen $(i_p Y)$ zu entrichten.[277]

Der Zahlungsstrom für die Passivseite lautet allgemein:

$$AZ_t^p = \begin{cases} Y & \text{für } t = 0 \\ -(i_p Y) & \text{für } t = 1, \dots, T \\ -Y & \text{für } t = T \end{cases} \tag{7}$$

Ausgehend von diesen Grundüberlegungen zu Geschäften des Bankbuchs lassen sich die ersten zwei der vier Bedingungen bei *Marusev/Pfingsten* für das Lücke-Theorem präzisieren.[278] Im Hinblick auf die erste Bedingung entspricht im Zeitpunkt $t = 0$ die Höhe des gebundenen Kapitals der Differenz aus den Anfangszahlungen der Aktiv- und Passivseite, wobei diese mit den Buchwerten der Geschäfte gleichzusetzen sind:

$$V_0 = -CF_0 = -N + Y \tag{8}$$

In Bezug auf die zweite Bedingung führt die Endfälligkeit der Aktiv- und Passivgeschäfte dazu, dass im Zeitpunkt $t = T$ kein gebundenes Kapital mehr zur Verfügung steht, denn das Aktivgeschäft wird durch Rückzahlung des ausgegebenen Nominalbetrags bzw. das Passivgeschäft durch Auszahlung des anfänglichen hereingenommenen Nominalbetrags vollständig beglichen, also

$$V_T = 0. \tag{9}$$

IV.1.2.2 Kalkulationszinssätze

Für einen formalen Nachweis ist neben dem Auszahlungs- und Einzahlungsstrom auch der Abzinsungsfaktor von Bedeutung. Dies rührt in Verbindung mit der verlustfreien Bewertung daher, dass sowohl die periodische als auch die barwertige Betrachtungsweise letztlich auf der Barwert-Methode basieren.[279] Zur rechentechnischen Vereinfachung

---

277 In Deutschland wird für die meisten Geschäfte über die Laufzeit hinweg ein konstanter Zins angenommen. Daran schließt sich der erste Beweis (Basisbeweis) und die entsprechenden numerischen Beispiele an.

278 Siehe die Bedingungen in Abschnitt IV.1.1.

279 Die Barwert-Methode im Rahmen der periodischen Betrachtungsweise zur Ermittlung einer Rückstellung sieht die „Verbarwertung" der Zinsüberschüsse pro Periode vor, vgl. hierzu Abschnitt III.3.1.2.

werden Abzinsungsfaktoren AF_t $(t = 0, \dots, T)$ angesetzt[280] und nicht eine über Rendite konstruierte Zinsstruktur. Der Abzinsungsfaktor seinerseits gibt an, welchen Barwert man durch den Einsatz von einer Geldeinheit im Zeitpunkt t generieren kann bzw. welchen Wert eine Geldeinheit im Zeitpunkt t im Zeitpunkt 0 wert ist.[281] Vor diesem Hintergrund muss die vierte Bedingung von *Marusev/Pfingsten* erfüllt sein, es gilt also

$$AF_0 = 1. \tag{10}$$

Des Weiteren ist für die Barwertidentität die Korrektur des Periodenerfolgs in Form eines „Ausgleichsventils" entscheidend.[282] Dies entspricht der dritten Bedingung von *Marusev/Pfingsten*. In der Literatur finden sich verschiedene Bezeichnungen und Interpretationen der Erfolgskorrektur (hier: Residualgewinn), die als zwingende Voraussetzung für die Barwertidentität zwischen Ausgaben- und Kostendiskontierungsreihe im Rahmen des Lücke-Theorems gilt.[283] Dies liegt insbesondere an den verschiedenen Anwendungsbereichen. *Lücke* bezeichnet etwa die Korrektur als kalkulatorische Zinsen,[284] hingegen *Marusev/Pfingsten* als Verzinsung des gebundenen Kapitals. Mit Verweis auf das Bankbuch kann eine intuitive Erklärung für den Korrekturposten gegeben werden. Grundlage ist die Besonderheit des klassischen Bankgeschäfts, wonach Institute mit dem zur Verfügung stehenden Fremdkapital auf der Passivseite (Einlagen) Aktivgeschäfte (Kredite) zur Erwirtschaftung von Erträgen finanzieren. Allerdings weisen diese Geschäfte regelmäßig Laufzeitunterschiede auf; so sind die Laufzeiten von Aktivgeschäften tendenziell länger als die von Passivgeschäften. Mitunter kann dies dazu führen, dass bei Betrachtung über die gesamte Laufzeit eines Aktivgeschäfts, diesem ab einem gewissen Zeitpunkt kein vertraglich vereinbartes Passivgeschäft gegenübersteht. Sowohl die Theorie als auch die Praxis gehen allerdings davon aus, dass das Passivgeschäft kurzfristig rollierend, mit dann geltenden Konditionen, fortgeführt wird. Entsprechend weist ein Institut kontinuierlich einen gewissen Anteil an Passivgeschäften vor. Deshalb ist es konsequent, auch im Rahmen des Lücke-Theorems eine zukünftige Refinanzierung anzunehmen. Dies bedeutet, dass eine Annahme über die Verzinsung der „Lücke" zu treffen ist, wobei sich die Höhe der Lücke in den folgenden Beweisen und numerischen Beispielen aus der Differenz der

280 Vgl. Marusev/Pfingsten (1993), S. 362.
281 Siehe hierzu die Ausführungen von *Marusev/Pfingsten*, vgl. Marusev/Pfingsten (1993), S. 362.
282 Vgl. Lücke (1955), S. 314.
283 Vgl. Lücke (1955), S. 314.
284 Vgl. Lücke (1955), S. 314.

Nominalbeträge bzw. Buchwerte $(N - Y)$ ergibt.[285] Unter Berücksichtigung des Ergebnisses von *Lücke* und *Marusev/Pfingsten* ist als Höhe der Verzinsung der Kalkulationszinsfuß anzusetzen. Der Kalkulationszinsfuß entspricht dem einjährigen impliziten Terminzinssatz (Forward Rate). Neben der theoretischen Begründung ist die Wahl des einjährigen impliziten Terminzinses auch aus praktischen Überlegungen heraus überzeugend, da er eine „neutrale" Lösung darstellt. Aufgrund der Bewertung zum Stichtag, und bestehender Unsicherheit etwa bei der Bestimmung von zukünftigen Marktzinssätzen, ist die Schließung zu den einjährigen impliziten Terminzinssätzen die einzige neutrale, ziel- und regelungskonforme Variante. Regelungskonform sind die einjährigen impliziten Terminzinssätze in zweierlei Hinsicht: Zum einen stehen sie nicht dem Imparitätsprinzip i.V.m. Realisationsprinzip entgegen, zum anderen führen sie zur Gleichstellung der im Rahmen der verlustfreien Bewertung anzuwendenden Methoden.[286] Die IDW Verlautbarung sieht allerdings nach IDW RS BFA 3 Tz. 26 auch den Ansatz der Finanzierungswirkung des Eigenkapitals vor. Bei Abweichung vom einjährigen impliziten Terminzinssatz werden die Barwertidentität verletzt und Scheingewinne, also ein Verstoß gegen das Imparitätsprinzip, antizipiert.[287]

Formal lassen sich die einjährigen (impliziten) Terminzinssätze aus der Kassazinskurve ableiten. Sofern die Kassazinsstrukturkurve gegeben ist, sind somit auch implizit die Zinssätze für in der Zukunft liegende Anlagezeitpunkte festgelegt. Verbal ausgedrückt geben die impliziten Terminzinssätze den Preis für die Kapitalüberlassung zu einem zukünftigen Zeitpunkt an,[288] indem sie den bereits heute $(t = 0)$ feststehenden Zinssatz für ein zukünftiges Finanzgeschäft $(t_t > t_0)$ festlegen. Für $t = 1$ gibt der einjährige implizite Terminzinssatz[289] entsprechend die Aufzinsung von $t - 1$ nach t an. Ausgangspunkt für die Beziehung der Zinssätze ist die Prämisse der Nichtexistenz von Arbitragemöglichkeiten auf dem GKM. Es wird also mit aktuell gültigen Kassazinssätzen am GKM ein arbitragefreier Terminzinssatz fiktiv konstruiert. Da für den formalen Beweis mit Abzinsungsfaktoren (AF_t) gearbeitet wird, lassen sich die einjährigen impliziten Terminzinssätze (fr_{t-1}) in Abhängigkeit der Abzinsungsfaktoren wie folgt ausdrücken: Für die Arbitrage-

285 Im Extremfall ist $Y = 0$. In diesem Fall wäre die Lücke die Höhe des aktivischen Nominalbetrags N.
286 Siehe Abschnitt III.1 i.V.m. III.3.1.1.
287 Siehe hierzu auch Abschnitt IV.2.3.5.
288 Vgl. Trautmann (2007), S. 52.
289 Vgl. Trautmann (2007), S. 52.

freiheit von fr_{t-1} zu AF_{t-1}und AF_t muss gegeben sein, dass eine Geldeinheit zum Zeitpunkt $t = 0$ durch Aufzinsung nach $t - 1$ durch $\frac{1}{AF_{t-1}}$ und anschließender Aufzinsung mit $(1 + fr_{t-1})$ genau 1 Geldeinheit zum Zeitpunkt t erzeugt. D. h., es gilt

$$\frac{AF_t}{AF_{t-1}}(1+fr_{t-1}) = 1. \tag{11}$$

Durch Umformung ergibt sich

$$fr_{t-1} = \frac{AF_{t-1}}{AF_t} - 1. \tag{12}$$

Mit diesem Rückgriff werden die arbitragefreien einjährigen impliziten Terminzinssätze als Zinssätze für zukünftige Opportunitäten fingiert. Die Fristentransformation führt einzig zu einer Gewinnverschiebung, nicht aber zu zusätzlichen Ergebnisbeiträgen.[290] Somit ist eine Erfolgsneutralität gegeben. Unter Beachtung dieser Gegebenheiten lässt sich ein Erfolgskorrekturposten formal ausdrücken wie folgt:

$$fr_{t-1}(N - Y) \tag{13}$$

IV.1.3 Formaler Beweis

Durch die Übertragung der Annahmen aus den Abschnitten IV.1.2.1 und IV.1.2.2 ergibt sich für die in der IDW Verlautbarung in IDW RS BFA 3 Tz. 34 beschriebene periodische Betrachtungsweise folgende Gleichung:

$$BW_{GuV} = \sum_{t=1}^{T} AF_t\{(i_a N - i_p Y) - fr_{t-1}(N - Y)\} \tag{14}$$

Der Barwert bei der periodischen Betrachtungsweise setzt sich also zusammen aus dem Barwert der Zahlungsströme (Cash-Flows) reduziert um den Barwert der Zinsen auf das gebundene Kapital. Ausgehend von dieser Grundgleichung kann durch Äquivalenzumformung gezeigt werden, dass die Gleichwertigkeit der periodischen und barwertigen Betrachtungsweise i. S. v. IDW RS BFA 3 Tz. 21 unter den gegebenen Annahmen erfüllt ist. Die Gleichwertigkeit zeigt sich in der Barwertidentität. Der formale Beweis ergibt sich wie folgt:

290 Angewandt auf die Marktzinsmethode entspricht dies einem Barwert der Strukturbeiträge von null.

$$BW_{GuV} = \sum_{t=1}^{T} AF_t\{(i_a N - i_p Y) - fr_{t-1}(N - Y)\}$$

$$= \sum_{t=1}^{T} AF_t\left\{(i_a N - i_p Y) - \left(\frac{AF_{t-1}}{AF_t} - 1\right)(N - Y)\right\} \qquad \text{da } fr_{t-1} = \frac{AF_{t-1}}{AF_t} - 1, \text{ siehe (12)}$$

$$= \sum_{t=1}^{T} AF_t(i_a N - i_p Y) - \sum_{t=1}^{T} AF_t \frac{AF_{t-1}}{AF_t}(N - Y) + \sum_{t=1}^{T} AF_t\,(N - Y)$$

$$= \sum_{t=1}^{T} AF_t(i_a N - i_p Y) - \sum_{t=1}^{T} AF_{t-1}(N - Y) + \sum_{t=1}^{T} AF_t\,(N - Y)$$

$$= \sum_{t=1}^{T} AF_t(i_a N - i_p Y) - AF_0(N - Y) + AF_T(N - Y)$$

$$= \sum_{t=1}^{T} AF_t(i_a N - i_p Y) - N + Y + AF_T(N - Y) \qquad \text{da } AF_0 = 1$$

$$= \left\{-N + \sum_{t=1}^{T} AF_t(i_a N) + AF_T(N)\right\} + \left\{Y - \sum_{t=1}^{T} AF_t(i_p Y) - AF_T(Y)\right\} = BW_{Bar} \qquad (15)$$

Wie aus der Gleichung (15) erkennbar, berücksichtigt die barwertige Betrachtungsweise neben den reinen Zahlungsströmen von $t = 1, \ldots, T$, also Zins- und Tilgungszahlungen (Cash-Flows), auch die Buchwerte (Nominalbeträge) in $t = 0$. Damit entspricht die Gleichung der Vorgehensweise in IDW RS BFA 3 Tz. 35, wonach ein Barwert/Buchwert-Vergleich zur Ermittlung stiller Reserven bzw. Lasten durchzuführen ist.[291]

IV.1.4 Zwischenfazit II

Anhand der Äquivalenzumformungen zeigt sich, dass das Methodenwahlrecht aus konzeptioneller Sicht bei den allgemeinen Geschäften des Bankbuchs gerechtfertigt ist. Somit ist die Verlautbarung in Bezug auf die angeführten Methoden aus theoretischer Sicht sachgerecht und willkürfrei.

[291] Wertminderungen aufgrund von Risiken werden dabei bewusst außer Acht gelassen, da die Risikokosten gemäß IDW RS BFA 3 Tz. 31 zum jeweiligen Abschlussstichtag in Höhe der erwarteten Ausfälle zu erfassen sind.

Darüber hinaus lässt sich aus dem formalen Beweis ableiten, dass die Barwertidentität unabhängig von der Laufzeit ist, da keine Einschränkung von $t = 1, \dots, T$ vorliegt. Basierend auf dieser Erkenntnis können somit die Laufzeiten von Aktiv- und Passivgeschäften voneinander abweichen $(T_a \neq T_p)$, ohne dass sich Auswirkungen auf die Barwertidentität ergeben. Die formale Begründung rührt von den einzelnen Zahlungsströmen der Aktiv- und Passivgeschäfte her: Sowohl bei der Gleichung für die periodische als auch barwertige Betrachtungsweise handelt es sich jeweils um rein additive Verknüpfungen der Zahlungsströme. Im Hinblick auf die praktische Relevanz des Methodenwahlrechts ist dies von besonderer Bedeutung, da aufgrund der Vielzahl der Geschäfte und des Steuerungsimpulses über die Gesamtbetrachtung (Refinanzierungsverbund) die Beträge[292] und Laufzeiten der Geschäfte mehrheitlich voneinander abweichen.

Darauf aufbauend zeigt sich eine weitere Erkenntnis, nämlich in Bezug auf die Schließung einer möglichen „Lücke“: Aufgrund der Überleitung bzw. Beziehung zwischen Diskontierungsfaktor und einjährigem impliziten Terminzinssatz ist Letztere die einzig gesetzeskonforme „Lösung“ unter Berücksichtigung des übergeordneten Ziels der Verlautbarung, den Instituten zwei gleichwertige Methoden zur Auswahl zu stellen. Man könnte auch anführen, dass das Lücke-Theorem die „Lücke“ ersetzt. Vor diesem Hintergrund ist die mögliche Einbeziehung der Finanzierungswirkung des Eigenkapitals i. S. v. IDW RS BFA 3 Tz. 26 nicht nur aus theoretischer Sicht (siehe hierzu Abschnitt III.3.6), sondern auch aus modelltheoretischer Sicht kritisch zu sehen. Hierzu wird auf weitere Ausführungen in Abschnitt IV.2.3.4 und IV.2.3.5 verwiesen.

Des Weiteren ist dem Kritikpunkt aus Abschnitt III.3.4, wonach Betrags- und Laufzeitinkongruenzen i. S. v. IDW RS BFA 3 Tz. 24 nur im Rahmen der periodischen Betrachtungsweise zu schließen sind, aus modelltheoretischer Sicht zuzustimmen. Für die barwertige Betrachtungsweise ist eine Lücke irrelevant, da bei dieser die Barwert/Buchwert-Vergleiche für die Aktiv- und Passivseite voneinander losgelöst erfolgen. Dies belegt Gleichung (15). Eine wörtliche Anwendung der IDW RS BFA 3 Tz. 24 würde, wie in Abschnitt III.3.4 dargelegt, unter Umständen zu einer Abweichung zwischen dem Ergebnis der periodischen und der barwertigen Betrachtungsweise führen.

292 Die Unterschiede in der Höhe werden per Annahme festgelegt.

IV.2 Übertragung der Erkenntnisse auf ein numerisches Beispiel

IV.2.1 Annahmen

IV.2.1.1 Bankbuch

Zur Verdeutlichung der Erkenntnisse aus dem formalen Beweis – insbesondere in Bezug auf die Laufzeit und die impliziten Terminzinssätze – dient das folgende numerische Beispiel. Hierfür werden zunächst Annahmen in Bezug auf die Geschäfte des Bankbuchs sowie auf den Diskontierungsfaktor festgelegt.[293] Grundlage des Zahlenbeispiels ist ein stark vereinfachtes Bankbuch, das sich aus einem Kredit auf der Aktivseite und einer Einlage auf der Passivseite zusammensetzt. Für die beiden Bankgeschäfte gelten weiter die in Abbildung 4 enthaltenen Annahmen.

Aktivseite		**Passivseite**	
Kredit		**Einlage**	
Nominalbetrag	EUR 10 Mio.	**Nominalbetrag**	EUR 10 Mio.
Auszahlungsbetrag	EUR 10 Mio.	**Auszahlungsbetrag**	EUR 10 Mio.
Zinssatz in %	2,0	**Zinssatz in %**	0,5
Laufzeit in Jahren	10	**Laufzeit in Jahren**	8
Tilgung	endfällig	**Tilgung**	endfällig

Abbildung 4: Laufzeitdifferenzen zwischen Bankgeschäften

Vom Grundgedanken ist dieses numerische Beispiel ähnlich zu dem von *Jessen/Haaker/Briesemeister*[294] veröffentlichtem Beispiel im Rahmen der Entwurffassung der Verlautbarung.[295] Die Parallele ist bewusst gewählt, wobei für Zwecke der Zielerreichung der vorliegenden Arbeit Modifikationen vorgenommen werden. Dies betrifft etwa den Betrachtungszeitraum, der mit 10 Jahren deutlich ausgeweitet ist. Grund für die Modifikation ist, dass der praktischen Bankbuch-Steuerung regelmäßig ein längerer Zeitraum zugrunde liegt. Neben der Approximation an praktische Gegebenheiten wird mit dem längeren Betrachtungszeitraum auch dem zugrunde gelegten Diskontierungsfaktor bzw. dessen Herleitung Rechnung getragen; denn die unterschiedlichen Verläufe einer Zinsstrukturkurve[296] sowie deren Auswirkungen in Bezug auf den Zinseszinseffekt bei den Abzinsungsfaktoren zeigen sich verstärkt über einen längeren Betrachtungszeitraum.[297]

293 Wie im formalen Beweis wird auf die Einbeziehung von Risiko- und Verwaltungskosten sowie von Derivaten an dieser Stelle verzichtet. Die Aufwendungen können nach Maßgabe des von *Scharpf/Schaber* vorgebrachten Ermittlungsschema separat einbezogenen werden, vgl. Scharpf/Schaber (2011a), S. 2050 f.

294 Vgl. Jessen/Haaker/Briesemeister (2011a, 2011b).

295 Siehe hierzu die Zusammenfassung in Abschnitt III.2.1.

296 Siehe hierzu Abschnitt II.1.4.

297 Siehe hierzu Abschnitt IV.2.1.2.

IV.2.1.2 Diskontierungsfaktor

Ebenfalls in Anlehnung an *Jessen/Haaker/Briesemeister* erfolgt die Ermittlung bzw. die Berechnung des Diskontierungsfaktors ausgehend von einer fiktiven Renditestruktur einer Anleihe (par yield curve). Zunächst wird dabei eine normale Zinsstrukturkurve mit Ausgangsniveau von 0,5 % und einem konstanten Drift von +0,2 Prozentpunkten unterstellt. Für eine maximale Laufzeit der Bankgeschäfte von 10 Jahren ist die Renditestrukturkurve in Tabelle 1 dargestellt.

Tabelle 1: Verlauf der normalen Renditestrukturkurve

Periode	**1**	**2**	**3**	**4**	**5**	**6**	**7**	**8**	**9**	**10**
Zins (in %)	0,5	0,7	0,9	1,1	1,3	1,5	1,7	1,9	2,1	2,3

Abgeleitet aus dieser fiktiven Renditestrukturkurve wird die Zerobond-Renditestruktur (zero coupon rates).[298] Diese Zinskurve berücksichtigt insbesondere bei normaler und inverser Zinsstruktur korrekt Zinseszinseffekte bzw. Wiederanlageeffekte.[299] Verbal ausgedrückt gibt die Zinskurve für jeden Zeitpunkt $t = 1, \dots, T$ die Rendite für eine diskontierte Anleihe (Zerobond) an. Die Anleihe führt hierbei zu keinen zwischenzeitlichen Zahlungen.[300] Aufgrund des nicht vorhandenen Zinseszinseffekts bei einer Laufzeit von einem Jahr entspricht in Periode $t = 1$ die Marktrendite der Renditestrukturkurve der Zerobond-Rendite. In den weiteren Perioden werden Zinseszinseffekte bzw. Wiederanlageeffekte berücksichtigt, sodass sich folgender Zusammenhang ergibt:

$$z_t = \sqrt[t]{\frac{1 + r_t}{1 - r_t \sum_{t=1}^{T-1} \frac{1}{(1 + z_t)^t}}} - 1 \tag{16}$$

Ausgehend von der Zerobond-Rendite wird der Diskontierungsfaktor ermittelt, der entsprechend seiner Herleitung keine Risikokomponente umfasst. Formal ausgedrückt ergibt sich der Diskontierungsfaktor, d.h. der Zerobond-Abzinsungsfaktor wie folgt:

$$AF_t = \frac{1}{(1 + z_t)^t} \tag{17}$$

---

298 Die Renditestrukturkurve wird hier der Marktrendite gleichgestellt.

299 Vgl. Bruttel (2001), S. 45.

300 Ebenda.

Tabelle 2 zeigt für die normale Zinsstrukturkurve die entsprechende Zerobondstrukturkurve sowie Zerobond-Abzinsungsfaktoren.

Tabelle 2: Zerobondstrukturkurve und Zerobond-Abzinsungsfaktoren

Periode	1	2	3	4	5	6	7	8	9	10
Zins (in %)	0,5000	0,7007	0,9024	1,1056	1,3106	1,5180	1,7283	1,9421	2,1599	2,3826
AF	0,9950	0,9861	0,9734	0,9570	0,9370	0,9136	0,8870	0,8574	0,8250	0,7902

IV.2.1.3 Implizite Terminzinssätze für fiktive Schließung

Unter Beachtung des Zwischenfazits II zum formalen Beweis wird IDW RS BFA 3 Tz. 24 im Folgenden so ausgelegt, dass nur im Rahmen der periodischen Betrachtungsweise eine Schließung vorgenommen wird.[301] Aus Abbildung 4 ergibt sich eine Lücke auf der Passivseite, da die Laufzeit des Kredits und die der Einlage voneinander abweichen. Die zur Schießung der Lücke gemäß Gleichung (13) anzusetzenden einjährigen impliziten Terminzinssätze werden aus den Zerobond-Renditen ermittelt. Übertragen auf die normale Zinsstruktur ergeben sich die in Tabelle 3 dargestellten einjährigen impliziten Terminzinssätze.

Tabelle 3: Einperiodige implizite Terminzinssätze bei normaler Zinsstrukturkurve

Periode	1	2	3	4	5	6	7	8	9	10
Terminzins (in %)	0,5000	0,9018	1,3071	1,7175	2,1349	2,5614	2,9993	3,4510	3,9197	4,4087

IV.2.2 Berechnung der stillen Reserve bzw. Last bei einem Aktivüberhang

Für die Berechnung eines möglichen Verpflichtungsüberschusses wird bei der periodischen Betrachtungsweise auf die Gleichung (14)[302] zurückgegriffen. Hiernach lassen sich drei wesentliche Bestandteile unterscheiden: Zunächst wird der Ertragsbarwert aus dem Kredit ($\sum_{t=1}^{T} AF_t(i_a N)$) bestimmt. Der Ertrag beläuft sich pro Periode aufgrund des konstanten Zinssatzes auf EUR 0,2 Mio. Anschließend wird der Aufwandsbarwert aus der Einlage bestimmt ($\sum_{t=1}^{T} AF_t(i_p Y)$), der pro Periode mit EUR 0,05 Mio. ebenfalls konstant ist. Als dritter Bestandteil wird aus der Gegenüberstellung der Laufzeiten eine Lücke in den Perioden $t = 9$ und $t = 10$ festgestellt, da dem Kredit keine Einlage zur Refinanzierung

301 Formal entspricht dies der Gleichung (13) im Abschnitt IV.1.2.2.

302 $BW_{GuV} = \sum_{t=1}^{T} AF_t\{(i_a N - i_p Y) - fr_{t-1}(N - Y)\}$.

gegenübersteht. Der für diese Perioden anzusetzende fiktive Zinsaufwand (Forward Schließung) ergibt sich unter Anwendung der Gleichung (13) wie folgt:

$t = 9$: $fr_{t-1}(N - Y) = 0{,}03920(10 - 0) = 0{,}3920$

$t = 10$: $fr_{t-1}(N - Y) = 0{,}04409(10 - 0) = 0{,}4409$

Der fiktive Zinsaufwand beträgt für die Perioden $t = 9$ und $t = 10$ EUR 0,3920 Mio. bzw. EUR 0,4409 Mio. Nach Ermittlung der Periodenerfolge werden diese unter Berücksichtigung der Abzinsungsfaktoren bei normaler Zinsstrukturkurve diskontiert. Für die Perioden für $t = 9$ und $t = 10$ werden die diskontierten Periodenerfolge wie folgt ermittelt:

$t = 9$: $disk.PE_9 = AF_9\{(i_aN - i_pY) - fr_{t-1}(N - Y)\} = 0{,}8250\{(10 \times 0{,}0200 - 0) - 0{,}3920\} = 0{,}8250(-0{,}1920) = -0{,}1584$

$t = 10$: $disk.PE_{10} = AF_{10}\{(i_aN - i_pY) - fr_{t-1}(N - Y)\} = 0{,}7902\{(10 \times 0{,}0200 - 0) - 0{,}4409\} = 0{,}7902(-0{,}2409) = -0{,}1903$

Die Summe der diskontierten Periodenerfolge zeigt schließlich, ob eine stille Last oder Reserve vorliegt. Die genaue Berechnung ergibt sich aus Tabelle 4. Insgesamt ergibt sich eine stille Reserve i. H. v. EUR 0,7772 Mio.

Tabelle 4: Umsetzung der periodischen Betrachtungsweise bei Aktivüberhang

Periode	**Ertrag (Aktiva)**	**Aufwand (Passiva)**	**Forward Schließung**	**Periodenerfolg (PE)**	**Diskontierte PE**
1	0,2	-0,05		0,1500	0,1493
2	0,2	-0,05		0,1500	0,1479
3	0,2	-0,05		0,1500	0,1460
4	0,2	-0,05		0,1500	0,1435
5	0,2	-0,05		0,1500	0,1405
6	0,2	-0,05		0,1500	0,1370
7	0,2	-0,05		0,1500	0,1330
8	0,2	-0,05		0,1500	0,1286
9	0,2		-0,3920	-0,1920	-0,1584
10	0,2		-0,4409	-0,2409	-0,1903
Summe					**0,7772**

Bei Anwendung der barwertigen Betrachtungsweise lassen sich gemäß Gleichung (15) die Berechnungsschritte für die Aktiv- und Passivseite getrennt darstellen. In Bezug auf das Geschäft der Aktivseite werden die zukünftigen Zahlungsströme (Cash-Flows – CF) berücksichtigt. Neben dem Zinsertrag $(\sum_{t=1}^{T} AF_t(i_aN))$ i. H. v. EUR 0,2 Mio. pro Periode schließt dies folglich auch die endfällige Tilgung $(AF_T(N))$ i. H. v. EUR 10 Mio. mit ein. Gleiches gilt für die Einlagen, auch ihre zukünftigen Zahlungsströme werden angesetzt. Entsprechend wird der Zinsertrag $(\sum_{t=1}^{T} AF_t(i_pY))$ i. H. v. EUR 0,05 Mio. sowie die endfällige Rückzahlung $(AF_T(Y))$ i. H. v. EUR 10 Mio. berücksichtigt. Die Zahlungsströme von Periode $t = 1, \dots, 10$ sind in Tabelle 5 dargestellt. Aus der Gegenüberstellung der Barwerte mit den entsprechenden Buchwerten ergibt sich auf der Aktivseite eine stille Last i. H. v. EUR 0,2736 Mio. sowie auf der Passivseite eine stille Reserve i. H. v. EUR 1,0509 Mio. Bei Gesamtbetrachtung resultiert ebenfalls eine stille Reserve i. H. v. EUR 0,7772 Mio. Die Gleichwertigkeit der beiden Methoden bei Laufzeitunterschieden wird somit durch das numerische Beispiel verdeutlicht.

Tabelle 5: Umsetzung der barwertigen Betrachtungsweise bei Aktivüberhang

Periode	CF Aktiva	Disk. CF	CF Passiva	Disk. CF	Gesamt
1	0,2	0,1990	-0,05	-0,0498	
2	0,2	0,1972	-0,05	-0,0493	
3	0,2	0,1947	-0,05	-0,0487	
4	0,2	0,1914	-0,05	-0,0478	
5	0,2	0,1874	-0,05	-0,0468	
6	0,2	0,1827	-0,05	-0,0457	
7	0,2	0,1774	-0,05	-0,0443	
8	0,2	0,1715	-10,05	-8,6166	
9	0,2	0,1650			
10	10,2	8,0601			
Summe (BW)		9,7264		-8,9491	
Buchwert		10,00		-10,0000	
Differenz		**-0,2736**		**1,0509**	**0,7772**

IV.2.3 Modifikation des Basisbeispiels

IV.2.3.1 Unterschiedliche Zinsstrukturverläufe

Zur Verdeutlichung, dass das Lücke-Theorem auch unter verschiedenen Zinsstrukturverläufen seine Gültigkeit beibehält, wird als erste Modifikation eine fiktive inverse und flache Renditestruktur unterstellt. Das Ausgangszinsniveau bleibt bei 0,5 %. Der Drift für die inverse Kurve beträgt konstant -0,05 Prozentpunkte. Die sich daraus ergebenden Renditestrukturkurven sowie die abgeleiteten Abzinsungsfaktoren und impliziten Terminzinssätze sind in Tabelle 6 dargestellt.

Tabelle 6: Abzinsungsfaktoren und implizite Terminzinssätze bei flacher und inverser Zinsstrukturkurve

Periode	1	2	3	4	5	6	7	8	9	10
Rendite-struktur (in %)	0,5000	0,5000	0,5000	0,5000	0,5000	0,5000	0,5000	0,5000	0,5000	0,5000
Zero-AF	0,9950	0,9901	0,9851	0,9802	0,9754	0,9705	0,9657	0,9609	0,9561	0,9513
Termin-zins (in %)	0,5000	0,5000	0,5000	0,5000	0,5000	0,5000	0,5000	0,5000	0,5000	0,5000
Rendite-struktur (in %)	0,5000	0,4500	0,4000	0,3500	0,3000	0,2500	0,2000	0,1500	0,1000	0,0500
Zero-AF	0,9950	0,9911	0,9881	0,9861	0,9852	0,9852	0,9862	0,9881	0,9911	0,9951
Termin-zins (in %)	0,5000	0,3998	0,2995	0,1992	0,0990	-0,0010	-0,1007	-0,2000	-0,2988	-0,3970

Unter Beibehaltung der Konditionen aus Abbildung 4 und bei gleicher Vorgehensweise der Ermittlung der stillen Reserven bzw. Lasten wie in Abschnitt IV.2.2 ergeben sich sowohl bei der periodischen als bei der barwertigen Betrachtungsweise bei flacher Zinsstrukturkurve eine stille Reserve i. H. v. EUR 1,4596 Mio. sowie bei inverser eine stille Reserve i. H. v. EUR 1,6521 Mio. Aufgrund der damit vorhandenen Barwertidentität ist das Lücke-Theorem bei beiden Zinsstrukturkurven erfüllt. Die erste Modifikation des numerischen Beispiels in Abschnitt IV.2.2 in Form von unterschiedlichen Zinsstrukturverläufen hat keine Auswirkung auf die Methodenfreiheit. Die Methodenfreiheit ist somit robust in Bezug auf alle drei Zinsstrukturverläufe.

IV.2.3.2 Vorliegen eines Passivüberhangs

Bei der zweiten Modifikation des numerischen Beispiels aus Abschnitt IV.2.2 wird nun von einem Passivüberhang ausgegangen. Entsprechend den Ausführungen in Abschnitt III.3.5 ist diese Modifikation nur von marginaler empirischer Relevanz. Bei den Konditionen wird auf Abbildung 4 verwiesen. Eine Abweichung besteht dabei in Bezug auf die Laufzeit: Die Laufzeit des Kredits (Aktivseite) beträgt nunmehr 8 Jahre, die der Einlage (Passivseite) hingegen 10 Jahre. Für die Abzinsungsfaktoren und die impliziten Terminzinssätze werden Tabelle 2 und 3 herangezogen; entsprechend wird eine normale Zinsstrukturkurve zugrunde gelegt.[303] Die Berechnung unter Anwendung der periodischen und barwertigen Betrachtungsweise ist in den Tabellen 7 und 8 dargestellt.

[303] Siehe hierzu Abschnitt IV.2.1.2 und IV.2.1.3.

Tabelle 7: Umsetzung der periodischen Betrachtungsweise bei Passivüberhang

Periode	Ertrag (Aktiva)	Aufwand (Passiva)	Forward Schließung	Periodenerfolg (PE)	Diskontierte PE
1	0,2	-0,05		0,1500	0,1493
2	0,2	-0,05		0,1500	0,1479
3	0,2	-0,05		0,1500	0,1460
4	0,2	-0,05		0,1500	0,1435
5	0,2	-0,05		0,1500	0,1405
6	0,2	-0,05		0,1500	0,1370
7	0,2	-0,05		0,1500	0,1330
8	0,2	-0,05		0,1500	0,1286
9		-0,05	0,3920	-0,3402	0,2821
10		-0,05	0,4409	-0,3909	0,3089
Summe					**1,7170**

Tabelle 8: Umsetzung der barwertigen Betrachtungsweise bei Passivüberhang

Periode	CF Aktiva	Disk. CF	CF Passiva	Disk. CF	Gesamt
1	0,2	0,1990	-0,050	-0,0498	
2	0,2	0,1972	-0,050	-0,0493	
3	0,2	0,1947	-0,050	-0,0487	
4	0,2	0,1914	-0,050	-0,0478	
5	0,2	0,1874	-0,050	-0,0468	
6	0,2	0,1827	-0,050	-0,0457	
7	0,2	0,1774	-0,050	-0,0443	
8	10,2	8,7453	-0,050	-0,0429	
9			-0,050	-0,0413	
10			-10,050	-7,9415	
Summe (BW)		10,0751		-8,3581	
Buchwert		10,0000		-10,0000	
Differenz		**0,0751**		**1,6419**	**1,7170**

Unter Anwendung der periodischen und barwertigen Betrachtungsweise (Gleichung (14) und (15)) ergibt sich bei beiden jeweils eine stille Reserve i. H. v. EUR 1,7170 Mio. Damit wird auch die Gleichwertigkeit der Methoden i. S. d. Lücke-Theorems bei Schließung eines Passivüberhangs mittels einjährigen impliziten Terminzinssätzen verdeutlicht.

IV.2.3.3 Unterschiedliche Nominalbeträge

In einer weiteren Modifikation werden unterschiedliche Nominalbeträge zugrunde gelegt. Die jeweiligen Konditionen der Bankgeschäfte sind in Abbildung 5 dargestellt. Im Vergleich zum ersten numerischen Beispiel in Abschnitt IV.2.2 sind die Konditionen des

Aktivgeschäfts identisch; auf der Passivseite ist der Nominalbetrag dagegen geringer. Damit liegt im Rahmen der periodischen Betrachtungsweise in jeder Periode eine (Refinanzierungs-)„Lücke" vor.[304]

Aktivseite		Passivseite	
Kredit		Einlage	
Nominalbetrag	EUR 10 Mio.	**Nominalbetrag**	EUR 7 Mio.
Auszahlungsbetrag	EUR 10 Mio.	**Auszahlungsbetrag**	EUR 7 Mio.
Zinssatz in %	2,0	**Zinssatz in %**	0,5
Laufzeit in Jahren	10	**Laufzeit in Jahren**	8
Tilgung	Endfällig	**Tilgung**	endfällig

Abbildung 5: Bankbuch mit unterschiedlichen Nominalbeträgen

Aufgrund der kürzeren Laufzeit beträgt die zu schließende Lücke in den Perioden $t = 1, \ldots, 8$ jeweils EUR 3,0 Mio., in den Perioden $t = 9$ und $t = 10$ infolge der vollständig nicht vorhandenen Refinanzierung EUR 10,0 Mio. Für die zur Schließung anzusetzenden impliziten Terminzinssätze sowie für die Diskontierungsfaktoren wird eine normale Zinsstrukturkurve zugrunde gelegt.[305] Unter dieser Voraussetzung und unter Anwendung der Gleichung (13) ergibt sich bspw. für die Perioden $t = 8$ und $t = 9$ folgender fiktiver Zinsaufwand (Forward Schließung):

$t = 8$: $fr_{t-1}(N_8 - Y_8) = 0{,}03451(10 - 7) = 0{,}1035$

$t = 9$: $fr_{t-1}(N_9 - Y_9) = 0{,}03920(10 - 0) = 0{,}3920$

Die diskontierten Periodenerfolge für die Perioden $t = 8$ und $t = 9$ betragen entsprechend:

$t = 8$: $disk.PE_8 = AF_8\{(i_a N_8 - i_p Y_8) - fr_{t-1}(N_8 - Y_8)\} = 0{,}8574\{(10 \times 0{,}020 - 7 \times 0{,}050) - 0{,}1035\} = 0{,}8574(0{,}20 - 0{,}0350 - 0{,}1035) = 0{,}8574(0{,}0615) = 0{,}0527$

$t = 9$: $disk.PE_9 = AF_9\{(i_a N_9 - i_p Y_9) - fr_{t-1}(N_9 - Y_9)\} = 0{,}8250\{(10 \times 0{,}020 - 0) - 0{,}3920\} = 0{,}8250(-0{,}1920) = -0{,}1584$

Die vollständige Ermittlung der stillen Reserve bzw. Last ist für die beiden Betrachtungsweisen in Tabelle 9 und 10 dargestellt.

[304] Die (Refinanzierungs-)Lücke liegt auch bei der barwertigen Betrachtungsweise vor, allerdings gehen hiervon keine Auswirkungen auf die Ermittlung der stillen Reserve bzw. Last aus, vgl. Abschnitt IV.2.3.4.

[305] Die Daten aus Tabelle 2 und 3 wurden entsprechend herangezogen.

Tabelle 9: Umsetzung der periodischen Betrachtungsweise bei unterschiedlichen Nominalbeträgen

Periode	Ertrag (Aktiva)	Aufwand (Passiva)	Forward Schließung	Periodenerfolg (PE)	Diskontierte PE
1	0,2	-0,035	-0,0150	0,1500	0,1493
2	0,2	-0,035	-0,0271	0,1379	0,1360
3	0,2	-0,035	-0,0392	0,1258	0,1224
4	0,2	-0,035	-0,0515	0,1135	0,1086
5	0,2	-0,035	-0,0640	0,1010	0,0946
6	0,2	-0,035	-0,0768	0,0882	0,0805
7	0,2	-0,035	-0,0900	0,0750	0,0665
8	0,2	-0,035	-0,1035	0,0615	0,0527
9	0,2		-0,3920	-0,1920	-0,1584
10	0,2		-0,4409	-0,2409	-0,1903
Summe					**0,4620**

Tabelle 10: Umsetzung der barwertigen Betrachtungsweise bei unterschiedlichen Nominalbeträgen

Periode	CF Aktiva	Disk. CF	CF Passiva	Disk. CF	Gesamt
1	0,2	0,1990	-0,035	-0,0348	
2	0,2	0,1972	-0,035	-0,0345	
3	0,2	0,1947	-0,035	-0,0341	
4	0,2	0,1914	-0,035	-0,0335	
5	0,2	0,1874	-0,035	-0,0328	
6	0,2	0,1827	-0,035	-0,0320	
7	0,2	0,1774	-0,035	-0,0310	
8	0,2	0,1715	-7,035	-6,0317	
9	0,2	0,1650			
10	10,2	8,0601			
Summe (BW)		9,7264		-6,2644	
Buchwert		10,0000		-7,0000	
Differenz		**-0,2736**		**0,7356**	**0,4620**

Übereinstimmend weisen beide Betrachtungsweisen eine stille Reserve i. H. v. EUR 0,4620 Mio. aus. Die Barwertidentität besteht damit auch bei abweichenden aktivischen und passivischen Nominalbeträgen und verdeutlicht die Gültigkeit des Lücke-Theorems respektive des Methodenwahlrechts.[306] Darüber hinaus wird auch die Schlussfolgerung aus dem formalen Beweis in Abschnitt IV.1.4, wonach die Laufzeiten irrelevant sind und eine hierdurch bedingte Lücke nur im Rahmen der periodischen Betrachtungsweise zu schließen ist, untermauert.

[306] Bei umgekehrten Nominalbeträgen zwischen Aktiv- und Passivseite (Nominalvolumen Aktiva: EUR 7 Mio., Passiva: EUR 10 Mio.) ergibt sich sowohl für die periodische als auch für die barwertige Betrachtungsweise eine stille Reserve i. H. v. EUR 0,8593 Mio.

IV.2.3.4 Schließung einer Lücke in der barwertigen Betrachtungsweise

Zur weiteren Verdeutlichung der Erkenntnis, dass eine Schließung einer Lücke in Form eines Überhangs infolge unterschiedlicher Laufzeiten nur im Rahmen der periodischen Betrachtungsweise zu erfolgen hat, wird ausgehend von dem numerischen Beispiel in Abschnitt IV.2.2 angenommen, dass eine Schließung mittels der einjährigen impliziten Terminzinssätze bei beiden Methoden erfolgt. Da keine Modifikation im Hinblick auf die periodische Betrachtungsweise vorgenommen wurde, liegt gemäß Tabelle 4 eine stille Reserve i. H. v. EUR 0,7772 Mio. vor. Bei der barwertigen Betrachtungsweise bleiben die Zahlungsströme auf der Aktivseite ebenfalls gleich. Auf der Passivseite wird aufgrund der Laufzeitunterschiede bei den Zahlungsströmen eine Schließung in Form eines „neuen" (rollierenden) Passivgeschäfts vorgenommen. Durch die Orientierung an der Aktivseite müssen die fiktiven Zahlungsströme der Passivseite identisch zu denen der Aktivseite sein. Darüber hinaus gilt es einen Buchwert festzulegen, also einen Barwert, der dem heutigen Wert der zukünftigen „Lücke" entspricht. Vor dem Hintergrund, dass die Diskontierung mittels eines risikolosen Abzinsungsfaktors erfolgt, entspricht der Buchwert den diskontierten Zahlungsströmen. Insofern ist die Schließung überflüssig, da sie in Summe null ergibt und keinen Einfluss auf die Höhe der stillen Reserve bzw. Last hat. Exemplarisch veranschaulicht wird die Berechnung in Tabelle 11.

Tabelle 11: Umsetzung der barwertigen Betrachtungsweise bei „Lücken-Schließung"[307]

Periode	CF Aktiva	Disk. CF	CF Passiva	Disk. CF	Gesamt
1	0,2	0,1990	-0,05	-0,0498	
2	0,2	0,1972	-0,05	-0,0493	
3	0,2	0,1947	-0,05	-0,0483	
4	0,2	0,1914	-0,05	-0,0478	
5	0,2	0,1874	-0,05	-0,0468	
6	0,2	0,1827	-0,05	-0,0457	
7	0,2	0,1774	-0,05	-0,0443	
8	0,2	0,1715	-10,05	-8,6166	
9	0,2	0,1650	-0,20	-0,1650	
10	10,2	8,0601	-10,20	-8,0601	
Summe (BW)		9,7264		-17,1742	
Buchwert ohne Schließung		10,0000		-10,0000	
Buchwert nur Schließung				-8,2251	
Summe Buchwert		10,0000		-18,2251	
Differenz		**-0,2736**		**1,0509**	**0,7772**

307 Aufgrund der Nachkommastellen liegen Rundungsdifferenzen vor.

Im Ergebnis resultiert bei der barwertigen Betrachtungsweise ebenfalls eine stille Reserve i. H. v. EUR 0,7772 Mio., sodass keine Differenz bei den beiden Betrachtungsweisen auftritt. Das numerische Beispiel bestätigt das Ergebnis des formalen Beweises in Abschnitt IV.1.3. Dennoch ist der Verweis in IDW RS BFA 3 Tz. 24 irreführend, weil damit die Barwert-Methode verkannt wird. Unter anderen Umständen, d. h., sofern ein vom Barwert abweichender Buchwert angesetzt wird, bspw. der nicht-diskontierte Wert der Zahlungsströme, würden periodische und barwertige Betrachtungsweise unterschiedliche Ergebnisse erzielen. Dasselbe würde resultieren, wenn nur eine Schließung der Lücke ohne Gegenüberstellung eines Buchwerts erfolgt. Unter Berücksichtigung der Berechnung in Tabelle 11 würde der Summe der diskontierten passivischen Cash-Flows lediglich der Buchwert des tatsächlichen Bankgeschäft auf der Passivseite (Buchwert ohne Schließung) gegenübergestellt werden. Dies würde zu einer stillen Last auf der Passivseite i. H. v. EUR 7,1742 Mio.[308] führen, sodass insgesamt unter Berücksichtigung des Ergebnisses für die Aktivseite eine stille Last i. H. v. EUR 7,4478 Mio.[309] resultiert. Im Vergleich zum Ergebnis der periodischen Betrachtungsweise ergibt sich eine Differenz i. H. v. EUR 8,225 Mio.[310] Beide Konstellationen führen daher zu einer Verletzung der Methodengleichheit.

IV.2.3.5 Abkehr von der Schließung mittels impliziter Terminzinssätze

Der formale Beweis in Abschnitt IV.1.3 zeigt, dass in Bezug auf die Schließung einer Lücke die impliziten einjährigen Terminzinssätze anzusetzen sind. Formal betrachtet liegt dies an der methodischen Ermittlung der impliziten einjährigen Terminzinssätze aus der Kassazinsstruktur,[311] die hierbei als maßgebliche Zinsstruktur unterstellt wird. Der Rückgriff auf die impliziten einjährigen Terminzinssätze stellt dabei allgemein die Barwertäquivalenz i. S. d. Lücke-Theorems sicher.[312] Im Gegensatz sieht die Verlautbarung gemäß IDW

308 Die stille Last berechnet sich wie folgt: 17,1742-10,0=EUR 7,1742 Mio.

309 Die gesamte stille Last resultiert aus der Summe der stillen Last auf der Aktivseite (EUR 0,2736 EUR) und der Passivseite (EUR 7,1742 Mio.).

310 Die Differenz ergibt sich aus der stillen Reserve bei Anwendung der periodischen Betrachtungsweise (EUR 0,7772 Mio.) und der stillen Last bei Anwendung der barwertigen Betrachtungsweise inkl. Schließung (EUR 7,4478 Mio.).

311 Vgl. Trautmann (2007), S. 52.

312 Durch den Ansatz der impliziten Terminzinssätze werden heute bekannte Zinssätze als Zinssätze für zukünftige Opportunitäten verwendet. Entsprechend wird kein zusätzlicher Ergebnisbeitrag aus Fristentransformation, sondern lediglich eine Gewinnverschiebung unterstellt. Diese stellt als Korrekturposten in Form eines Ausgleichventils die Barwertäquivalenz sicher, vgl. Abschnitt IV.1.1. Bei Verwendung der impliziten einjährigen Terminzinssätze als Zinssatz der zukünftigen Opportunitäten beträgt der Barwert der Strukturbeiträge (im Marktzinsmodell) null, siehe hierzu u. a. Gaida/Homölle/Pfingsten (1996), S. 41 ff.

RS BFA 3 Tz. 26 vor, dass auch die Finanzierungswirkung des Eigenkapitals berücksichtigt werden kann. Im Regelfall dürfte die Eigenkapitalverzinsung ungleich der einjährigen impliziten Terminzinssätze sein. Dadurch wird die Möglichkeit der Umformung so stark beschränkt, dass diese unmöglich ist, und somit eine Überleitung der periodischen in die barwertige Betrachtungsweise nicht mehr durchgeführt werden kann.[313] Die praktische Umsetzung von IDW RS BFA 3 Tz. 26 führt in diesem Fall zur Verletzung der Barwertidentität, sodass das vom BFA angestrebte Ziel, mit der Verlautbarung zwei gleichwertige Betrachtungsweisen zur Ermittlung der Erfolgsposition des Bankbuchs zur Verfügung zu stellen, nicht mehr erreicht wird. Zur Verdeutlichung wird das Bankbuch gemäß Abbildung 5 in Abschnitt IV.2.3.3 unterstellt. Entsprechend liegen auf der Aktiv- und Passivseite unterschiedliche Nominalbeträge vor. Für die Diskontierungsfaktoren wird die normale Zinsstrukturkurve angesetzt, es gelten also die Werte aus Tabelle 2 im Abschnitt IV.2.1.2. Als Modifikation werden im Rahmen der periodischen Betrachtungsweise zur Schließung der Lücke nicht die einjährigen impliziten Terminzinssätze angenommen, sondern eine fiktive Eigenkapitalverzinsung (e_{t-1}) i. H. v. 2,5 %.

Tabelle 12: Umsetzung der periodischen Betrachtungsweise mit Eigenkapitalverzinsung

Periode	Ertrag (Aktiva)	Aufwand (Passiva)	Forward Schließung	Periodenerfolg (PE)	Diskontierte PE
1	0,2	-0,035	-0,075	0,09	0,0896
2	0,2	-0,035	-0,075	0,09	0,0888
3	0,2	-0,035	-0,075	0,09	0,0876
4	0,2	-0,035	-0,075	0,09	0,0861
5	0,2	-0,035	-0,075	0,09	0,0843
6	0,2	-0,035	-0,075	0,09	0,0822
7	0,2	-0,035	-0,075	0,09	0,0798
8	0,2	-0,035	-0,075	0,09	0,0772
9	0,2		-0,250	-0,05	-0,0413
10	0,2		-0,250	-0,05	-0,0395
Summe					**0,5948**

Unter Berücksichtigung der Erkenntnisse aus Abschnitt IV.2.3.4 ergeben sich keine Auswirkungen auf die barwertige Betrachtungsweise, weil hierbei keine Schließung einer Lücke erfolgt. Entsprechend resultiert unverändert zur Berechnung auf Grundlage der Geschäfte gemäß Abbildung 5 eine stille Reserve i. H. v. EUR 0,4620 Mio. (siehe Abschnitt

313 *Gaida/Homölle/Pfingsten* erläutern, dass ein Abweichen von den impliziten einjährigen Terminzinssätzen modellinkonsistent ist; sowohl bei Sicherheit als auch bei Unsicherheit über die Zinsentwicklung, vgl. für weitere Ausführungen Gaida/Homölle/Pfingsten (1996), S. 41 ff. i. V. m. Hartmann-Wendels/Gumm-Heußen (1994).

IV.2.3.3). Die Ermittlung nach der periodischen Betrachtungsweise ist in Tabelle 12 dargestellt. Die Schließung mittels Eigenkapitalverzinsung erfolgt für die Perioden $t = 9$ und $t = 10$. Das Ergebnis der periodischen Betrachtungsweise zeigt eine deutliche höhere stille Reserve mit EUR 0,5948 Mio. Damit zeigt sich eine Verletzung der Methodengleichheit.

Falls abweichend von der Erkenntnis aus Abschnitt IV.2.3.3, d. h. anstatt der korrekt umgesetzten barwertigen Betrachtungsweise, eine Schließung der Lücke in Höhe der ausstehenden aktivischen Zahlungsströme ohne Ansatz eines Buchwerts erfolgt, kommt es ebenfalls zu abweichenden Ergebnissen. Die Berechnung ist Gegenstand von Tabelle 13.

Tabelle 13: Umsetzung der barwertigen Betrachtungsweise mit Eigenkapitalverzinsung

Periode	CF Aktiva	Disk. CF	CF Passiva	Forward Schließung	Disk. CF	Gesamt
1	0,2	0,1990	-0,035		-0,0348	
2	0,2	0,1972	-0,035		-0,0345	
3	0,2	0,1947	-0,035		-0,0341	
4	0,2	0,1914	-0,035		-0,0335	
5	0,2	0,1874	-0,035		-0,0328	
6	0,2	0,1827	-0,035		-0,0320	
7	0,2	0,1774	-0,035		-0,0310	
8	0,2	0,1715	-7,035		-6,0317	
9	0,2	0,1650		0,25	0,2063	
10	10,2	8,0601		0,25	0,1976	
Summe (BW)		9,7264			-5,8606	
Buchwert ohne Schließung		10,0000			-7,0000	
Differenz		**-0,2736**			**0,3318**	**0,0582**

Ohne den Ansatz eines Buchwerts ergibt sich eine stille Reserve i. H. v. EUR 0,0582 Mio.[314] Somit liegt in keinem Szenario eine Übereinstimmung der Ergebnisse der beiden Betrachtungsweisen vor.

Verfolgt man die Verlautbarung folglich in der aktuell gültigen Fassung, so kann es für Institute deutlich von Vorteil sein, den Rückstellungsbedarf nach beiden Betrachtungsweisen zu berechnen und schließlich die aus ihrer Sicht „bessere" Variante zu wählen,

[314] Sofern ein Buchwert i. H. des Barwerts der Zahlungen angesetzt wird, gleichen sich die Werte aus. Im Ergebnis zeigt sich folglich eine stille Reserve i. H. v. EUR 0,4620 Mio., vgl. Abschnitt IV.2.3.3.

d.h., es bestehen Arbitrage-Möglichkeiten. Ausgangspunkt bildet dabei die Gegenüberstellung der Gleichungen (14) und (15)[315]:

$$\sum_{t=1}^{T} AF_t\{(i_a N - i_p Y) - fr_{t-1}(N - Y)\} = -N + Y + \sum_{t=1}^{T} AF_t(i_a N - i_p Y) + AF_T(N - Y) \qquad (18)$$

Insgesamt lassen sich vier verschiedene Konstellationen der Eigenkapitalverzinsung[316] zu einjährigem implizitem Terminzinssatz unterscheiden, wobei es sich bei einer um einen Spezialfall einer anderen handelt. Diese sind Gegenstand von Abbildung 6. Die darin angegebene jeweilige Vorteilhaftigkeit der „Ergebniswirkung" und „Schlussfolgerung" basiert auf der Annahme einer normalen Zinsstrukturkurve.

Im ersten Fall entspricht die Eigenkapitalverzinsung dem einjährigen impliziten Terminzinssatz, sodass die Gleichwertigkeit der Betrachtungsweisen mit Verweis auf den formalen Beweis in Abschnitt IV.1.3 gegeben ist, wenn auch nur zufällig. Im zweiten und dritten Fall ist die Eigenkapitalverzinsung größer bzw. geringer als der einjährige implizite Terminzinssatz. Beides führt zur Verletzung der Gleichwertigkeit, wobei die Vorteilhaftigkeit der Betrachtungsweisen von der Art des Überhangs abhängt. Entsprechend muss zwischen einem Aktiv- und Passivüberhang differenziert werden. Der Fall eines Aktivüberhangs und einer höheren Eigenkapitalverzinsung entspricht dem eingangs dieses Abschnitts ausgeführten numerischen Beispiel. Eine geringere Eigenkapitalverzinsung und das Vorliegen eines Aktivüberhangs wird hingegen in der Praxis bei Instituten vorliegen, deren finanzielle Lage angespannt ist. Als vierten Fall lässt sich der Spezialfall einer Eigenkapitalverzinsung i.H.v. 0 % feststellen. Nach Abschnitt III.3.6 könnte dies etwa bei Sparkassen mit entsprechender Satzungsvorgabe vorliegen. Bei diesem Spezialfall wird eine weitere Fallunterscheidung in Bezug auf die einjährigen impliziten Terminzinssätze

315 Die Darstellung der Gleichung (15) weicht von der aus Abschnitt IV.1.3 ab. Die Abweichung resultiert aus der Zusammenfassung der Zinserträge und -aufwendungen sowie Tilgungs- und Rückzahlungsleistungen.

316 Als Annahme ist die korrekt umgesetzte barwertige Betrachtungsweise zugrunde gelegt. Folglich findet keine Schließung einer Lücke statt. Mit Verweis auf Abschnitt IV.2.3.5 zeigt sich, dass eine Schließung mit Ansatz der Eigenkapitalverzinsung bei der barwertige Betrachtungsweise zu noch größeren Differenzen zwischen periodischer und barwertiger Betrachtungsweise führen würde.

Fall*	Wirkung formal	Ergebniswirkung	Schlussfolgerung
$e_{t-1}=fr_{t-1}$	Substitution von $e_{t-1}=fr_{t-1}$ möglich, sodass Umformung i. S. d. formalen Beweises in Abschnitt IV.1.3 unverändert vorgenommen werden kann	Keine	Methodengleichheit erfüllt
$e_{t-1} > fr_{t-1}$	keine Substitution mehr möglich	Unterscheidung: a) **Aktivüberhang**: fiktiver Aufwand bei periodischer Betrachtungsweise tendenziell höher, PE geringer, stille Reserve (Last) geringer (höher) b) **Passivüberhang****: fiktiver Ertrag bei periodischer Betrachtungsweise tendenziell höher, höhere PE, stille Reserve (Last) höher (geringer)	Methodengleichheit nicht erfüllt Unterscheidung: a) **Aktivüberhang:** Vorteil barwertige Betrachtungsweise b) **Passivüberhang:** Vorteil periodische Betrachtungsweise
$e_{t-1} < fr_{t-1}$	keine Substitution mehr möglich	Unterscheidung: a) **Aktivüberhang**: fiktiver Aufwand bei periodischer Betrachtungsweise tendenziell geringer, höhere PE, stille Reserve (Last) höher (geringer) b) **Passivüberhang****: geringerer fiktiver Ertrag bei periodischer Betrachtungsweise, geringere PE, stille Last (Reserve) höher (geringer)	Methodengleichheit nicht erfüllt Unterscheidung: a) **Aktivüberhang:** Vorteil periodische Betrachtungsweise b) **Passivüberhang:** Vorteil barwertige Betrachtungsweise
$e_{t-1}=0$	Unterscheidung: a) **Zinsstrukturkurve ≠ 0**: Keine Substitution mehr möglich b) **Zinsstrukturkurve = 0**: Folglich AF=1, Cash-Flows bzw. PE entsprechen diskontierten Werten	Unterscheidung: a) **Zinsstrukturkurve ≠ 0:** aa) **Aktivüberhang:** kein fiktiver Aufwand, PE höher, stille Reserve (Last) höher (geringer) ab) **Passivüberhang:** kein fiktiver Ertrag, geringere PE, stille Last (Reserve) höher (geringer) b) **Zinsstrukturkurve = 0:** Keine Ergebniswirkung	Unterscheidung: a) **Zinsstrukturkurve ≠ 0**: Methodengleichheit nicht erfüllt aa) **Aktivüberhang:** Vorteil periodische Betrachtungsweise ab) **Passivüberhang:** Vorteil barwertige Betrachtungsweise b) **Zinsstrukturkurve = 0:** Methodengleichheit erfüllt

* Hinweis: Für Fälle 1 bis 3 wird eine normale Zinsstrukturkurve unterstellt. Gleiches für Fall 4 bei Unterscheidung Zinsstrukturkurve ≠ 0.

** Ein Passivüberhang gilt unter Berücksichtigung der Praxis als unwahrscheinlich.

Abbildung 6: Zusammenhang zwischen Eigenkapitalverzinsung und implizitem Terminzinssatz

und ihrer zugrunde liegenden Zinsstrukturkurve durchgeführt. Einerseits für den Fall, dass die Zinsstrukturkurve flach ist und ein Zinsniveau von 0 % aufweist, andererseits für den Fall eines Zinsniveaus von ungleich 0 %. Eine Verletzung der Gleichwertigkeit resultiert dabei nur im letztgenannten Unterfall. Die Vorteilhaftigkeit der Betrachtungsweise hängt ebenfalls von der Art des Überhangs ab.

IV.2.4 Zwischenfazit III

Die Modifikationen in diesem Abschnitt zeigen, dass die formal hergeleitete Unabhängigkeit der aktivischen und passivischen Laufzeiten ebenso gültig ist wie die Unabhängigkeit der aktivischen und passivischen Nominalbeträge. Auch wird die Gültigkeit des Lücke-Theorems nicht durch den Verlauf der Zinsstrukturkurve beschränkt. Als problematisch erweisen sich hingegen die Ausführungen in Bezug auf die Schließung einer Lücke. Zunächst ist zu konstatieren, dass IDW RS BFA 3 Tz. 24 aus modelltheoretischer Sicht nicht präzise ist, denn eine Schließung über die einjährigen impliziten Terminzinssätze ist nur im Rahmen der periodischen Betrachtungsweise notwendig. Bei korrekt umgesetzter barwertiger Betrachtungsweise ergibt sich durch den Ansatz einer Schließung keine Ergebniswirkung; ansonsten kommt es zur Abweichung der Ergebnisse (siehe Abschnitt IV.2.3.4).[317] Ein Beispiel aus der Praxis zeigt, dass die Schließung auch im Rahmen der barwertigen Betrachtungsweise durchgeführt wurde. So hat bspw. die WGZ BANK AG (Westdeutsche Genossenschafts-Zentralbank) dies im Jahresabschluss 2012 vorgenommen. Jedoch ist aufgrund der Angabe unklar, ob daraus eine Ergebnisverzerrung gegenüber der periodischen Betrachtungsweise resultiert.

Des Weiteren zeigt das numerische Beispiel in Abschnitt IV.2.3.5, dass der Ansatz der Finanzierungswirkung des Eigenkapitals zur Schließung einer Lücke zur Verletzung der Methodengleichheit führt. Somit ist IDW RS BFA 3 Tz. 26 sowohl aus modelltheoretischer als auch bilanztheoretischer[318] Sicht abzulehnen. Korrekt ist ausschließlich der Rückgriff auf die einjährigen (impliziten) Terminzinssätze.[319] Eine Abweichung führt zu Arbitrage-Möglichkeiten, auch wenn diese durch den Grundsatz der Stetigkeit unterbunden werden können. Allerdings ist eine Abweichung trotz des Grundsatzes der Stetigkeit möglich, so-

---

[317] Da es sich hierbei um eine leichte „Fehlerquelle" handelt, wäre es wünschenswert, dass der BFA eine entsprechende Konkretisierung in diesem Zusammenhang vornimmt.

[318] Siehe hierzu Abschnitt III.3.4.

[319] Siehe hierzu auch Janko (2016), S. 188.

fern eine entsprechende Begründung vorliegt. An dieser Stelle gilt es auch darauf hinzuweisen, dass durch die aktuelle Regelung Institute, deren finanzielle Lage angespannt ist, von der Regelung unsachgemäß profitieren können. Institute, die staatliche Hilfen in Anspruch nehmen und sich in diesem Zusammenhang auf bspw. einen zeitlich begrenzten Verzicht zu Ausschüttungen verpflichten, könnten fiktive Erträge durch den niedrigeren Kostenansatz ansetzen. Einerseits wird dabei gegen die Intention vom IDW RS BFA 3 verstoßen, andererseits auch explizit das Imparitätsprinzip verletzt.

Unter Berücksichtigung der Erkenntnisse aus der bilanztheoretischen Untersuchung in Kapitel III bestätigen sich somit zwei wesentliche Kritikpunkte an der aktuellen Fassung der Verlautbarung: Zum einen ist eine Lücke nur im Rahmen der periodischen Betrachtungsweise zu schließen. Zum anderen ist die Eigenkapitalverzinsung als Schließungsfaktor abzulehnen. Diese beiden wesentlichen Kritikpunkte blieben bislang gleichermaßen von der Praxis als auch von Theoretikern mehr oder weniger unkommentiert. Bspw. griffen *Sopp/Grünberger* die Passagen zur fiktiven Schließung explizit auf, ohne sie kritisch zu hinterfragen. In den anderen Beiträgen stand jeweils nur die bilanztheoretische Begründung im Mittelpunkt.[320]

IV.3 Erweiterung des allgemeinen Beweises

IV.3.1 Abweichung zwischen Auszahlungs- und Nominalbetrag

Dem bisherigen formalen Beweis sowie den darauf aufbauenden numerischen Beispielen lag ein sehr stark vereinfachtes Bankbuch zugrunde. Daher wird im Folgenden schrittweise die Komplexität der Bankgeschäfte bzw. des Bankbuchs erhöht und die Beibehaltung der Gültigkeit des Lücke-Theorems veranschaulicht. Zunächst erfolgt hierfür eine Modifikation der Aktivseite, bei der der Auszahlungsbetrag vom Nominalbetrag abweicht. Dies entspricht einer Vielzahl der Geschäfte der Aktivseite. Für den folgenden formalen Beweis wird exemplarisch ein Kredit mit Disagio-Vereinbarung angenommen. Das Disagio hat im Zusammenhang mit der Kreditvergabe zusätzlichen Zinscharakter.[321] Bei der Abweichung der anfänglichen Auszahlung A vom Nominalbetrag N gilt: $A < N$. Die Übertragung der Modifikation auf die dem Beweis in Abschnitt IV.1.3 zugrunde gelegten

[320] Siehe hierzu u.a. Scharpf/Schaber (2011b), S. 764 ff., oder Löw (2013), S. 326 ff.

[321] Vgl. u.a. Scharpf/Schaber (2015), S. 131. Es wird im Folgenden eine gleichmäßige Verteilung des Disagios auf die Perioden unterstellt.

Gleichungen führt zu folgenden Ausgangsgleichungen der periodischen und barwertigen Betrachtungsweise:[322]

$$M_{GuV} = \sum_{t=1}^{T} AF_t \left\{ \left(i_a N - i_p Y\right) + \frac{1}{T}(N-A) - fr_{t-1}\left(A + (t-1)\frac{1}{T}(N-A) - Y\right) \right\} \tag{19}$$

$$M_{Bar} = -A + Y + \sum_{t=1}^{T} AF_t\left(i_a N - i_p Y\right) + AF_T(N-Y) \tag{20}$$

Ausgehend von der Gleichung für die periodische Betrachtungsweise zeigt sich wiederum die Gültigkeit des Lücke-Theorems (Methodengleichheit) durch Äquivalenzumformungen. Unter Berücksichtigung der Überführung der einjährigen impliziten Terminzinssätze in Abzinsungsfaktoren resultiert aus der Gleichung für die periodische Betrachtungsweise die Gleichung für die barwertige Betrachtungsweise wie folgt:

$$M_{GuV} = \sum_{t=1}^{T} AF_t \left\{ \left(i_a N - i_p Y\right) + \frac{1}{T}(N-A) - fr_{t-1}\left(A + (t-1)\frac{1}{T}(N-A) - Y\right) \right\} \tag{19}$$

$$= \sum_{t=1}^{T} AF_t \left\{ \left(i_a N - i_p Y\right) + \frac{1}{T}(N-A) - \left(\frac{AF_{t-1}}{AF_t} - 1\right)\left(A + (t-1)\frac{1}{T}(N-A) - Y\right) \right\}$$

$$= \sum_{t=1}^{T} AF_t\left(i_a N - i_p Y\right) + \sum_{t=1}^{T} AF_t \frac{1}{T}(N-A)$$

$$- \sum_{t=1}^{T} AF_t \frac{AF_{t-1}}{AF_t}\left(A + (t-1)\frac{1}{T}(N-A) - Y\right)$$

$$+ \sum_{t=1}^{T} AF_t \left(A + (t-1)\frac{1}{T}(N-A) - Y\right)$$

$$= \sum_{t=1}^{T} AF_t\left(i_a N - i_p Y\right) + \sum_{t=1}^{T} AF_t \frac{1}{T}(N-A) - \sum_{t=1}^{T} AF_{t-1}(A-Y)$$

$$- \sum_{t=1}^{T} AF_{t-1}\left(\frac{t-1}{T}(N-A)\right) + \sum_{t=1}^{T} AF_t\,(A-Y) + \sum_{t=1}^{T} AF_t\left(\frac{(t-1)}{T}(N-A)\right)$$

322 Darstellung der barwertigen Gleichung erfolgt zusammengefasst für Zins- und Tilgungs- bzw. Rückzahlungsverpflichtungen auf Aktiv- und Passivseite.

$$= \sum_{t=1}^{T} AF_t(i_a N - i_p Y) + \sum_{t=1}^{T} AF_t\left(\frac{1+t-1}{T}(N-A)\right) - AF_0(A-Y) + AF_T(A-Y)$$

$$-\sum_{t=1}^{T} AF_{t-1}\left(\frac{t-1}{T}(N-A)\right)$$

$$= \sum_{t=1}^{T} AF_t(i_a N - i_p Y) + (N-A)\left(\sum_{t=1}^{T} AF_t \frac{t}{T} - \sum_{t=1}^{T} AF_{t-1}\frac{t-1}{T}\right) - A + Y + AF_T(A-Y)$$

$$= \sum_{t=1}^{T} AF_t(i_a N - i_p Y) + AF_T(N-A) - A + Y + AF_T(A-Y)$$

$$= -A + \sum_{t=1}^{T} AF_t(i_a N) + AF_T(N) + Y - \sum_{t=1}^{T} AF_t(i_p Y) - AF_T(Y) = M_{Bar} \qquad (20)$$

IV.3.2 Zwischenfazit IV

Mit der Erweiterung des formalen Beweises aus Abschnitt IV.1.3 und der persistenten Erhaltung der Gültigkeit des Lücke-Theorems aufgrund der Barwertidentität zeigt sich, dass das Methodenwahlrecht auch bei „komplexeren" Produktstrukturen konzeptionell korrekt ist. Die theoretische Gleichwertigkeit basiert wiederum auf der Ausgangsannahme, die einjährigen impliziten Terminzinssätze zur Schließung der Lücke anzusetzen. Der Ansatz eines davon abweichenden Zinssatzes kann unter Berücksichtigung von Abbildung 6 zur Verletzung der Barwertidentität führen. Ein weiterer wichtiger Aspekt bei dieser Modifikation der Aktivseite ist die Differenz zwischen Auszahlungs- und Nominalbetrag. Diese wirkt sich in zweifacher Hinsicht auf die Ermittlung der stillen Reserve bzw. Last im Rahmen der periodischen Betrachtungsweise aus: Zum einen variiert die zu schließende Lücke, da die Anschaffungskosten (Auszahlungsbetrag) um das Disagio pro rata temporis fortgeschrieben werden. Unter der Annahme eines konstant bilanziell ausgewiesenen passivischen Nominalbetrags schmälert sich die Lücke in diesem Beispiel pro Periode entsprechend den Zuschreibungen beim Disagio durch Auflösung der bei Kreditvergabe eingebuchten Rechnungsabgrenzungsposten.[323] Zum anderen erhöht das Disagio den Ertrag aus dem Aktivgeschäft, denn durch den Zinscharakter des Disagios wird dieses pro rata

[323] Die Auslösung des RAP als gleichzeitige Zuschreibung des Disagios zum Nominalwert erfolgt in der Praxis nach HGB i. d. R. linear.

temporis dem originären Zinsertrag zugerechnet. Eine analoge Systematik bzw. Beweisführung ist auch auf die Passivseite anwendbar. Eine Abweichung zwischen Nominal- und Auszahlungsbetrag kann bspw. im Rahmen der Emission verbriefter Verbindlichkeiten auftreten. Auch in diesem Fall weist das Disagio Zinscharakter auf, sodass es pro rata temporis den originären Zinsaufwand erhöht. Mit dieser Modifikation und der Beibehaltung der Gültigkeit des Bankbuchs wird theoretisch belegt, dass das Methodenwahlrecht in Bezug auf eine Vielzahl von Bankgeschäften uneingeschränkt konzeptionell richtig ist. Zur Verdeutlichung werden im Folgenden weitere numerische Beispiele angeführt.

IV.4 Numerische Beispiele für Erweiterung

IV.4.1 Disagio-Vereinbarung

Zur Verdeutlichung der Erweiterung des Beweises wird nun die Modifikation einer Abweichung zwischen Auszahlungs- und Nominalbetrag durch ein numerisches Beispiel illustriert. Die Konditionen des zugrunde gelegten fiktiven Bankbuchs sind in Abbildung 7 aufgelistet. In Bezug auf den Diskontierungsfaktor und die zur Schließung der Lücke anzusetzenden einjährigen impliziten Terminzinssätze wird die normale Zinsstrukturkurve unterstellt. Entsprechend werden die Werte aus Tabelle 2 und 3 berücksichtigt.[324]

Aktivseite		**Passivseite**	
Kredit		**Einlage**	
Nominalbetrag	EUR 10 Mio.	**Nominalbetrag**	EUR 7 Mio.
Auszahlungsbetrag	EUR 9,5 Mio.	**Auszahlungsbetrag**	EUR 7 Mio.
Zinssatz in %	2,0	**Zinssatz in %**	0,5
Laufzeit in Jahren	10	**Laufzeit in Jahren**	8
Tilgung	endfällig	**Tilgung**	endfällig

Abbildung 7: Bankbuch mit Disagio-Vereinbarung

Die unter der Anwendung der Vorgehensweisen aus Abschnitt IV.2.2 resultierenden Ergebnisse der periodischen und barwertigen Betrachtungsweise sind in Tabelle 14 und 15 dargestellt. Die Berücksichtigung des Disagios führt bei der periodischen Betrachtungsweise zu einer stillen Reserve i.H.v. EUR 0,9620 Mio. Dies entspricht dem Ergebnis aus dem Barwert/Buchwert-Vergleich, bei dem der Buchwert den Anschaffungskosten, d.h. dem Auszahlungsbetrag, entspricht. Folglich ist die Barwertidentität gegeben.

324 Vgl. Abschnitt IV.2.1.2 bzw. IV.2.1.3.

Tabelle 14: Umsetzung der periodischen Betrachtungsweise bei vorliegendem Disagio

Periode	Ertrag (Aktiva)	Abgrenzung Disagio	Aufwand (Passiva)	Forward Schließung	Perioden-erfolg (PE)	Diskont. PE
1	0,2	0,05	-0,035	-0,0125	0,2025	0,2015
2	0,2	0,05	-0,035	-0,0230	0,1920	0,1893
3	0,2	0,05	-0,035	-0,0340	0,1810	0,1762
4	0,2	0,05	-0,035	-0,0455	0,1695	0,1622
5	0,2	0,05	-0,035	-0,0576	0,1574	0,1474
6	0,2	0,05	-0,035	-0,0704	0,1446	0,1321
7	0,2	0,05	-0,035	-0,0840	0,1310	0,1162
8	0,2	0,05	-0,035	-0,0984	0,1166	0,1000
9	0,2	0,05		-0,3880	-0,1380	-0,1139
10	0,2	0,05		-0,4387	-0,1887	-0,1491
Summe						**0,9620**

Tabelle 15: Umsetzung der barwertigen Betrachtungsweise bei vorliegendem Disagio

Periode	CF Aktiva	Disk. CF	CF Passiva	Disk. CF	Gesamt
1	0,2	0,1990	-0,035	-0,0348	
2	0,2	0,1972	-0,035	-0,0345	
3	0,2	0,1947	-0,035	-0,0341	
4	0,2	0,1914	-0,035	-0,0335	
5	0,2	0,1874	-0,035	-0,0328	
6	0,2	0,1827	-0,035	-0,0320	
7	0,2	0,1774	-0,035	-0,0310	
8	0,2	0,1715	-7,035	-6,0317	
9	0,2	0,1650			
10	10,2	8,0601			
Summe (BW)		9,7264		-6,2644	
Buchwert		9,5000		-7,0000	
Differenz		**0,2264**		**0,7356**	**0,9620**

IV.4.2 Berücksichtigung mehrerer Bankgeschäfte

Als zweite Modifikation wird zur Komplexitätserhöhung die Einbeziehung mehrerer Bankgeschäfte betrachtet. Der Beweis ergibt sich unmittelbar aus dem Faktum, dass die Erfolgsgrößen sich additiv verhalten und der Barwertoperator linear ist. Zur Verdeutlichung der Gültigkeit des Lücke-Theorems dient das folgende numerische Beispiel. Dieses sieht auf Aktiv- und Passivseite jeweils zwei Geschäfte vor; auf der Aktivseite einen Kredit und ein Wertpapier, auf der Passivseite eine Einlage und eine verbriefte Verbindlichkeit. Die weiteren Konditionen sind Abbildung 8 zu entnehmen. In Bezug auf den Diskontierungsfaktor und die zur Schließung der Lücke anzusetzenden einjährigen impliziten Terminzinssätze wird wiederum die normale Zinsstrukturkurve unterstellt.[325]

[325] D.h., es wird auf die Werte in Abschnitt IV.2.1.2 bzw. IV.2.1.3 zurückgegriffen.

Aktivseite		Passivseite	
Kredit		**Einlage**	
Nominalbetrag	EUR 10 Mio.	**Nominalbetrag**	EUR 7 Mio.
Auszahlungsbetrag	EUR 9,5 Mio.	**Auszahlungsbetrag**	EUR 7 Mio.
Zinssatz in %	2,0	**Zinssatz in %**	0,5
Laufzeit in Jahren	10	**Laufzeit in Jahren**	8
Tilgung	endfällig	**Tilgung**	endfällig
Wertpapier*		**Verbriefte Verbindlichkeit**	
Nominalbetrag	EUR 7 Mio.	**Nominalbetrag**	EUR 8 Mio.
Auszahlungsbetrag	EUR 7 Mio.	**Auszahlungsbetrag**	EUR 8,5 Mio.
Zinssatz in %	1,7	**Zinssatz in %**	2,5
Fälligkeit in Jahren	3	**Laufzeit in Jahren**	4
		Tilgung	endfällig

*Hinweis: Es wird keine vorzeitige Veräußerung des Wertpapiers beabsichtigt.

Abbildung 8: Bankbuch mit mehreren Bankgeschäften

Bei der periodischen Betrachtungsweise führt das Disagio formal gesehen pro rata temporis zu einer Zuschreibung der Anfangsauszahlung und schmälert infolgedessen die mittels einjährigen impliziten Terminzinssätzen zu schließende Lücke. Der Zinsertrag setzt sich auf der Aktivseite aus den originären Zinszahlungen des Kredits und dem Pro-rata-temporis-Disagio sowie den Zinszahlungen aus dem Wertpapier zusammen. Ein analoges Zahlungsschema findet sich auf der Passivseite. Demnach handelt es sich bei der Differenz zwischen Nominal- und Rückzahlungsbetrag bei der verbrieften Verbindlichkeit um ein Agio mit Zinscharakter, das pro rata temporis verteilt wird und fiktiv zur Angleichung des Rückzahlungsbetrags an den Nominalbetrag führt. Entsprechend beeinflusst das Agio auch die zu schließende Lücke; diese wird pro Periode um das Pro-rata-temporis-Agio vergrößert. Die Darstellung der Übertragung der Annahmen auf die periodische und barwertige Betrachtungsweise ist Gegenstand der Tabellen 16 und 17.

Insgesamt tritt in jeder Periode eine Lücke in variierender Höhe auf. Diese Lücke ist unter Berücksichtigung der einjährigen impliziten Terminzinssätze zu schließen. Im Ergebnis resultiert sowohl bei der periodischen als auch bei der barwertigen Betrachtungsweise eine stille Reserve i. H. v. EUR 1,1893 Mio. Damit bestätigt sich die Gültigkeit des Lücke-Theorems auch bei mehreren Bankgeschäften mit unterschiedlichen Vereinbarungen.

Tabelle 16: Umsetzung der periodischen Betrachtungsweise bei mehreren Bankgeschäften

Periode	Aktivseite			Passivseite			Forward Schlie-ßung	Perio-dener-folg (PE)	Diskont. PE
	Ertrag (Kredit)	Abgren-zung Disagio	Ertrag (WP)	Aufwand (Einlage)	Aufwand (vVbk)	Abgren-zung Agio			
1	0,2	0,05	0,119	-0,035	-0,2	0,125	-0,0050	0,2540	0,2527
2	0,2	0,05	0,119	-0,035	-0,2	0,125	-0,0106	0,2484	0,2450
3	0,2	0,05	0,119	-0,035	-0,2	0,125	-0,0176	0,2414	0,2349
4	0,2	0,05		-0,035	-0,2	0,125	0,0940	0,2340	0,2240
5	0,2	0,05		-0,035			-0,0576	0,1574	0,1474
6	0,2	0,05		-0,035			-0,0704	0,1446	0,1321
7	0,2	0,05		-0,035			-0,0840	0,1310	0,1162
8	0,2	0,05		-0,035			-0,0984	0,1166	0,1000
9	0,2	0,05					-0,3880	-0,1380	-0,1139
10	0,2	0,05					-0,4387	-0,1887	-0,1491
Summe									**1,1893**

Tabelle 17: Umsetzung der barwertigen Betrachtungsweise bei mehreren Bankgeschäften

Periode	Aktivseite				Passivseite				Gesamt
	CF Kredit	Disk. CF	CF WP	Disk. CF	CF Einlage	Disk. CF	CF vVbk	Disk. CF	
1	0,2	0,1990	0,119	0,1184	-0,035	-0,0348	-0,2	-0,1990	
2	0,2	0,1972	0,119	0,1173	-0,035	-0,0345	-0,2	-0,1972	
3	0,2	0,1947	7,119	6,9297	-0,035	-0,0341	-0,2	-0,1947	
4	0,2	0,1914			-0,035	-0,0335	-8,2	-7,8472	
5	0,2	0,1874			-0,035	-0,0328			
6	0,2	0,1827			-0,035	-0,0320			
7	0,2	0,1774			-0,035	-0,0310			
8	0,2	0,1715			-7,035	-6,0317			
9	0,2	0,1650							
10	10,2	8,0601							
Summe (BW)		9,7264		7,1655		-6,2644		-8,4381	
Buchwert		9,5000		7,0000		-7,0000		-8,5000	
Differenz		**0,2264**		**0,1655**		**0,7356**		**0,0619**	**1,1893**

IV.4.3 Einbeziehung von Bewertungseinheiten

Eine Besonderheit und ein wichtiger Aspekt im Rahmen der verlustfreien Bewertung ist das Verhältnis zur Bewertungseinheit.[326] Mit Veröffentlichung der Verlautbarung nahm etwa die Bedeutung von Bewertungseinheiten ab.[327] Dies wird unter anderem in IDW RS BFA 3 Tz. 18 deutlich, wonach „zinsbezogene Bestandteile handelsrechtlicher Bewertungseinheiten i. S. v. § 254 HGB ungeachtet des Vorrangs der speziellen Bewertungsvorschriften für Bewertungseinheiten einzubeziehen sind". Auch wird hierdurch deutlich, dass die Bildung von Bewertungseinheiten keinen substitutiven Charakter in Bezug auf die verlustfreie Bewertung des Bankbuchs hat.

In Abschnitt III.4.1 wurde aus bilanztheoretischer Sicht ein Vergleich bei den Vorgehensweisen der barwertigen Betrachtungsweise und der Ermittlung der Wirksamkeit der Bewertungseinheiten gezogen. Im Ergebnis wurde konstatiert, dass zwei nahezu deckungsgleiche Ermittlungsweisen vorliegen. In Bezug auf das Bankbuch stellen Bewertungseinheiten „normale" Geschäfte dar, die analog zur Berücksichtigung von anderen Geschäften sich auf die Gültigkeit des Lücke-Theorems nicht auswirken, da es sich wiederum um eine rein additive Verknüpfung handelt. Im Unterschied zu der Berücksichtigung eines Wertpapiers und einer verbrieften Verbindlichkeit[328] weisen Bewertungseinheiten, bspw. in Form von Zinsswaps, gleichzeitig ertrags- und aufwandswirksame Zahlungen auf. Die Auswirkung der Einbeziehung eines Zinsswaps auf die periodische und barwertige Betrachtungsweise ist im folgenden numerischen Beispiel dargestellt. Die Konditionen der Geschäfte sind Abbildung 9 zu entnehmen.

Aktivseite		**Passivseite**	
Kredit		**Anleihe**	
Nominalbetrag	EUR 10 Mio.	**Nominalbetrag**	EUR 7 Mio.
Auszahlungsbetrag	EUR 9,5 Mio.	**Auszahlungsbetrag**	EUR 7 Mio.
Zinssatz in %	2,0	**Zinssatz (variabel)**	EURIBOR +0,25 %
Laufzeit in Jahren	10	**Laufzeit in Jahren**	8
Tilgung	endfällig	**Tilgung**	endfällig
Zinsswap			
Nominalbetrag	EUR 7 Mio.		
Zinssatz fest in %	1,5		
Zinssatz variabel	EURIBOR +0,25 %		
Laufzeit in Jahren	7		

Abbildung 9: Bankbuch mit Bewertungseinheit

326 Siehe hierzu bspw. Abschnitt III.4.1.

327 Vgl. hierzu etwa die Ausführungen von *Löw* und *Altvater* in Abschnitt III.2.3 und III.2.4.

328 Vgl. Abschnitt IV.4.2.

Bei der emittierten Anleihe handelt es sich in diesem Beispiel um ein Grundgeschäft, dem ein Zinsswap als Sicherungsinstrument zur Absicherung von Zinsänderungsrisiken aufgrund der Entwicklung des EURIBOR eindeutig zugeordnet wird. Beide Geschäfte sind in EURO abgeschlossen, sodass sie grundsätzlich vergleichbaren Risiken, insbesondere Zinsänderungsrisiken, ausgesetzt sind. Die Ausgestaltung des Zinsswaps entspricht einem Plain Vanilla Zinsswap, bei dem feste Zinszahlungen i. H. v. 1,5 % gegen variable Zinseinahmen i. H. v. 0,25 % auf den 12M-EURIBOR getauscht werden.[329] Als 12M-EURIBOR wird im Beispiel der einjährige Zinssatz der Renditestruktur angesetzt. Entsprechend werden die einjährigen impliziten Terminzinssätze aus im Abschnitt IV.2.1.3 herangezogen. Durch die Ausgestaltung des Zinsswaps, sowohl Zinsaufwendungen als auch Zinserträge zu generieren, fungiert der Zinsswap als Bindeglied zwischen Aktiv- und Passivseite. Da der Kapitalbetrag beim Zinsswap nicht getauscht wird,[330] gilt es bei der Ermittlung der zu schließenden Lücke im Rahmen der periodischen Betrachtungsweise die Höhe des Nominalbetrags des Zinsswaps außenvorzulassen. Des Weiteren wird aufgrund der additiven Verknüpfung in Form eines zusätzlichen Bankgeschäfts bei der periodischen und barwertigen Betrachtungsweise der Zinsswap separat berücksichtigt. In Bezug auf den Diskontierungsfaktor und die zur Schließung der Lücke anzusetzenden einjährigen impliziten Terminzinssätze wird wiederum die normale Zinsstrukturkurve unterstellt.[331]

Bei gleicher Vorgehensweise wie in Abschnitt IV.2.2 ergibt sich für die periodische Betrachtungsweise das in Tabelle 18 dargestellte Ermittlungsschema respektive für die barwertige Betrachtungsweise in Tabelle 19. Insgesamt resultiert bei beiden Methoden eine stille Last i. H. v. EUR 1,1810 Mio. Folglich besitzt das Lücke-Theorem auch bei der Berücksichtigung von Bewertungseinheiten seine Gültigkeit.

---

329 Die Art von Zinsswap wird auch als Kuponswap bezeichnet. Für weitere Ausführungen, vgl. Scharpf/Schaber (2015), S. 469 i. V. m. Krumnow et al. (2004), § 340e HGB, Rdn. 359.

330 Vgl. Scharpf/Schaber (2015), S. 469.

331 Entsprechend wird auf die Werte in Abschnitt IV.2.1.2 bzw. IV.2.1.3 zurückgegriffen.

Tabelle 18: Umsetzung der periodischen Betrachtungsweise mit Bewertungseinheit

Periode	Aktivseite				Passivseite	Forward Schließung	Periodenerfolg (PE)	Diskont. PE
	Kredit		Zinsswap		Anleihe			
	Ertrag	Abgrenzung Disagio	Ertrag (var. Zins)	Aufwand (fest Zins)	Aufwand			
1	0,2	0,05	1,7850	-0,105	-1,7850	-0,0125	0,1325	0,1318
2	0,2	0,05	1,8131	-0,105	-1,8131	-0,0230	0,1220	0,1203
3	0,2	0,05	1,8415	-0,105	-1,8415	-0,0340	0,1110	0,1081
4	0,2	0,05	1,8702	-0,105	-1,8702	-0,0455	0,0995	0,0952
5	0,2	0,05	1,8994	-0,105	-1,8994	-0,0576	0,0874	0,0819
6	0,2	0,05	1,9293	-0,105	-1,9293	-0,0704	0,0746	0,0681
7	0,2	0,05	1,9599	-0,105	-1,9599	-0,0840	0,0610	0,0541
8	0,2	0,05			-1,9916	-0,0984	-1,8399	-1,5775
9	0,2	0,05				-0,3880	-0,1380	-0,1139
10	0,2	0,05				-0,4387	-0,1887	-0,1491
Summe								**-1,1810**

Tabelle 19: Umsetzung der barwertigen Betrachtungsweise mit Bewertungseinheit

Periode	Aktivseite		Zinsswap				Passivseite		Gesamt
	CF Kredit	Disk. CF	CF var	CF fest	Gesamt CF	Disk. CF	CF Einlage	Disk. CF	
1	0,2	0,1990	1,7850	-0,105	1,6800	1,6716	-1,7850	-1,7761	
2	0,2	0,1972	1,8131	-0,105	1,7081	1,6844	-1,8131	-1,7880	
3	0,2	0,1947	1,8415	-0,105	1,7365	1,6903	-1,8415	-1,7925	
4	0,2	0,1914	1,8702	-0,105	1,7652	1,6893	-1,8702	-1,7898	
5	0,2	0,1874	1,8994	-0,105	1,7944	1,6813	-1,8994	-1,7797	
6	0,2	0,1827	1,9293	-0,105	1,8243	1,6666	-1,9293	-1,7625	
7	0,2	0,1774	1,9599	-0,105	1,8549	1,6453	-1,9599	-1,7384	
8	0,2	0,1715					-8,9916	-7,7092	
9	0,2	0,1650							
10	10,2	8,0601							
Summe (BW)		9,7264				11,7289		-20,1362	
Buchwert		9,5000						7,0000	
Differenz		**0,2264**				**11,7289**		**-13,1362**	**-1,1810**

IV.5 Zwischenfazit V

Aus konzeptioneller, insbesondere analytischer Sicht erweist sich das in der Verlautbarung festgelegte Methodenwahlrecht auch im Hinblick auf komplexere Sachverhalte schlüssig, da die Gültigkeit der Barwertidentität fortbesteht. Die Robustheit des Lücke-Theorems wird bspw. weder durch die Einbeziehung mehrerer Geschäfte noch durch die

Berücksichtigung von komplexeren Zahlungsschemata, wie der Einbeziehung von Disagio/Agio oder Bewertungseinheiten, eingeschränkt.

Bezogen auf den formalen Beweis und dessen Erweiterung sind aus konzeptioneller Sicht konkludiert zwei Punkte in der aktuellen Fassung der Verlautbarung problematisch: zum einen die Schließung einer Lücke mittels Eigenkapitalkosten, zum anderen die generelle Schließung von Lücken im Rahmen der barwertigen Betrachtungsweise. In Bezug auf den Ansatz von Eigenkapitalkosten zur Schließung einer Lücke führt die Abkehr von einjährigen impliziten Terminzinssätzen nur in Ausnahmefällen zur Übereinstimmung des Ergebnisses von periodischer und barwertiger Betrachtungsweise.[332] In der Regel wird eine Verletzung des Lücke-Theorems durch abweichende Ergebnisse resultieren.

Im Hinblick auf die Schließung einer Lücke im Rahmen der barwertigen Betrachtungsweise kommt es zu einer Verletzung der Methodenfreiheit, sofern die Lücke nicht mittels des einjährigen impliziten Terminzinssatz geschlossen, oder beim Buchwert ein anderer als der aktuelle Barwert der schließenden Lücke angesetzt wird. In beiden Fällen zeigt sich, dass bei korrekter Umsetzung auf die Schließung verzichtet werden kann, da hiervon keinerlei Ergebniswirkung ausgeht.

---

[332] Vgl. Abbildung 6.

V Empirische Untersuchung[333]

V.1 Hintergrund

V.1.1 Gründe für eine empirische Untersuchung der Umsetzung der verlustfreien Bewertung

Durch die Veröffentlichung der Entwurffassung (IDW ERS BFA 3) am 9. Dezember 2011 waren Institute erstmals verpflichtet, Angaben zur Bewertung von zinsbezogenen Geschäften des Bankbuchs im Rahmen des Jahresabschlusses zum 31. Dezember 2011 zu machen. Die Notwendigkeit einer derartigen Vorgabe ist mit Verweis auf externe Effekte unabdingbar.[334] Jedoch bietet die praktische Umsetzung der Verlautbarung eine Reihe an Spannungsfeldern. Dies zeigen unter anderem die Ergebnisse aus der theoretischen und modelltheoretischen Untersuchung, wie etwa unbeabsichtigte Arbitrage-Möglichkeiten.[335] Die bislang veröffentlichten empirischen Untersuchungen zur Verlautbarung sind rein deskriptiver Natur.[336] Darüber hinaus liegt ihnen jeweils ein recht kleiner und teils nicht auf Deutschland bezogener Datensatz zugrunde.[337] Vor diesem Hintergrund dient die folgende Untersuchung dazu, einerseits durch die Einbeziehung einer größeren Anzahl an Instituten in Deutschland aussagekräftigere Ergebnisse zu bekommen. Andererseits werden einige deskriptive Auswertungen auch statistisch im Rahmen einer Regressionsanalyse auf deren Beeinflussung durch insbesondere unterschiedliche Institutsmerkmale (Bilanzgröße, Performance, Abschlussprüfer etc.) analysiert. Die Auswertung erfolgt hierbei im Rahmen einer logistischen Regression, bei der als unabhängige Variablen die Institutsmerkmale herangezogen werden.

National ist die folgende Analyse insbesondere aufgrund der wesentlichen Funktion der Institute in Deutschland von Bedeutung. Gesunde öffentliche und private Institute tragen

333 An dieser Stelle gilt mein besonderer Dank Prof. Dr. Jan Riepe für seine Diskussionsbereitschaft, die konstruktive Argumentation sowie für die vielen wertvollen Hinweise zu meiner Arbeit. Außerdem möchte ich mich bei Sascha Lang für seine Unterstützung bedanken.

334 In Bezug auf die Vorgaben des IDW ERS BFA 3 steht die quasi-freiwillige Anwendung im Mittelpunkt. Als Erklärungsansatz dienen in diesem Fall die Netzwerkeffekte. Demnach ist eine Regelung umso erfolgreicher, je mehr Anwender sie befolgen. Für die Adressaten bedeutet dies, dass bei weit verbreiteter Anwendung einer Regelung diese aufgrund ihrer Vergleichbarkeit interessanter i. S. v. informativer wird. Dies ist im Bankensektor insbesondere aufgrund der Fragmentierung der Fremdkapitalgeber von großer Bedeutung. Auch bspw. in den USA gibt es Evidenz für ein derartiges Verhalten, dass auch Unternehmen, die nicht gesetzlich zur Einhaltung bestimmter Regelungen verpflichtet sind, diese dennoch befolgen. Für die Notwendigkeit von Regulierung, vgl. Pellens et al. (2014), S. 27 f.

335 Siehe hierzu etwa Abschnitt III.5 i. V. m. IV.5.

336 Siehe hierzu u. a. Glischke/Hallpap/Wolfgarten (2012).

337 Vgl. Abschnitt V.1.2.

nicht nur maßgeblich zum Erfolg der Wirtschaft bei, sondern fördern auch private Interessen. Gleichzeitig ist die Untersuchung aber auch international von Interesse, da Informationen von kleineren Instituten ausgewertet werden. Informationen von kleineren Instituten sind im Allgemeinen rar; so müssen bspw. in den USA kleinere Institute keine derartigen Informationen offenlegen. Insofern kann man, ausgehend von den ausgewerteten Informationen, Rückschlüsse auf ähnliche internationale Institute ziehen.

V.1.2 Bisherige Untersuchungen zur Umsetzung

Die bisher veröffentlichten empirischen Untersuchungen zur verlustfreien Bewertung sind überschaubar. Darin analysiert werden die Angaben in den Jahresabschlüssen mit Stichtag 31. Dezember 2011, d.h. basierend auf dem Entwurf zur Verlautbarung. Im Mittelpunkt stehen jeweils die zugrunde gelegte Methode der Institute sowie darüber hinausgehende Aspekte.

Die erste veröffentliche Untersuchung geht auf *Glischke/Hallpap/Wolfgarten*[338] aus dem Jahr 2012 zurück. Als Datengrundlage dienen ihnen die Anhangsangaben (Berichterstattung) von 20 großen deutschen Geschäfts- und Landesbanken (mit einer Bilanzsumme von über EUR 35,0 Mrd.) zum Stichtag 31. Dezember 2011. Neben der Verteilung der Häufigkeiten der angewendeten Betrachtungsweisen werten sie – je nach Möglichkeit – die aus der Berichterstattung ableitbare Anzahl an Bankbüchern aus. Als Ergebnis zeigt sich eine Dominanz der barwertigen Betrachtungsweise: 70 % der untersuchten Institute wenden die barwertige und lediglich 20 % die periodische Betrachtungsweise an. Keine Angabe über die Betrachtungsweise ist bei 10 % der Institute vorzufinden. Im Hinblick auf die Anzahl der Bankbücher liegt bei 60 % der Institute keine Angabe vor, wobei die übrigen 40 % der Institute lediglich ein Bankbuch ausweisen. Darüber hinaus wird im Rahmen dieser Untersuchung angemerkt, dass ein Institut die Bildung einer Drohverlustrückstellung im Rahmen der verlustfreien Bewertung angibt.

Von der Stichprobe mit 88 Kreditinstituten deutlich umfangreicher ist die Untersuchung von *Sopp/Grünberger*[339] aus dem Jahr 2014. Diese basiert auf den Rückmeldungen einer fragenbogengestützten Umfrage unter österreichischen Kreditinstituten.[340] Stichtag der Analyse ist ebenfalls der 31. Dezember 2011. Anhand von insgesamt 51 Fragen erfolgt mit

338 Glischke/Hallpap/Wolfgarten (2012): *IDW ERS BFA 3 Verlustfreie Bewertung des Bankbuchs.*

339 Sopp/Grünberger (2014): *Die Bilanzierung von Derivaten zur Steuerung der Zinsrisiken im Bankbuch.*

340 Eine Rückmeldung liegt u.a. von sieben der nach Bilanzsumme acht größten Institute vor.

Unterstützung von Abschlussprüfern die Erhebung von qualitativen und quantitativen Angaben. Aufgeteilt in zwei Themenblöcke werden einerseits Informationen über die Umsetzung der Steuerung der Zinsrisiken des Bankbuchs im internen Zinsrisikomanagement ausgewertet, um daraus Herausforderungen bei der Umsetzung der verlustfreien Bewertung zu identifizieren, andererseits wird der Einsatz von Zinssteuerungsderivaten untersucht.[341] Im Ergebnis dominiert auch bei österreichischen Instituten mit 82 % die barwertige Betrachtungsweise, respektive 18 % der Institute legen die periodische Betrachtungsweise zugrunde. Der Untersuchung nach führen allerdings insbesondere größere Institute regelmäßig die Auswertung periodisch und barwertig durch, wohingegen bei kleineren Instituten die periodische Betrachtungsweise dominiert. In Bezug auf die periodische Betrachtungsweise werten die Verfasser auch den Planungshorizont aus. Demnach bezieht der Großteil der Institute (74 %) einzig die Auswirkungen auf das Zinsergebnis des laufenden Jahres mit ein. Darüber hinaus wird die Berücksichtigung von Refinanzierungs- und Risikokosten analysiert. Hierbei zeigt sich, dass lediglich 5 % der Institute Eigenbonitätseffekte berücksichtigen. Bei 82 % der Institute ist keine Angabe vorhanden, 13 % verneinen explizit die Berücksichtigung von Refinanzierungskosten. Im Hinblick auf die Einbeziehung von Bonitätsrisiken, die maßgeblich von den Refinanzierungskosten abhängen, geben 7 % der Institute an, dass sie diese berücksichtigen. Die Auswertung des zweiten Themenblocks zeigt, dass 45 % der Institute Zinsderivate zur Zinssteuerung des Bankbuchs einsetzen. Bei diesen Instituten handelt es sich vor allem um größere Institute. Am häufigsten erfolgt der Rückgriff auf Zinsswaps. Eine weitere wichtige Schlussfolgerung im Rahmen der Untersuchung bezieht sich auf die Saldierung von Zinsderivaten; demnach erfolgt mit zwischen 56 % und 100 % ein hoher Wertausgleich der Positionen mit positiven und negativen Marktwerten. Im Gegensatz zu den Ergebnissen der Untersuchung von *Glischke/Hallpap/Wolfgarten* zeigt sich zudem, dass 75 % der österreichischen Institute das Bankbuch in unterschiedliche Zinsbücher unterteilen. In den meisten Fällen erfolgt die Differenzierung nach Geschäftsarten.

---

[341] In Bezug auf Zinsderivate untersuchen *Sopp/Grünberger* die Anwendung von internen Zinsderivaten, Makro-Hedge und Kontrahentenausfallrisiko. Als interne Zinsderivate werden hierbei die Zinsderivate bezeichnet, die nicht direkt mit externen Gegenparteien, sondern mit einer anderen unternehmenszugehörigen Organisationseinheit abgeschlossen werden, vgl. Sopp/Grünberger (2014), S. 44 i. V. m. Kaltenhauser/Begon (1998), S. 1191.

V.1.3 Begründung des Datensatzes und Vorgehensweise der Datenerhebung

Die Datengrundlage für die vorliegende Untersuchung bilden die Jahresabschlüsse zum 31. Dezember 2011 und zum 31. Dezember 2012. Folglich erstreckt sich der Betrachtungszeitraum vom Jahr der Veröffentlichung der Entwurffassung bis zum Jahr der finalen Veröffentlichung. Für den Rückgriff auf Jahresabschlussinformationen sind mehrere Gründe entscheidend. Zum einen sind die Jahresabschlussinformationen die einzig öffentlich zugängliche Informationsquelle für externe Adressaten, insbesondere Kunden und Anteilseigner. Für diese Adressaten ist es ohne die durch die IDW Verlautbarung bedingte Angabe nicht möglich, einen Überblick über das originäre Einlagen- und Kreditgeschäft in Bezug auf seine Profitabilität zu erlangen. Durch die Umsetzung der IDW Verlautbarung können sie hingegen anhand des Ergebnisses der Nachkalkulation, also einer Beurteilung der Geschäftsaktivität, nachvollziehen, ob die langfristig erwirtschaften Zinserträge ausreichen, die Aufwendungen zu decken. Ein Verpflichtungsüberschuss kann sich infolgedessen auf ihr Handeln auswirken und weitreichende Implikationen für das betroffene Institut haben. Zum anderen spiegelt die Angabe im Jahresabschluss die Erfüllung der Informationspflicht vonseiten des Instituts wider.[342] Im Zusammenhang mit der verlustfreien Bewertung wird der Umfang der zu prüfenden Informationen in IDW RS BFA 3 Tz. 39 bis Tz. 42 vorgeschrieben. Hierbei ist in IDW RS BFA 3 Tz. 39 und Tz. 40 der Ausweis in der Bilanz und GuV festgelegt, in IDW RS BFA 3 Tz. 42 hingegen eine ergänzende Berichterstattung über zukünftige Zinsänderungsrisiken im Lagebericht. Wesentlich für die vorliegende Untersuchung ist IDW RS BFA 3 Tz. 41. Darin verankert ist die Angabe im Rahmen der angewandten Bilanzierungs- und Bewertungsmethoden nach § 340a HGB i. V. m. § 284 Abs. 2 Nr. 1 HGB (Anhangsangabe). Unter Berücksichtigung dieser Angabe stehen im Mittelpunkt der vorliegenden Untersuchung insbesondere vier wesentliche Umsetzungsmerkmalen der verlustfreien Bewertung. Hierunter fällt das Vorhandensein einer allgemeinen Angabe, die Ausübung des Methodenwahlrechts, eine Angabe zum Verpflichtungsüberschuss sowie die Anzahl der angegeben Informationen (Informationsumfang).

Der Erhebung der Informationen liegt ein zweistufiges Verfahren zugrunde. Im ersten Schritt erfolgt ein Abruf der Einzelabschlüsse beim Bundesanzeiger.[343] Der zweite Schritt

[342] Vgl. hierzu die Ausführungen in Abschnitt V.1.1.

[343] Sofern die Erhebung der Daten beim Bundesanzeiger zu keinem Treffer führt, werden die nach Kontaktaufnahme vom Bundesanzeiger übermittelten Jahresabschlüsse berücksichtigt. Im Fall, dass im

– als eine Art Kontrolle – besteht aus dem Abruf und der Auswertung der von den Instituten auf deren Homepages veröffentlichen Geschäftsberichte bzw. Jahresabschlüsse. Anhand dieser Vorgehensweise kann ausgeschlossen werden, dass ein Institut an einer anderen Stelle als im Jahresabschluss Informationen zur verlustfreien Bewertung kommuniziert. Um darüber hinaus sicherzustellen, dass sich außerhalb des Anhangs keine Angabe befindet, wird per Suchfunktion eine Durchsicht der verfügbaren Informationen nach den in Abbildung 11 aufgelisteten Begriffen durchgeführt.[344] Bei den Daten zur IDW Verlautbarung handelt es sich fast ausschließlich um qualitativ verfügbare Informationen, deshalb erfolgt die Erfassung der Informationen satzweise und die Aufbereitung für Zwecke statistischer Auswertungen mittels Codierung.[345]

Um dem Ziel zu entsprechen, einen repräsentativen Überblick über die Umsetzung der verlustfreien Bewertung in Deutschland zu bekommen, enthält der zusammengestellte Datensatz die Informationen von 182 Instituten. Die Auswahl der 182 Institute basiert auf der Berücksichtigung der Bilanzsumme von 2012 und der „Institutsgruppe" (Institutsart). Als Referenzquelle über die Bilanzsummen dient die Auflistung des Bundesverbands deutscher Banken (BdB) über die größten deutschen Kreditinstitute in 2012 sowie als Ergänzung unter anderem die Ranglisten des BVR und des DSGV.[346] Da sich nach IDW RS BFA 3 Tz. 1 die IDW Verlautbarung an alle Kreditinstitute i.S.d. § 1 Abs. 1 KWG richtet, allerdings Institute unterschiedliche Geschäftsaktivitäten vorweisen, sind die Institute in sechs „Institutsgruppen" eingeteilt. Jede Institutsgruppe besteht circa aus den 20 größten Instituten.[347] Eine Ausnahme gilt für Sparkassen und Genossenschaftsbanken. Bei diesen beiden Institutsgruppen werden infolge deren quantitativen Überlegenheit in der deutschen „Bankenlandschaft" ca. 50 Institute berücksichtigt. Eine weitere Abweichung von der Anzahl „20" ist zurückzuführen auf das Nicht-Vorhandensein von Instituten in der je-

Bundesanzeiger nur der Geschäftsbericht sowie auf der Institutshomepage nur die Bilanz veröffentlicht ist, erfolgt die Berücksichtigung der nach Kontaktaufnahme zum Institut per Mail erhaltenen Jahresabschlüsse. Schließlich erfolgt die Verifizierung unklarer Sachverhalten durch Telefongespräche.

344 Die Durchsicht erstreckt sich auf die verfügbaren Informationen im Bundesanzeiger und in den Geschäftsberichten.

345 Siehe hierzu Kuckartz (2012), S. 40 ff.

346 Die Datengrundlage bilden die Übersichten des Bundesverband deutscher Banken, VöB, BVR und DSGV, vgl. Bundesverband deutscher Banken (2013); VöB (2012); BVR (2012); DSGV (2012).

347 Als einheitliche Datengrundlage der Bilanzsummen dienen die im Bundesanzeiger veröffentlichten Jahresabschlüssen. Die jeweiligen Ranglisten basieren je Institutsgruppe auf den verschiedenen Übersichten des Bundesverbands deutscher Banken, VöB, BVR und DSGV, vgl. Bundesverband deutscher Banken (2013); VöB (2012); BVR (2012); DSGV (2012).

weiligen Institutsgruppe (bspw. im Fall der Förderinstitute), einer nachträglichen Zuordnungsänderung oder einer anfänglich zu hoch angesetzten Anzahl aufgrund der Antizipation von Fusionen. Die genaue Verteilung nach Institutsgruppe ist in Abbildung 10 dargestellt.

Institutsgruppe	Anzahl	Prozent
Private Institute (Private KI)	21	11,5
Öffentliche Institute (Öffentl. KI)	18	9,9
Sparkassen (Spk)	51	28,0
Genossenschaftsbanken (Genos)	53	29,1
Bausparkassen (Bauspk)	21	11,5
Förderinstitute (Förder-KI)	18	9,9
Gesamt	182	100,0

Abbildung 10: Absolute und relative Häufigkeiten der untersuchten Institute nach Institutsgruppe[348]

Im Fall von Fusionen sind die Jahresabschlüsse des jeweils größeren Instituts als Angabe für den Jahresabschluss 2011 zugrunde gelegt, wie etwa bei der Volksbank eG Villingen-Schwenningen oder Volksbank Alzey-Worms eG.

V.2 Deskriptive Statistik der wesentlichen Umsetzungsmerkmale der verlustfreien Bewertung

V.2.1 Angabe zur verlustfreien Bewertung

Durch das Engagement des IDW hat die Entwurffassung (mittelbar) bindende Wirkung für Institute, da Abschlussprüfer grundsätzlich IDW Stellungnahmen zur Rechnungslegung (IDW RS) im Rahmen ihrer prüferischen Sorgfalt prüfen und befolgen müssen. Eingeschlossen davon sind auch Entwurffassungen, obwohl diese nicht den Verbindlichkeitsgrad wie endgültige Stellungnahmen (vgl. hierzu IDW PS 201 Tz. 13) vorweisen, gleichwohl wird eine Anwendung nachdrücklich empfohlen (vgl. IDW PS 201 Tz. 15 i.V.m. Tz. 14). Eine Abweichung ist theoretisch möglich, sofern eine ausführliche Begründung im Rahmen des Prüfberichts erfolgt; die Nicht-Beachtung hat für den Abschlussprüfer unter Berücksichtigung von IDW PS 201 verschiedene Negativ-Konsequenzen, wie etwa ein Strafverfahren, sowie, dass der Jahresabschlusses als nichtig anerkannt wird. In Bezug auf die Umsetzung der IDW Verlautbarung kann aufgrund des relativ späten Erscheinungsdatums und des daraus relativ kurzfristigen Umsetzungszeitraums davon ausgegangen

348 Eine Auflistung der Institute findet sich in Anhang I, Abbildung 18.

werden, dass bei Verzicht auf eine Angabe im Jahresabschluss 2011 kein Enforcement erfolgt.[349] Entsprechend steht es den betroffenen Instituten frei, ob sie die Vorgaben direkt oder erst zum 31. Dezember 2012 (Folgejahr) befolgen. Dennoch wird im Rahmen der vorliegenden Untersuchung aufgrund der eigentlichen Bindungswirkung sowohl die Angabe im Jahresabschluss 2011 als auch im Jahresabschluss 2012 ausgewertet. Die Erhebung der Information erfolgt mittels Durchsicht der Angaben zu den Bilanzierungs- und Bewertungsmethoden sowie per Suchfunktion nach den in Abbildung 11 angeführten Begriffen.

Stichwort
Bankbuch
Zinsbuch
Bankbuchsteuerung
Zinsbuchsteuerung
BFA 3
Verlustfreie Bewertung
Drohverlustrückstellung

Abbildung 11: Rangfolge der abgefragten Stichworte nach Bedeutung

Sofern sich ein Treffer bei den angeführten Begriffen ergibt, wird inhaltlich kontrolliert, ob sich der Abschnitt auf IDW ERS BFA 3 bzw. IDW RS BFA 3 bezieht. Entsprechend findet eine eindeutige inhaltliche Identifizierung statt. Für die Auswertung wird die Angabe im Jahresabschluss als Dummy-Variable mit den binären Ausprägungen 0 (keine Angabe) und 1 (Angabe vorhanden) abgebildet. Eine detaillierte Darstellung über die Angabe aufgeschlüsselt nach Institutsgruppe enthält Tabelle 20.

Im Jahr 2011 machen 126 Institute (69,23 %) eine Angabe zur verlustfreien Bewertung, bei 56 (30,77 %) fehlt diese. Insbesondere die öffentlichen Institute und Sparkassen sind mit Anteilen von 100,00 % bzw. 98,04 % äußerst konsequent bei der Umsetzung. Die Ergebnisse sind dabei insofern plausibel, als dass diesen beiden Institutsgruppen aufgrund ihres jeweiligen Unternehmenszwecks eine Sonderstellung in Deutschland zukommt,[350]

[349] In der Regel gehen die Standardsetter, wie etwa BaFin oder IDW, bei der Umsetzung neuer Vorgaben mit Augenmaß vor. Dies gilt insbesondere dann, wenn Vorgaben kurz vor der Erstellung des Jahresabschlusses verabschiedet werden.

[350] In Bezug auf die Sparkassen kann die Sonderstellung dem SpkG entnommen werden. Die Sonderstellung der öffentlichen Institute ist über ihre Träger begründbar. So befinden sich im Datensatz überwiegend Landesbanken. Zu ihren Trägern zählen insbesondere das jeweilige Bundesland, Stadt sowie der jeweilige Sparkassenverband.

mit der eine besondere Vertrauenssensibilität einhergeht, die sich allgemein auf eine zügige Umsetzung von neuen Regelungen als Signalwirkung auswirkt.[351]

Tabelle 20: Angabe im Jahresabschluss 2011 und 2012

Angabe	2011			2012		
	Ja	**Nein**	**Gesamt**	**Ja**	**Nein**	**Gesamt**
Private KI	15 (71,43 %)	6 (28,57%)	21	20 (95,24 %)	1 (4,76 %)	21
Öffentl. KI	18 (100,00 %)	0 (0,00%)	18	18 (100,00 %)	0 (0,00 %)	18
Spk	50 (98,04%)	1 (1,96 %)	51	51 (100,00 %)	0 (0,00 %)	51
Genos	26 (49,06 %)	27 (50,94 %)	53	50 (94,34 %)	3 (5,66 %)	53
Bauspk	7 (33,33%)	14 (66,67 %)	21	16 (76,19 %)	5 (23,81 %)	21
Förder-KI	10 (55,56 %)	8 (44,44 %)	18	14 (77,78 %)	4 (22,22 %)	18
Gesamt	126 (69,23 %)	56 (30,77 %)	182	169 (92,86 %)	13 (7,14 %)	182

Die angegebenen absoluten Werte beziehen sich auf das Vorhandensein einer Angabe unter Berücksichtigung der Informationen aus Abbildung 11. Die relativen Werte zeigen den Anteil bezogen auf die jeweilige gesamte Institutsgruppe sowie insgesamt für die Jahre 2011 und 2012.

Die Bedeutung der Rolle des Vertrauens im Bankensektor spiegelt unter anderem auch das Zitat von *Bagehot* aus dem Jahr 1873 wider, als er drauf verwies, dass „Credit – the disposition of one man to trust another – is singularly varying."[352]. Das Vertrauen in den Bankensektor stellt schlechthin einen zentralen Handlungsmechanismus dar, wenn es um die Einlagen von Privatanlegern geht.[353] Ein Vertrauensverlust i.S.d. Modells von *Diamond/Dybvig* kann einen Bank-Run auslösen,[354] der aufgrund der Vernetzung des Bankensektors bis hin zum Zusammenbruch eines Finanzsystems und damit zum Marktversagen führen kann.[355] Prinzipiell vorstellbar als derartiger Vertrauensverlust könnte eine Negativschlagzeile in Bezug auf die Nachkalkulation des Geschäftsmodells in Form einer

351 Die Dominanz der Sparkassen und öffentlichen Institute zeigen auch die Ergebnisse des exakten Tests nach Fisher. Der Test wurde aufgrund der nominalen (dichotomen) Messgrößen zwischen den Institutsgruppen zusätzlich durchgeführt, um wesentliche Unterschiede bei den Angaben zwischen Institutsgruppen nachzuweisen. Für 2011 weisen die Vergleiche von öffentlichen Instituten und privaten Instituten, Genossenschaftsbanken, Bausparkassen und Förderinstituten wesentliche Unterschiede auf. Ebenfalls unterscheiden sich Sparkassen zu privaten Instituten und Förderinstituten. Als Ergebnistreiber lassen sich die fast nahezu vollständig erfolgten Angaben identifizieren. Für die Ergebnisse des Tests, vgl. Anhang 3.1, Tabelle 34. Für weitere allgemeine Ausführungen zum Test, vgl. Brosius (2011), S. 429 f.

352 Bagehot (1873).

353 Die besondere Stellung der Sparkassen zeigt etwa ihr Marktanteil bei den Einlagen, der den größten Anteil mit 38,2 % im deutschen Bankensektor stellt, vgl. Anhang 2, Abbildung 19.

354 Siehe hierzu u.a. Körnert (1998), S. 74 i.V.m. Diamond/Dybvig (1983).

355 Als ein Beispiel sei hier an die Schlagzeile von City Back erinnert, vgl. Tagesspiegel (1997).

Kenntlichmachung durch Anhangsangabe[356] und ggf. Bildung einer Drohverlustrückstellung i. S. v. IDW RS BFA 3 sein. Allerdings muss im Rahmen der vorliegenden Untersuchung angemerkt werden, dass insbesondere die konsequente Umsetzung bei den Sparkassen sicherlich auch durch die Verbandsstruktur bedingt wird.

Das Schlusslicht bei der Angabe zur verlustfreien Bewertung im Jahr 2011 bilden die Bausparkassen (33,33 %), die Genossenschaftsbanken (49,02 %) und die Förderinstitute (55,56 %). In Bezug auf die Bausparkassen und Förderinstitute ist das Ergebnis aufgrund der nicht auf ihre Geschäftsmodelle ausgerichteten Entwurffassung nachvollziehbar. Nach IDW RS BFA 3 Tz. 4 richtet sich die Verlautbarung an alle Kreditinstitute i. S. d. § 1 Abs. 1 KWG, allerdings wird inhaltlich auf ein klassisches Bankgeschäft – bestehend primär aus Einlagen und Krediten – abgezielt. Bei diesen beiden Institutsgruppen liegt zwar auch ein Kreditgeschäft vor, aber im Fall der Förderinstitute ist insbesondere der Zweck und die Art und Weise der Vergabe verschieden. So werden etwa Fördergeschäfte basierend auf Vereinbarungen zwischen dem Land oder Bund abgeschlossen, deren Vergabeprozess teils von den örtlichen öffentlichen Instituten durchgeführt wird. Die Konditionen der Geschäfte sind somit vorgegeben und das eigentliche Ziel der Institute besteht nicht primär in der Erzielung von Gewinnen, vielmehr dienen diese Institute dazu, den Fördergedanken des Landes oder Bundes umzusetzen. Grundlegend unterschiedlich ist auch das Bankgeschäft von Bausparkassen; diese beziehen insbesondere das zukünftige Neugeschäft in ihre Kalkulation mit ein. Das zukünftige Neugeschäft wird jedoch in der Entwurffassung (IDW ERS BFA 3) explizit von der Berücksichtigung ausgeschlossen.[357] Als eine Bestätigung für diese Auslegung kann die separate Verlautbarung in Bezug auf Bausparkassen im Zuge der finalen Veröffentlichung aus dem Jahr 2012 betrachtet werden.[358] Die geringe Umsetzung bei Genossenschaftsbanken liegt vermutlich an einer nicht vorhandenen Vorgabe seitens des Verbands. Im Rahmen des Jahresabschlusses 2012 wird bei allen drei Institutsgruppen die Angabe häufig nachgeholt. Dies spiegeln die Anteile der Bausparkassen mit 76,19 %, der Förderinstitute mit 77,78 % und der Genossenschaftsbanken mit 94,34 % wider. Insgesamt ist im Jahr 2012 in 169 Jahresabschlüssen (92,86 %) eine Angabe enthalten.[359] Im Vergleich zum Vorjahr zeigt sich, dass sofern ein

---

[356] Vgl. IDW RS BFA 3 Tz. 41.

[357] Die Konditionen von Bauspareinlagen und -darlehen sind nicht marktabhängig, sondern werden nach Genehmigung des Tarifs festgeschrieben.

[358] Siehe hierzu auch Abschnitt III.1.2.

[359] Vor dem Hintergrund der Angabepflicht mit finaler Veröffentlichung der IDW Verlautbarung bestätigen die Ergebnisse des exakten Tests nach Fisher für 2012 die sehr hohen Angabeanteile. So zeigen

Institut eine Angabe in 2011 macht, es diese auch in 2012 macht. Dies unterstreicht unter anderem die Glaubwürdigkeit der Angabe.[360]

V.2.2 Angabe zur Ausübung des Methodenwahlrechts

In IDW RS BFA 3 Tz. 21 sind die periodische (GuV-orientierte) und die barwertige (statische) Betrachtungsweise als zulässige Methoden zur Umsetzung der Verlautbarung festgelegt. Die gesetzliche Grundlage für die Angabe im Anhang findet sich in § 284 Abs. 2 Nr. 1 HGB. Danach ist eine Angabe zum planmäßigen Verfahren zur Ermittlung eines Wertansatzes anzugeben.[361] Für die Auswertung wird die Ausübung des Wahlrechts als binäre Verteilung dargestellt. Die Ausprägung 1 steht für die barwertige Betrachtungsweise. Hierunter werden Angaben erfasst, sofern unter anderem explizit der „Barwert-Buchwert-Vergleich" oder die „barwertige Betrachtungsweise" genannt sind. Infolgedessen steht die Ausprägung 0 für die GuV-orientierte (periodenorientierte) Betrachtungsweise. Als Synonym hierfür gelten etwa Formulierungen wie „periodischer (GuV-orientierter) Ansatz" oder „abgezinste Zahlungsströme". Eine Übersicht über weitere Formulierungen aus den Jahresabschlüssen 2011 und 2012 ist in den Abbildungen 12 und 13 zusammengestellt.

---

sich lediglich wesentliche Unterschiede beim Vergleich der öffentlichen Institute und Bausparkassen, der Sparkassen mit den Bausparkassen und Förderinstituten sowie der Genossenschaftsbanken und Bausparkassen. In allen vier Fällen sind die Unterschiede auf die durchweg vorhandene Angabe bei den öffentlichen Instituten sowie Sparkassen und gleichzeitig relativ niedrigen Angabenanteile bei den Bausparkassen und Förderinstituten zurückzuführen, vgl. Anhang 3.1, Tabelle 35.

360 Damit wird auch der „Disclosure Theory" entsprochen. Diese sagt nur einen Nutzen eines größeren Informationsumfangs vorher, sofern ein Manager (oder Standardsetter selbst) glaubwürdig versichert, den Umfang auch zukünftig bereitzustellen, vgl. u. a. Diamond/Verrecchia (1991), oder Baiman/Verrecchia (1996).

361 Vgl. u. a. Scharpf/Schaber (2013), S. 106.

Darstellung im Abschluss	Institut (Angabejahr)
Dies erfolgte mithilfe der **Barwert-/Buchwertmethode**.	DZ Bank (2011)
Der **Barwert des Bankbuchs übersteigt** nach den Berechnungen der Bank zum 31. Dezember 2011 **den Buchwert** deutlich.	ING DiBa AG (2011)
Im Rahmen der Berechnung haben wir den handelsrechtlichen Buchwerten der bilanziellen und außerbilanziellen Geschäfte des Bankbuchs die zinsinduzierte Barwerte gegenübergestellt und von dem **positiven Überschuss der Barwerte über die Buchwerte** die barwertig ermittelten Risikokosten und Verwaltungskosten abgezogen.	HSH Nordbank AG (2011)
Die verlustfreie Bewertung des Bankbuchs erfolgt anhand der **Barwertmethode**.	Wüstenrot Bausparkasse AG (2011)
Anwendung findet die **barwertige Betrachtungsweise**.	Sparda-Bank Berlin eG (2011)
Nach dem Prinzip der verlustfreien Bewertung von Zinsrisiken im Jahresabschluss von Kreditinstituten ergibt sich die Notwendigkeit zur Bildung einer Rückstellung für drohende Verluste aus schwebenden Geschäften nur insoweit, dass der **Buchwert des Bankbuchs größer ist als der Barwert des Bankbuchs**.	Ostsächsische Sparkasse Dresden (2012)
Zur Bewertung des Zinsbuchs ist im Rahmen einer **wertorientierten Betrachtung**[362] unter Beachtung der IDW-Stellungnahme ERS BFA 3 untersucht worden, ob sich aus der Bewertung der gesamten Zinsposition des Bankbuchs ein Verpflichtungsüberschuss ergibt.	Sparkasse Westmünsterland (2011)

Abbildung 12: Beispiele für die barwertige Betrachtungsweise

Darstellung im Abschluss	Institut (Angabejahr)
Hierbei wurde im Rahmen einer **GuV-orientierten Betrachtung** des Bestandsgeschäfts unter Berücksichtigung der Schließung offener Festzinspositionen sowie von Risikokosten und Verwaltungskosten ein barwertiges Periodenergebnis über den Gesamtbetrachtungszeitraum ermittelt.	DKB Deutsche Kreditbank AG (2011)
Die Bewertung wird durch eine **periodische Betrachtung** und Diskontierung der einzelnen Periodenergebnisse vorgenommen.	Santander Consumer Bank AG (2011)
Zur Berechnung eines etwaigen rückstellungspflichtigen Betrages im Rahmen der verlustfreien Bewertung des Bankbuchs wurde **ein periodischer (GuV-orientierter) Ansatz** verwendet.	Landwirtschaftliche Rentenbank (2012)
Hierbei wurde die **GuV-orientierte Methodik** verwendet.	Investitions- und Strukturbank Rheinland-Pfalz (2011)
Im Rahmen einer **periodenorientierten Betrachtung** unter Beachtung der IDW-Stellungnahme ERS BFA 3 ist untersucht worden, ob sich aus der Bewertung der gesamten Zinsposition des Bankbuchs ein Verpflichtungsüberschuss ergibt.	Sparkasse Bochum (2011)
Bezüglich der verlustfreien Bewertung des Anlagebuchs gemäß IDW RS BFA 3 hat die Deutscher Ring Bausparkasse AG auf Basis einer **periodischen (GuV-orientierten) Betrachtungsweise** die Notwendigkeit der Bildung einer Rückstellung abgeschätzt.	Deutscher Ring Bausparkasse AG (2012)
Zur Ermittlung der verlustfreien Bewertung zinsbezogener Geschäfte des Bankbuchs hat die Deutsche Bank Bauspar-AG **den Barwert aus den zum Abschlussstichtag abgezinsten Zahlungsströmen** der Finanzinstrumente des Bankbuchs berechnet.	Deutsche Bank Bauspar AG (2012)

Abbildung 13: Beispiele für die periodische Betrachtungsweise

---

362 Die wertorientierte Betrachtung wird mit barwertiger Betrachtungsweise gleichgesetzt. Dies entspricht der Formulierung bei der aufsichtlichen Beurteilung interner Risikotragfähigkeitskonzepte (wertorientierte RDP vs. GuV-/bilanzorientierte RDP). Für die Äquivalenz der Begriffe, vgl. u. a. Wimmer (2009), S. 423.

Bezogen auf die Gesamtanzahl der im Rahmen der Untersuchung berücksichtigten Institute beläuft sich der Anteil der Institute, die keine Angabe zur Betrachtungsweise in 2011 bzw. in 2012 veröffentlichen, auf 52,2 % bzw. 12,09 %.[363] Allerdings lassen sich bei der Untersuchung teilweise auch Grenzfälle feststellen. Als Grenzfall wird eine Angabe mit unpräziser Information (nicht verwertbare Angabe) in Bezug auf die Betrachtungsweise definiert. So steht im Jahresabschluss 2012 der LBS Ostdeutschen Landesbausparkassen:

„Die verlustfreie Bewertung des Bankbuchs erfolgt nach der periodischen (GuV-orientierten)/(statisch) barwertigen Betrachtungsweise. [...] *Eine Rückstellung für einen Verpflichtungsüberschuss aus dem Geschäft mit zinsbezogenen Finanzinstrumenten im Bankbuch ist nicht zu bilden."*

Obwohl das Institut sich bemüht, eine Angabe zu formulieren, wird im Datensatz aufgrund der Nennung beider Betrachtungsweisen keine Zugehörigkeit vermerkt. Darüber hinaus gibt es eine Reihe an Instituten, die trotz der Angabepflicht auf diese verzichteten und lediglich eine allgemeine Angabe zur verlustfreien Bewertung formulieren. So enthält etwa der Jahresabschluss 2011 der Sparkasse Duisburg folgende Ausführung:

„Zinsbezogene Finanzinstrumente unseres Bankbuchs haben wir auf der Grundlage des vom IDW veröffentlichten Entwurfs des RS BFA 3 bewertet ("verlustfreie Bewertung"). Ein Verpflichtungsüberschuss besteht nicht, so dass die Bildung einer Rückstellung nicht erforderlich war."

Unterteilt nach Institutsgruppen enthält Tabelle 21 eine Übersicht über die jeweils angewendeten Betrachtungsweise für die Jahresabschlüsse 2011 und 2012. Insgesamt wird in beiden Jahren größtenteils mit einem Anteil von 86,21 % (2011) und 90,00 % (2012) die barwertige Betrachtungsweise angewendet. Damit bestätigen die Ergebnisse, dass in den letzten Jahren viele Institute eine barwertige Steuerung implementierten. So zeigen ältere Untersuchungen, dass Institute zumindest in der Vergangenheit dazu tendierten, die Gesamtbanksteuerung periodisch (GuV-orientiert) auszurichten, eine Umstellung auf die barwertige Ausrichtung allerdings anvisierten. Etwa gaben in der Untersuchung von

363 Diese Anteile beziehen sich jeweils auf die Gesamtanzahl (182) der in der Untersuchung berücksichtigten Institute, vgl. Tabelle 20.

Grimmer[364] – bei möglicher Mehrfachnennung – 94 % der befragten Institute an, die periodische Ergebnisverdichtung in der laufenden Ergebnisnachkalkulation im Kundengeschäft einzusetzen, 29 % hingegen zumindest auch die barwertige.[365] Zudem bestätigten 46 % der Institute die Planung einer demnächst bevorstehenden EDV-Umstellung für die barwertige Nachkalkulation.[366]

Tabelle 21: Angabe der Betrachtungsweise im Jahresabschluss 2011 und 2012

Methode	2011			2012		
	GuV	BW	Gesamt*	GuV	BW	Gesamt*
Private KI	4 (30,77 %)	9 (69,23%)	13 (86,67 %)	3 (15,79 %)	16 (84,21 %)	19 (95,00 %)
Öffentl. KI	2 (13,33 %)	13 (86,67 %)	15 (83,33 %)	2 (11,11 %)	16 (88,89 %)	18 (100,00 %)
Spk	3 (7,32 %)	38 (92,68 %)	41 (82,00 %)	4 (7,84 %)	47 (92,16 %)	51 (100,00 %)
Genos	0 (0,00 %)	2 (100,00 %)	2 (7,69 %)	0 (0,00 %)	43 (100,00 %)	43 (86,00 %)
Bauspk	0 (0,00 %)	7 (100,00 %)	7 (100,00 %)	3 (18,75 %)	13 (81,25 %)	16 (100,00 %)
Förder-KI	3 (33,33 %)	6 (66,67 %)	9 (90,00 %)	5 (35,71 %)	9 (64,29 %)	14 (100,00 %)
Gesamt	12 (13,79 %)	75 (86,21 %)	87 (69,05 %)	16 (10,00 %)	144 (90,00 %)	160 (94,67 %)

Die absoluten Werte zeigen die Häufigkeit der angewendeten Betrachtungsweise an. Die relativen Werte in Bezug auf die Methoden beziehen sich auf die Gesamtanzahl der Institute je Institutsgruppe, die eine Angabe zur Betrachtungsweise machen.
*Die Prozentangaben beziehen sich jeweils auf die Institute, die eine Angabe machen (vgl. Tabelle 20).

Im Hinblick auf die Institutsgruppen zeigt Tabelle 21, dass Förderinstitute und private Institute die höchsten Anteile bei der Anwendung der periodischen Betrachtungsweise mit 33,33 % bzw. 30,77 % in 2011 und 35,71 % bzw. 15,79 % in 2012 aufweisen.[367] Genossenschaftsbanken und Bausparkassen wenden in 2011 ausschließlich die barwertige Betrachtungsweise an. Bei diesen beiden Institutsgruppen liegt jedoch insgesamt ein sehr geringer Anteil der Angabe der Betrachtungsweise mit 3,77 % bzw. 33,33 % vor. Für 2012

364 Vgl. Grimmer (2003): *Gesamtbanksteuerung – Theoretische und empirische Analyse des Status Quo in der Bundesrepublik Deutschland, Österreich und der Schweiz.*

365 Die Prozentabgaben beziehen sich jeweils rein auf die Institute, die pro Frage geantwortet haben. Für die periodenorientierte (barwertorientierte) Nachkalkulation liegen Rückmeldungen von 132 (109) Instituten vor, vgl. Grimmer (2003), S. 217.

366 Vgl. Grimmer (2003), S. 127.

367 Die Ergebnisse werden durch die Ergebnisse des exakten Tests nach Fisher bestätigt. Darin zeigen sich wesentliche Unterschiede zwischen privaten Instituten und Sparkassen in 2011 sowie zwischen Genossenschaftsbanken und privaten Instituten bzw. Förderinstituten in 2012. Der Grund hier ist, dass private Institute in 2011 und 2012 wesentlich häufiger die periodische Betrachtungsweise anwenden und Förderinstitute in 2012 ebenfalls relativ häufiger auf die periodische Betrachtungsweise zurückgreifen, vgl. Anhang 3.1, Tabelle 36 und 37.

weisen ebenfalls Genossenschaftsbanken ausschließlich die barwertige Betrachtungsweise bei einer Angabequote von 86,00 % aus.[368]

In 2011 sind allgemein die höchsten Anteile der Angaben der Methode mit 83,33 % bzw. 80,39 % sowie mit je 100,00 % bei öffentlichen Instituten und Sparkassen festzustellen. In beiden Institutsgruppen wird hauptsächlich die barwertige Betrachtungsweise umgesetzt. Die Ergebnisse der Genossenschaftsbanken und Sparkassen für 2011 und 2012 lassen darauf schließen, dass bei ihnen für 2012 vonseiten der Verbände jeweils eine Vorgabe vorliegt. Der Auswertung nach ist dies vermutlich für Genossenschaftsbanken im Rahmen des Jahresabschlusses 2011 nicht der Fall.

V.2.3 Angabe zum Verpflichtungsüberschuss und zur Drohverlustrückstellung

Mit Sicherheit eine der interessantesten Informationen für externe Adressaten ist die Angabe zum Verpflichtungsüberschuss. Entsprechend den Ausführungen in Abschnitt V.1.3 können die Adressaten nun die Profitabilität und Effizienz der Institute besser beurteilen, insbesondere für den Fall eines Verpflichtungsüberschusses. Dessen Kenntlichmachung erfolgt bilanziell durch die Bildung einer Drohverlustrückstellung[369] und einer Anhangsangabe[370]. Ein Verpflichtungsüberschuss kann bei externen Adressaten Zweifel an der zukünftigen Profitabilität bis hin zur Gefährdung des Fortbestands hervorrufen, sodass es für Institute, die 2011 einen Drohverlust auszuweisen hätten, vorteilhaft wäre, auf eine Angabe bzw. Kenntlichmachung im Allgemeinen zu verzichten. Dass dieser Gedanke unter Umständen nicht so abwegig ist, könnte man etwa bei der SEB AG annehmen. In den verfügbaren Informationen für 2011 ist kein Hinweis auf die verlustfreie Bewertung zu enthalten, allerdings ist im Folgejahr folgender Hinweis im Jahresabschluss veröffentlicht:

„Im Berichtsjahr konnte ein Teilbetrag von 60,0 Millionen Euro aus der Rückstellung zur verlustfreien Bewertung des Bankbuchs wieder aufgelöst werden und bedingt durch den Wegfall der Belastung des Vorjahres insgesamt ein positives Bewertungsergebnis in Höhe von 59,6 Millionen Euro erzielt werden."

Mit dieser Zurückhaltung und dann „guten Nachricht" ist die SEB AG nicht wirklich gefährdet, möglichen negativen Handlungen seitens ihrer externen Adressaten ausgesetzt

---

368 Die durchweg angewendete barwertige Betrachtungsweise der Genossenschaftsbanken in 2012 spiegelt sich auch in dem Ergebnis des exakten Tests nach Fisher wider, vgl. Anhang 3.1, Tabelle 37.

369 Vgl. IDW RS BFA 3 Tz. 9 f.

370 Vgl. IDW RS BFA 3 Tz. 41.

zu werden. Trotz der nachträglichen Information für 2011 ist für die statistische Auswertung im Datensatz keine Angabe in 2011 erfasst. Allgemein wird bei der Auswertung von einer Angabe zu einem Verpflichtungsüberschuss ausgegangen, wenn eine direkte oder eine beschreibende Formulierung im Jahresabschluss enthalten ist. Beispiele hierfür sind in Abbildung 14 aufgelistet.

Darstellung im Abschluss	**Institut (Angabejahr)**
Ein **Verpflichtungsüberschuss** hat sich zum Bilanzstichtag **nicht ergeben**.	Sparda-Bank Berlin eG (2012)
Danach weist das Zinsbuch zum Stichtag **stille Reserven** aus.	Investitionsbank Schleswig Holstein (2011)
Zum 31. Dezember 2012 **ergab sich nicht die Notwendigkeit der Bildung einer Drohverlustrückstellung** gemäß § 340a HGB in Verbindung mit § 249 Abs. 1 Satz 1 HGB.	DZ Bank (2012)
Eine **Rückstellung** war **nicht erforderlich**.	Kreissparkasse München Starnberg Ebersberg (2011)

Abbildung 14: Beispiele für Angaben zum Verpflichtungsüberschuss

Von den insgesamt 126 Instituten, deren Jahresabschlüsse von 2011 eine Angabe zur verlustfreien Bewertung aufweisen, verzichten 29,37 % auf eine Angabe zum Verpflichtungsüberschuss (siehe Tabelle 22). Besonders zurückhaltend sind Genossenschaftsbanken mit einer Verzichtsquote von 92,31 %.[371] Als Pendant zu den Genossenschaftsbanken zählen Sparkassen[372] und Bausparkassen mit Angaben von 98,00 % bzw. 85,71 %. Bei den Bausparkassen veröffentlichten jedoch insgesamt nur sieben Institute (33,33 %) überhaupt eine Angabe zur verlustfreien Bewertung.

Für die Jahresabschlüsse von 2012 lassen sich indes durchweg hohe Anteile in Bezug auf die Angabe zum Verpflichtungsüberschuss beobachten. Von 169 Instituten, die eine Angabe zu verlustfreien Bewertung im Allgemeinen machen, ist in über 90 % der Abschlüsse

371 Die Ergebnisse des exakten Tests nach Fisher zeigen Unterschiede zwischen den Genossenschaftsbanken und den anderen Institutsgruppen für 2011. Damit bestätigt sich die Zurückhaltung der Genossenschaftsbanken, vgl. Anhang 3.1, Tabelle 38. Einzig dem Jahresabschluss der Sparda-Bank Berlin eG und der Volksbank Stuttgart eG ist eine Angabe zu entnehmen.

372 Die Ergebnisse des exakten Tests nach Fisher zeigen Unterschiede zwischen den Sparkassen und privaten Instituten, öffentlichen Instituten, Genossenschaftsbanken und Förderinstituten. Dies ist auf die konsequente Umsetzung bei den Sparkassen zurückzuführen, vgl. Anhang 3.1, Tabelle 38.

eine Angabe zum Verpflichtungsüberschuss vorhanden. Spitzenreiter sind erneut Sparkassen mit vollzähliger Angabe, gefolgt von öffentlichen Instituten (94,44 %) und Genossenschaftsbanken (94,00 %).[373]

Tabelle 22: Angabe über einen Verpflichtungsüberschuss in 2011 und 2012

VÜ-Angabe	2011			2012		
	ja	nein	Gesamt*	ja	nein	Gesamt*
Private KI	11 (73,33 %)	4 (26,67 %)	15 (71,43 %)	17 (85,00%)	3 (15,00 %)	20 (95,24 %)
Öffentl. KI	13 (72,22 %)	5 (27,78 %)	18 (100,00 %)	17 (94,44 %)	1 (5,56 %)	18 (100,00 %)
Spk	49 (98,00%)	1 (2,00 %)	50 (98,04 %)	51 (100,00 %)	0 (0,00 %)	51 (100,00 %)
Genos	2 (7,69 %)	24 (92,31 %)	26 (49,06 %)	47 (94,00 %)	3 (6,00 %)	50 (94,34 %)
Bauspk	6 (85,71 %)	1 (14,29 %)	7 (33,33 %)	13 (81,25 %)	3 (18,75 %)	16 (76,19 %)
Förder-KI	8 (80,00 %)	2 (20,00 %)	10 (55,56 %)	13 (92,86 %)	1 (7,14 %)	14 (77,78 %)
Gesamt	89 (70,63 %)	37 (29,37 %)	126 (69,23 %)	158 (93,49 %)	11 (6,51 %)	169 (92,86 %)

Die absoluten Werte zeigen die Häufigkeit der Angabe zum Verpflichtungsüberschuss. Die relativen Werte in Bezug auf das Vorhandensein einer Angabe beziehen sich auf die Gesamtanzahl der Institute je Institutsgruppe, die eine Angabe zum Verpflichtungsüberschuss machen.
* Die Prozentangaben beziehen sich jeweils auf die Institute, die eine Angabe machen (vgl. Tabelle 20).

Äußerst eng verbunden mit der Angabe zum Verpflichtungsüberschuss ist die Angabe zur Drohverlustrückstellung, da diese aus einem Verpflichtungsüberschuss resultiert. Begründet über die weitreichenden Implikationen für ein Institut, wird diese Angabe separat ausgewertet. Von einer Angabe zur Drohverlustrückstellung wird ausgegangen, sofern im Jahresabschluss eine Formulierung zur „Bildung einer Drohverlustrückstellung" oder „Rückstellung nach § 249 Abs. 1 Satz 1 HGB" enthalten ist.

Von den 89 Instituten, die im Jahr 2011 eine Angabe zum Verpflichtungsüberschuss machen, besteht bei 87 keine Notwendigkeit zur Bildung einer Drohverlustrückstellung (siehe Tabelle 23). Lediglich ein privates Institut sowie eine Genossenschaftsbank bilden

373 Das Ergebnis in Bezug auf die Genossenschaftsbanken wird durch den exakten Test nach Fisher unterstrichen. Durch die Umsetzung der Angabe der Genossenschaftsbanken im Jahresabschluss 2012 zeigen sich lediglich wesentliche Unterschiede zwischen den Sparkassen und privaten Instituten sowie Bausparkassen, vgl. Anhang 3.1, Tabelle 39.

eine Drohverlustrückstellung im Rahmen der verlustfreien Bewertung.[374] Bei dem privaten Institut handelt es sich um die Dexia DKD Kommunalbank Deutschland AG. In ihrem Jahresabschluss 2011 wird folgende Information angeben:

„Sie beinhaltet Zuführungen zur Drohverlustrückstellung im Rahmen der verlustfreien Bewertung des Bankbuchs nach dem Entwurf der Stellungnahme des Bankenfachausschusses des Instituts der Wirtschaftsprüfer in Deutschland e.V. vom 9. Dezember 2011 (IDW ERS BFA 3) in Höhe von 77,0 Mio. Euro."

Bei dem anderen Institut handelt es sich um die Volksbank Stuttgart eG. In Ihrem Jahresabschluss 2011 wird die Bildung der Drohverlustrückstellung wie folgt begründet:

„Diese Swaps weisen zum Jahresende 2011 aufgrund der gefallenen Marktzinssätze einen negativen Zeitwert aus. Da diese Zinsswaps im Hinblick auf unsere Zinsmeinung derzeit keine Sicherungswirkung mehr entfalten, haben wir ihre negativen Zeitwerte im Rahmen der verlustfreien Bewertung im Jahresabschluss 2011 mit einer Rückstellung abgeschirmt."

Tabelle 23: Angabe über eine Drohverlustrückstellung in 2011 und 2012

Drohverlust	2011			2012		
	ja	nein	Gesamt*	ja	nein	Gesamt*
Private KI	1 (9,09 %)	10 (90,91 %)	11 (73,33 %)	1 (5,88 %)	16 (94,12 %)	17 (85,00 %)
Öffentl. KI	0 (0,00 %)	13 (100,00 %)	13 (72,22 %)	0 (0,00 %)	17 (100,00 %)	17 (94,44 %)
Spk	0 (0,00 %)	49 (100,00 %)	49 (98,00 %)	0 (0,00 %)	51 (100,00 %)	51 (100,0 %)
Genos	1 (50,00 %)	1 (50,00%)	2 (7,69 %)	0 (0,00 %)	47 (100,00 %)	47 (94,00 %)
Bauspk	0 (0,00 %)	6 (100,00 %)	6 (85,71 %)	0 (0,00 %)	13 (100,00 %)	13 (81,25 %)
Förder-KI	0 (0,00 %)	8 (100,00 %)	8 (80,00 %)	0 (0,00 %)	13 (100,00 %)	13 (92,86 %)
Gesamt	2 (2,25 %)	87 (97,75 %)	89 (70,63 %)	1 (0,63 %)	157 (99,37 %)	158 (93,49 %)

Die absoluten Werte zeigen die Häufigkeit der Angabe zur Drohverlustrückstellung. Die relativen Werte in Bezug auf das Vorhandensein einer Angabe beziehen sich auf die Gesamtanzahl der Institute je Institutsgruppe, die eine Angabe zur Drohverlustrückstellung machen.

* Die Prozentangaben beziehen sich jeweils auf die Institute, die eine Angabe zum Verpflichtungsüberschuss machen (vgl. Tabelle 22).

374 Aufgrund der sehr geringen Anzahl an Drohverlustrückstellungen wird auf eine Überprüfung auf Unterschiede mittels des exakten Tests nach Fisher verzichtet. Die Testergebnisse würden zu keinem wirklichen Informationsgewinn führen.

Gemäß der Auswertung bildet in 2012 nur ein Institut eine Drohverlustrückstellung im Rahmen der verlustfreien Bewertung (siehe Tabelle 23). Dies ist, wie bereits erwähnt die SEB AG, die einen Teilbetrag der in 2011 gebildeten Drohverlustrückstellung auflösen konnte. Ein ähnliches Vorgehen in Form einer nachträglichen Information für 2011 im Jahresabschluss 2012 ist auch bei anderen Instituten vorzufinden. Bei ihnen liegt jedoch jeweils kein Drohverlust vor. Für die vorliegende Analyse werden die Informationen nicht erfasst, wenngleich sie für externe Adressaten hilfreich sein können, da sie Aussagen zur Stabilität und Kontinuität vermitteln.

Insgesamt zeigen die Ergebnisse zur Angabe einer Bildung einer Drohverlustrückstellung in 2011 und 2012, dass Kreditinstitute i. S. d. § 1 Abs. 1 KWG, deren Fokus nicht auf dem klassischen Einlagen- und Kreditgeschäft liegt, also Bausparkassen und Förderinstitute, durch die Umsetzung der IDW Verlautbarung keinerlei negative Informationen veröffentlichen. Vielmehr wird belegt, dass diese Institutsgruppen bemüht sind, eine Angabe zum Verpflichtungsüberschuss abzugeben. Für den Abschluss 2011 liegt der Anteil der Angabe, sofern eine Angabe zur verlustfreien Bewertung gemacht wird, bei den Förderinstituten bei 80,00 % und bei den Bausparkassen sogar bei 85,71 %. Damit ist einzig der Anteil unter den Sparkassen höher. Für das Abschlussjahr 2012 muss man zwischen den Institutsgruppen differenzieren; bei 92,86 % der Förderinstitute liegt eine Angabe vor, damit relativ gesehen sogar häufiger als bei den privaten Instituten. Der Anteil der Angabe bei den Bausparkassen ist mit 81,25 % weiterhin hoch, allerdings muss berücksichtigt werden, dass dies der niedrigste Anteil bei den untersuchten Institutsgruppen ist. Insgesamt kann die mit der IDW Verlautbarung anvisierte Nachkalkulation jedoch als Robustheitsindikator für die Geschäftsmodelle der Bausparkassen und Förderinstitute interpretiert werden.

V.2.4 Umfang an veröffentlichten Informationen

Gemäß § 284 Abs. 2 Nr. 1 HGB sind im Anhang angewandte Bilanzierungs- und Bewertungsmethoden anzugeben. Der Begriff Bewertungsmethode umfasst dabei „nicht nur formal den Ablauf der Wertermittlung, sondern auch materiell die innerhalb einer Methode zur Anwendung kommenden Messgrößen und Rechenformeln"[375]. Zur Untersuchung, in-

375 Scharpf/Schaber (2013), S. 106.

wieweit Institute dieser Pflicht nachkommen, sind die qualitativ angegeben Informationen mittels Codierung erfasst.[376] Für jede Information wird stellvertretend ein Punkt vergeben. Alle möglichen Informationsaspekte sind in Abbildung 15 aufgelistet. Danach können Institute maximal 16 Punkte erreichen. Für die Auswertung werden Formulierungsungenauigkeiten bzw. -defizite außer Acht gelassen, und die wahrscheinlich antizipierte Aussage berücksichtigt. So ist etwa im Jahresabschluss 2011 der Bausparkasse Schwäbisch Hall AG folgender Satz enthalten:

„Zum Stichtag 31.12.2011 bestand für die Bausparkasse kein negativer Verpflichtungsüberschuss."

Die doppelte Verneinung von „kein" und „negativ" drückt streng genommen entweder einen positiven Verpflichtungsüberschuss oder einen Verpflichtungsüberschuss i. H. v. null aus. Begründet über die Vielzahl an Bankgeschäfte ist ein Verpflichtungsüberschuss i. H. v. null unrealistisch. Daher hätte das Institut sehr wahrscheinlich eher eine Drohverlustrückstellung gebildet. Allerdings findet sich hierfür kein weiterer Hinweis, sodass eher davon auszugehen ist, dass sich das Institut relativ eng an der Verlautbarung mit der Formulierung „Verpflichtungsüberschuss" halten will, und das „negativ" als Pendant zu einem „positiven" Verpflichtungsüberschuss ansetzt. Mit dem „kein" ist somit eher die wirkliche Verneinung beabsichtigt. Gleiches gilt für die Jahresabschlüsse 2011 und 2012 der LBS Landesbausparkasse Baden-Württemberg. Bei beiden Instituten wird daher davon ausgegangen, dass keine Drohverlustrückstellung erfolgt.

Ein anderes Beispiel für ein Missverständnis bzw. Ungenauigkeit ist im Jahresabschluss 2012 der WGZ BANK AG zu finden. Darin heißt es:

„Aus der barwertigen Bewertung der zinsbezogenen Geschäfte des Bankbuchs (Nicht-Handelsbestand) unter Berücksichtigung von Schließungskosten, Verwaltungsaufwendungen und Risikokosten gemäß dem IDW RS BFA 3 ergibt sich kein Rückstellungsbedarf."

Zwar entspricht dies dem Wortlaut der Verlautbarung, allerdings liegt hierbei mit Verweis auf Abschnitt IV.2.3.4 ein methodischer Fehler vor, denn im Rahmen der barwertigen Betrachtungsweise soll keine Schließung vollzogen werden, da diese dem Barwert-Konzept entgegensteht und zur Verletzung der Methodenfreiheit über das Lücke-Theorem

[376] Damit wird den Ausführungen von Kuckartz (2012) gefolgt.

führen kann. Für die Auswertung wird jedoch auch diese Information zur Schließung als Informationsaspekt gewertet.[377] Als Angabe gewertet, aber nicht weiter als Informati onsaspekt erfasst, wird die folgende Angabe der Investitions- und Strukturbank Rheinland-Pfalz im Jahresabschluss 2011:

„Die verlustfreie Bewertung des Bankbuchs erfolgt nach dem Grundsatz der Bewertungskonvention."

Die Bewertungskonvention (auch bekannt unter Bilanzierungskonvention) ist der Vorgänger der verlustfreien Bewertung.[378]

Nr.	Information	Beispiel	Institut (Angabejahr)
1	Vorgehensweise/ Informationen zum Konzept allgemein	Die Bewertung dieser derivativen Finanzinstrumente erfolgt im Rahmen **einer Gesamtbetrachtung aller zinstragenden Positionen** des Bankbuchs nach dem Grundsatz der **verlustfreien Bewertung**.	Bank für Kirche und Caritas eG (2011)
		Die **zinsbezogenen Finanzinstrumente des Bankbuchs** werden im Rahmen einer Gesamtbetrachtung **nach Maßgabe von IDW RS BFA 3** verlustfrei bewertet.	VR Bank Main-Kinzig-Büdingen eG (2012)
2	Quick-Check	Die zur Steuerung des allgemeinen Zinsänderungsrisikos im Bankbuch (Aktiv/Passiv-Steuerung) abgeschlossenen derivativen Geschäfte werden im Rahmen einer Gesamtbetrachtung aller zinstragenden bilanziellen und außerbilanziellen Positionen des Bankbuchs nach Maßgabe von IDW RS BFA 3 verlustfrei bewertet (**Quick-Check**).	Pax-Bank eG (2012)
		Aus der Gegenüberstellung von dem aus dem Gesamt-Cash-Flow der Sparkasse errechneten Barwert und dem Buchwert des Zinsbuchs resultiert zum Bilanzstichtag insgesamt ein **deutlicher Überschuss**. Auf die **Berücksichtigung von Verwaltungs- und Risikokosten wurde daher verzichtet**.	Sparkasse Saarbrücken (2011)
3	Betrachtungsweise	Siehe Beispiele aus Abschnitt „Methodenwahlrecht".	
4	Risikokosten	Die Bewertung erfolgt auf Basis von Barwerten unter Einbeziehung von **Risiko**- und Verwaltungs**kosten**.	DekaBank (2011)
5	Erweiterte Informationen zu Risikokosten	Die Risikokosten sind aus **aufsichtsrechtlichen Vorgaben für das Meldewesen (Standardrisikokosten)** abgeleitet.	Dexia DKD Kommunalbank Deutschland AG (2011)
		Die **Standardrisikokosten** werden analog zur Methodik für die Risikokostenermittlung berechnet. Dabei werden die **mehrjährigen erwarteten Verluste** zugrunde gelegt.	Bayern LB (2012)

377 Darüber hinaus lassen sich noch redaktionelle Unstimmigkeiten in Form von Verweisen auf den Entwurf trotz der Verabschiedung der finalen IDW Verlautbarung sowie Buchstabendreher feststellen. So enthält bspw. der Jahresabschluss 2012 der Investitions- und Strukturbank Rheinland-Pfalz folgende Angabe: „Im Geschäftsjahr 2012 wurde das Bankbuch auf die Bildung einer Drohverlustrückstellung für zinsbezogene Risiken gemäß IDW RSH BFA 3 überprüft."

378 Siehe hierzu Abschnitt II.3.1 und III.1.1.

Nr.	Information	Beispiel	Institut (Angabejahr)
		Für die barwertige Berücksichtigung der Risikokosten werden die **Standardrisikokosten aus der Deckungsbeitragsrechnung** verwendet.	Bremer Landesbank Kreditanstalt Oldenburg (2011)
		Die **Risikokosten** wurden auf der Grundlage **zukünftig erwarteter Verluste (Expected Loss)** berechnet und die anteiligen Verwaltungskosten für die Bestandsverwaltung auf Basis interner Auswertungen angesetzt.	Landwirtschaftliche Rentenbank, (2012)
6	Verwaltungskosten	Hierbei werden Risikokosten und **Verwaltungskosten** berücksichtigt.	Landesbank Berlin AG (2011)
7	Erweiterte Informationen zu Verwaltungskosten	Die Ermittlung der Verwaltungskosten **basiert auf dem internen Kostencontrolling**. Sie berücksichtigt die **Prozesskosten für das Bestandsgeschäft** zum Stichtag sowie einen **Overhead- und Teuerungszuschlag.**	Bayern LB (2012)
		Vom Ergebnis dieser Ermittlung haben wir die **Verwaltungsaufwendungen** und Risikokosten abgezogen, die **bis zur vollständigen Abwicklung des Bestands** des Bankbuchs erwartet werden.	Kasseler Sparkasse (2011)
		Die **Grundlage für die Abschätzung** der zukünftigen **Verwaltungskosten** bilden **Planzahlen**. **Vorhersehbare Preis- und Lohnsteigerungen** fließen in die Berechnung ein.	Investitionsbank Sachsen-Anhalt (2012)
8	Refinanzierungskosten	Der Buchwert wird vom Nettovermögen abgezogen, die Risiko- und Verwaltungskosten sowie die **institutsspezifischen Refinanzierungskosten** für fiktive Schließungsgeschäfte werden im erforderlichen Umfang berücksichtigt.	Investitionsbank Berlin (2012)
		Bei der Beurteilung werden alle Zinserträge aus zinsbezogenen Finanzinstrumenten des Bankbuchs sowie die voraussichtlich noch zu deren Erwirtschaftung erforderlichen Aufwendungen (**Refinanzierungskosten**, Standard-Risikokosten, Verwaltungskosten) berücksichtigt.	Sparkasse Westmünsterland (2011)
9	Erweiterte Informationen zu Refinanzierungskosten	Um mögliche Kosten aus einer **erhöhten Refinanzierung** zu berücksichtigen, werden **Credit Spreads für die aktivischen Bonds und passivischen eigenen Emissionen** berücksichtigt.	Bremer Landesbank Kreditanstalt Oldenburg (2011)
10	VÜ/Bildung einer Drohverlustrückstellung	Siehe Beispiele aus Abschnitt „Verpflichtungsüberschuss"	
11	Bewertungsobjekt: bilanzielle und außerbilanzielle Geschäfte/Finanzinstrumente des Bankbuch	Im Rahmen der Berechnung einer möglichen Drohverlustrückstellung bei der verlustfreien Bewertung der **zinstragenden Geschäfte des Bankbuchs** werden diese **Derivate** berücksichtigt.	Landesbank Saar (2012)
		Daneben wurden die zur Steuerung des allgemeinen Zinsänderungsrisikos abgeschlossenen Zinsswapgeschäfte in eine **Gesamtbetrachtung aller bilanziellen und außerbilanziellen zinsbezogenen Finanzinstrumente außerhalb des Handelsbestands (Bankbuch)** einbezogen.	Mittelbrandenburgische Sparkasse in Potsdam (2011)
		Das Bankbuch umfasst – entsprechend dem **internen Risikomanagement** – alle **bilanziellen und außerbilanziellen zinsbezogenen Finanzinstrumente außerhalb des Handelsbestands**.	Förde Sparkasse (2011)
		Als Berechnungsgrundlage dient die **wertorientierte Risikotragfähigkeit des Bankbuchs**.	Investitionsbank Berlin (2012)

Nr.	Information	Beispiel	Institut (Angabejahr)
12	Erweiterte Informationen zu zinsbezogenen Geschäfte des Bankbuchs	**Basis** der verlustfreien Bewertung ist eine **Zinsablaufbilanz**. In der Zinsablaufbilanz sind alle **zinstragenden Bilanzpositionen des Kunden- und Interbankengeschäftes inklusive aller Zinsswapgeschäfte und Forward-Darlehen mit ihren vertraglichen Zahlungsströmen und Zinsbindungen** enthalten.	Santander Consumer Bank AG (2011)
		Dieses Bankbuch **umfasst alle Kunden-, Eigenanlage- und zur Zinsbuchsteuerung abgeschlossene Zinsswapgeschäfte** mit vergleichbarer maximaler Zinsbindungsdauer.	Stadtsparkasse Wuppertal (2012)
		Grundlage der Wertermittlung sind alle **Festzinsgeschäfte innerhalb der jeweiligen Restlaufzeit bezogen auf die Festzinsbindung**. Die Zahlungsströme **variabel verzinslicher Geschäfte** haben wir nach dem Verfahren der **„gleitenden Durchschnitte" aus der festgelegten Zinsanpassung** sowie dem **erwarteten Kundenverhalten** der entsprechenden Geschäfte abgeleitet.	Sparkasse Saarbrücken (2011)
		Abweichend davon werden aber entsprechend den Vorgaben des IDW (Entwurf BFA 3) zur Zeit bei der Ermittlung der Drohverlustrückstellung, unter Beibehaltung der in der **Kollektivsimulation ermittelten Zuteilungszeitpunkte, keine Cash Flows aus noch nicht kontrahiertem Neugeschäft** berücksichtigt.	Bausparkasse Schwäbisch Hall AG (2011)
13	Fiktive Schließung	**Betrags- und Laufzeitinkongruenzen** werden zum Abschlussstichtag **fiktiv durch Forward-Geschäfte geschlossen.**	Sparkasse Münsterland Ost (2011)
		Aus der barwertigen Bewertung der zinsbezogenen Geschäfte des Bankbuchs (Nicht-Handelsbestand) unter Berücksichtigung von **Schließungskosten**, Verwaltungsaufwendungen und Risikokosten gemäß dem IDW RS BFA 3 ergibt sich kein Rückstellungsbedarf.	WGZ Bank AG (2012)
14	Erweiterte Informationen zur fiktiven Schließung	**Betrags- und Laufzeitinkongruenzen** werden unter Verwendung **fristenadäquater Geld- und Kapitalmarktzinssätze zum Abschlussstichtag fiktiv geschlossen**, wobei die Finanzierungswirkung des Eigenkapitals Berücksichtigung findet.	Dexia DKD Kommunalbank Deutschland AG (2011)
		Zur Ermittlung der periodischen Ergebniswirkungen aus den **offenen Festzinspositionen** werden diese durch **fiktive, aus den Geld- und Kapitalmarktzinssätzen berechnete Forward-Sätze geschlossen**.	Deutsche Hypothekenbank AG (2011)
15	Diskontierungsfaktor	Diese werden mit der am **Bilanzstichtag gültigen Zinsstrukturkurve** abgezinst.	Targobank AG & Co. KGaA (2012)
		Als **Zinsstrukturkurve wurde die Swap-Kurve** per 31.12.2011 zugrunde gelegt.	Sparkasse Hannover (2011)
		Als **Zinsstrukturkurve** wurde die durch das Rechenzentrum zentral für alle Sparkassen bereit **gestellte Euribor-/Pfandbriefkurve** zugrunde gelegt.	Landessparkasse zu Oldenburg (2011)
16	Eigenkapital-Kostenansatz	Das **Eigenkapital** wird als Passivum mit den Verrechnungssätzen für die Zinsbuchsteuerung angesetzt.	Deutsche Hypothekenbank AG (2011)

Abbildung 15: Angegebene Informationen zu IDW (E)RS BFA 3

Tabelle 24: Informationsumfang nach Institutsgruppe in 2011

Anzahl abs.(rel.)	Institutsgruppe						**Gesamt**
	Private KI	**Öffentl. KI**	**Spk**	**Genos**	**Bauspk**	**Förder-KI**	
0/k.A.	**6** (28,57 %)	**0** (0,00 %)	**1** (1,96 %)	**27** (50,94 %)	**14** (66,67 %)	**8** (44,44 %)	**56** (30,77 %)
1	**5** (23,81 %)	**1** (5,56 %)	**0** (0,00 %)	**23** (43,40 %)	**0** (0,00 %)	**0** (0,00 %)	**29** (15,93 %)
2	**1** (4,76 %)	**4** (22,22 %)	**9** (17,65 %)	**2** (3,77 %)	**3** (14,29 %)	**4** (22,22 %)	**23** (12,64 %)
3	**4** (19,05 %)	**3** (16,67 %)	**1** (1,96 %)	**1** (1,89 %)	**2** (9,52 %)	**3** (16,67 %)	**14** (7,69 %)
4	**1** (4,76 %)	**1** (5,56 %)	**2** (3,92 %)	**0** (0,00 %)	**0** (0,00 %)	**0** (0,00 %)	**4** (2,20 %)
5	**2** (9,52 %)	**6** (33,33 %)	**4** (7,84 %)	**0** (0,00 %)	**0** (0,00 %)	**1** (5,56 %)	**13** (7,14 %)
6	**1** (4,76 %)	**2** (11,11 %)	**3** (5,88 %)	**0** (0,00 %)	**1** (4,76 %)	**2** (11,11 %)	**9** (4,95 %)
7	**0** (0,00 %)	**0** (0,00 %)	**20** (39,22 %)	**0** (0,00 %)	**0** (0,00 %)	**0** (0,00 %)	**20** (10,99 %)
8	**0** (0,00 %)	**0** (0,00 %)	**1** (1,96 %)	**0** (0,00 %)	**1** (4,76 %)	**0** (0,00 %)	**2** (1,10 %)
9	**1** (4,76 %)	**1** (5,56 %)	**2** (3,92 %)	**0** (0,00 %)	**0** (0,00 %)	**0** (0,00 %)	**4** (2,20 %)
10	**0** (0,00 %)	**0** (0,00 %)	**7** (13,73 %)	**0** (0,00 %)	**0** (0,00 %)	**0** (0,00 %)	**7** (3,85 %)
11	**0** (0,00 %)	**0** (0,00 %)	**1** (1,96 %)	**0** (0,00 %)	**0** (0,00 %)	**0** (0,00 %)	**1** (0,55 %)
Gesamt	**21**	**18**	**51**	**53**	**21**	**18**	**182**
Median	1,00	4,50	7,00	0,00	0,00	2,00	2,00
Mittel-wert	2,29	4,06	6,16	1,24	0,57	1,89	2,88
Stan-dard-abw.	2,43	1,98	2,75	0,67	2,21	2,11	3,06

Die angegebenen Werte zeigen die absolute und relative Anzahl an veröffentlichten Informationen je Institutsgruppe und gesamt.

Wie Tabelle 24 zu entnehmen ist, beträgt die maximale Anzahl, die ein Institut als Informationsangaben 2011 angibt, 11 Informationen. Für das Folgejahr beläuft sich die Höchstzahl auf 10 Informationen (siehe Tabelle 25). In beiden Fällen liegen die meisten Informationen bei der Sparkasse Bochum vor. Der Rückgang ihres Informationsumfangs liegt an der Streichung des Hinweises zur Schließung, der in 2011 noch wie folgt enthalten ist:

„Betrags- und Laufzeitinkongruenzen werden zum Abschlussstichtag fiktiv durch Forward-Geschäfte geschlossen."

Tabelle 25: Informationsumfang nach Institutsgruppe in 2012

Anzahl abs.(rel.)	Institutsgruppe Private KI	Öffentl. KI	Spk	Genos	Bauspk	Förder-KI	Gesamt
0/k.A.	**1** (4,76 %)	**0** (0,00 %)	**0** (0,00 %)	**3** (5,66 %)	**5** (23,81 %)	**4** (22,22 %)	**13** (7,14 %)
1	**1** (4,76 %)	**0** (0,00 %)	**0** (0,00 %)	**1** (1,89 %)	**0** (0,00 %)	**0** (0,00 %)	**2** (1,10 %)
2	**1** (4,76 %)	**2** (11,11 %)	**1** (1,96 %)	**9** (16,98 %)	**6** (28,57 %)	**1** (5,56 %)	**20** (10,99 %)
3	**4** (19,05 %)	**2** (11,11 %)	**7** (13,73 %)	**3** (5,66 %)	**3** (14,29 %)	**3** (16,67 %)	**22** (12,09 %)
4	**2** (9,52 %)	**0** (0,00 %)	**3** (5,88 %)	**1** (1,89 %)	**0** (0,00 %)	**1** (5,56 %)	**7** (3,85 %)
5	**4** (19,05 %)	**8** (44,44 %)	**4** (7,84 %)	**35** (66,04 %)	**2** (9,52 %)	**3** (16,67 %)	**56** (30,77 %)
6	**1** (4,76 %)	**4** (22,22 %)	**2** (3,92 %)	**1** (1,89 %)	**4** (19,05 %)	**4** (22,22 %)	**16** (8,79 %)
7	**5** (23,81 %)	**0** (0,00 %)	**22** (43,14 %)	**0** (0,00 %)	**1** (4,76 %)	**0** (0,00 %)	**28** (15,38 %)
8	**1** (4,76 %)	**1** (5,56 %)	**3** (5,88 %)	**0** (0,00 %)	**0** (0,00 %)	**1** (5,56 %)	**6** (3,30 %)
9	**1** (4,76 %)	**1** (5,56 %)	**2** (3,92 %)	**0** (0,00 %)	**0** (0,00 %)	**1** (5,56 %)	**5** (2,75 %)
10	**0** (0,00 %)	**0** (0,00 %)	**7** (13,73 %)	**0** (0,00 %)	**0** (0,00 %)	**0** (0,00 %)	**7** (3,85 %)
Gesamt	**21**	**18**	**51**	**53**	**21**	**18**	**182**
Median	5,00	5,00	7,00	5,00	2,00	4,50	5,00
Mittel-wert	4,81	5,06	6,53	4,02	2,95	3,94	4,79
Stan-dard-abw.	2,38	1,80	2,21	1,61	2,36	2,78	2,42

Die angegebenen Werte zeigen die absolute und relative Anzahl an veröffentlichten Informationen je Institutsgruppe und gesamt.

Auf alle Institute bezogen liegt der Durchschnitt in 2011 bei 2,88 bzw. in 2012 bei 4,79 angegebenen Informationen. Am meisten Informationen sind jeweils 2011 und 2012 in den Jahresabschlüssen der Sparkassen mit im Mittel 6,16 respektive 6,53 enthalten.[379] Der zweitgrößte Informationsumfang entfällt auf die öffentlichen Institute. Im Mittel haben diese Institute 4,06 (2011) Informationen bzw. 5,06 (2012) veröffentlicht.[380] Die wenigsten Informationen mit im Mittel 0,57 Informationen werden in den Jahresabschlüssen

379 Diese Erkenntnisse werden auch durch Mann-Whitney-U-Test bestätigt, der für ordinale Variablen ausgelegt ist. Für 2011 und 2012 lassen sich wesentliche Unterschiede in Bezug auf den Informationsumfang zwischen Sparkassen und den restlichen Institutsgruppen feststellen, vgl. Anhang 4.1, Tabelle 43.

380 Dies belegen auch die Ergebnisse des Mann-Whitney-U-Tests. So sind für 2011 wesentliche Unterschiede zwischen öffentlichen Instituten und den restlichen Instituten festzustellen. Ausgenommen ist hiervon ist der Vergleich mit Sparkassen; auch hier liegt ein wesentlicher Unterschiede vor, aber begründet über den noch größeren Informationsumfang seitens der Sparkassen. Für 2012 gelten die Erkenntnisse analog (mit Ausnahme von Förderinstituten), vgl. Anhang 4.1, Tabelle 43.

2011 von Genossenschaftsbanken veröffentlicht. In 2012 bilden die Bausparkassen mit im Mittel 2,95 veröffentlichen Informationen das Schlusslicht.

V.3 Weiterführende Auswertung des Datensatzes

V.3.1 Theoretische Überlegung über Einflussfaktoren auf wesentliche Umsetzungsmerkmale

V.3.1.1 Angabe im Jahresabschluss 2011 und 2012

Nach der Auswertung in Abschnitt V.2.1 sind insbesondere in den Jahresabschlüssen von Sparkassen und öffentlichen Instituten bereits in 2011 fast vollzählig Angaben zur verlustfreien Bewertung enthalten. Dabei wird als Grund ihre jeweilige Sonderstellung angenommen. Von den übrigen Instituten verzichten indes 48,67 % auf eine Angabe. Vor diesem Hintergrund wird im weiteren Verlauf der Untersuchung insbesondere geklärt, welche Einflussfaktoren – abgesehen von der Institutsgruppe – zur Angabe im Jahr Veröffentlichung der Entwurffassung beitragen. Aus theoretischer Sicht sind die Institute bei der Wahl der Angabe mit einer Abwägungsentscheidung zwischen möglichen Kosten und Nutzen der Angabe bzw. der Nicht-Angabe konfrontiert. In der Literatur wird in diesem Kontext der Zusammenhang zwischen der Bedeutung von Informationsasymmetrien auf den Unternehmenswert ausführlich erörtert. Hierbei zeigt sich, dass der Verzicht auf eine Angabe von den Anlegern kapitalmarktorientierter Unternehmen als nachteilige bzw. ungünstige Vorenthaltung von Informationen interpretiert wird.[381] Als Folge können etwa höhere Kapitalkosten resultieren[382], oder, sofern ein höherer Grad an Transparenz umgesetzt wird, führt dies zu niedrigeren Kapitalkosten.[383] Allerdings umfasst der vorliegende Datensatz nahezu ausschließlich Institute, die kein börsennotiertes Eigenkapital vorweisen. Einige besitzen allerdings gehandelte Fremdkapitaltitel, folglich kann dieses Argument in modifizierter Form auch auf den Datensatz angewandt werden.

Bezogen auf den Bankensektor, der allgemein als eher intransparent gilt,[384] können darüber hinaus Informationen in Form von Offenlegungsangaben zum Abbau von Informationsasymmetrien beitragen. Diese Verbindung wird in der Theorie über die Marktliquidität erklärt. Die Marktliquidität – insbesondere deren Erhöhung – ist das zugrunde liegende Ziel bei der Entwicklung der Mehrzahl an Vorschriften durch die Standardsetter.[385]

---

381 Siehe hierzu u.a. Grossman/Stiglitz (1980); Grossman (1981), oder Milgrom (1981).
382 Siehe hierzu u.a. Lambert/Leuz/Verrecchia (2007).
383 Siehe hierzu u.a. Healy/Palepu (2001); Verrecchia (2001); Core (2001), oder Dye (2001).
384 Siehe hierzu u.a. Flannery/Kwan/Nimalendran (2013), oder Morgan (2002).
385 Siehe hierzu u.a. Daske et al. (2008).

Empirisch wird diese Verbindung in zahlreichen Studien nachgewiesen.[386] Außerdem erhöht der Abbau von Informationsasymmetrien die Glaubwürdigkeit der Informationen. Die Glaubwürdigkeit kann sich dabei auch auf einzelne Informationen oder auf die Kommunikation als Ganzes beziehen. Der Zusammenhang von Glaubwürdigkeit und Informationsumfang ist unter anderem Gegenstand der „Disclosure Theory".[387] Unter Berücksichtigung der verschiedenen Erkenntnisse aus den Studien wird folgende Hypothese (H1) in Bezug auf die Angabe zur verlustfreien Bewertung getestet:

H1: Institute, die stärker von der Reduktion der Informationsasymmetrien durch die Angabe zur verlustfreien Bewertung profitieren, wählen häufiger die Veröffentlichung im Jahresabschluss 2011.

In welchem Umfang ein Institut von einer Reduktion der Informationsasymmetrie profitiert, wird an zwei Messgrößen quantifiziert; zum einen an der Relevanz, zum anderen an der Glaubwürdigkeit. In Bezug auf die Relevanz wird der Anteil des Kreditgeschäfts in Form von Forderungen zur Gesamtbilanz (Loans to Assets – LtA) herangezogen.[388] Zu den „Loans" zählen Forderungen an Kreditinstitute sowie an Nicht-Kreditinstitute, die zusammen klassischerweise bei Kreditinstituten den größten Anteil an der Bilanz darstellen.[389] Sofern ein hoher Anteil vorliegt, deutet dies darauf hin, dass Informationen über das Geschäftsmodell, insbesondere über das Kreditgeschäft, für externe Dritte, wie etwa Eigen- und Fremdkapitalgeber, eine höhere Bedeutung beigemessen werden. Diese Kennzahl wird des Öfteren in der Literatur verwendet,[390] bspw. als Modifikation auch nach Forderungen unterteilt[391].

Zur Quantifizierung der Glaubwürdigkeit dient die Wahl des Abschlussprüfers. Die Bedeutung der Wahl des Abschlussprüfers als „Gate-Keeper", also als Torwächter einer glaubwürdigen Offenlegung, wird in der Literatur häufig vorgebracht.[392] Die Wahl einer

386 Siehe hierzu u. a. Welker (1995); Leuz/Verrecchia (2000); Daske et al. (2008), oder Lang/Lins/Maffett (2012).

387 Die „Disclosure Theory" sagt nur einen Nutzen eines größeren Informationsumfangs vorher, sofern ein Manager (oder Standardsetter selbst) glaubwürdig versichert, den Umfang auch zukünftig bereitzustellen, siehe hierzu u. a. Diamond/Verrecchia (1991), oder Baiman/Verrecchia (1996). Grundsätzlich wird im vorliegenden Datensatz der Theorie entsprochen, da der Jahresabschluss 2012 bei jedem Institut eine Angabe zur verlustfreien Bewertung enthält, sofern dies auch im Jahresabschluss 2011 der Fall ist, vgl. hierzu die Ausführungen in Abschnitt V.2.1.

388 Siehe hierzu u. a. Meyer/Pifer (1970).

389 Siehe hierzu u. a. Simpson/Kohers (2002).

390 Siehe hierzu u. a. Kaufman (1966), oder Barth et al. (1989).

391 Siehe hierzu u. a. Demsetz/Strahan (1997).

392 Siehe hierzu u. a. Becker et al. (1998), oder Francis/Krishnan (1999).

der vier größten Wirtschaftsprüfungsgesellschaften (sog. Big 4[393]) wird als Signalwirkung aufgefasst und steht stellvertretend dafür, dass ein Institut eine glaubwürdige Selbstverpflichtung einer hohen Berichtsqualität verfolgt. Der Glaubwürdigkeitsaspekt über den Abschlussprüfer wird unter anderem durch deren Marktstärke bekräftigt, denn die Big 4-Prüfungsgesellschaften können theoretisch Einfluss auf ein Institut ausüben. So kann der Abschlussprüfer mit Niederlegung des Mandats drohen, sofern ein Institut einen geringeren Umfang an Informationen anstrebt. Dies würde nicht zuletzt zu erheblichen Reputationskosten für das Institut führen.

Im Gegensatz zu den voran ausgeführten Überlegungen zeigen andere Untersuchungen, dass der Verzicht auf eine freiwillige Angabe Vorteile bietet. Zunächst ist hierbei das Argument der Kosten von regulatorischen Eingriffen zu nennen. Diverse Studien belegen negative Auswirkungen von regulatorischen Eingriffen bzw. Vorschriften. Die negativen Auswirkungen können sich allgemein auf die Geschäftsführung beziehen, wenn diese in ihrem Entscheidungsrecht beschränkt wird,[394] oder auf die persönliche Ebene der Manager. In Bezug auf Letztgenanntes entstehen durch die Einhaltung aufsichtlicher Vorgaben,[395] etwa Beschränkung der Ausweitung von Portfolios zur Verhinderung exzessiver Risikoübernahme, indirekte Kosten, bspw. durch verringerte Bonuszahlung.[396] Unter der Beachtung der Ergebnisse aus anderen Studien sowie des Einflusses einer negativen Mitteilung auf den Ruf eines Instituts wird der Einfluss von negativen Informationen analysiert. Da diese nur bei „riskanteren" Geschäftsmodellen auftreten, werden als zweite und dritte Hypothese (H2 und H3) getestet:

H2 (H3): Institute, die eine erhöhte Risikobereitschaft aufweisen, und bei denen somit eher mit einer Intervention durch den Regulierer zu rechnen ist, werden seltener die Veröffentlichung in 2011 (2012) wählen.

Als Messgröße für die Risikobereitschaft eines Instituts – in Form einer erhöhten Wahrscheinlichkeit einer Intervention durch den Regulierer – dient ein unabhängiges Risikomaß in Form eines „Proxy", also eines Stellvertreter, für die Nachhaltigkeit des Ertrags. Ausgangspunkt bildet hierbei die Kreditvergabe der Institute, die insbesondere die Boni-

393 Zu den Big 4 zählen KPMG, PwC, EY und Deloitte.
394 Siehe hierzu u. a. Buser/Chen/Kane (1981), oder Ang/Lauterbach/Schreiber (2002).
395 Siehe hierzu u. a. Kim/Santomero (1988), oder Hyun/Rhee (2011).
396 Siehe hierzu u. a. Shleifer/Vishny (1989), oder Stulz (1990).

tät des Schuldners miteinbezieht. Vor dem Hintergrund, dass konjunkturelle Begebenheiten die Bonität mehrerer Kunden gleichzeitig beeinflussen können, wird abstrakt und verallgemeinert als Proxy die relative Veränderung der Anzahl an Insolvenzverfahren von 2010 auf 2011 sowie von 2011 auf 2012 angesetzt. Die Wahrscheinlichkeit, dass ein Institut Forderungen wertberichtigen oder abschreiben muss, wird unter diesen Bedingungen als höher erachtet.

Des Weiteren wird als Einflussfaktor die Verschuldung betrachtet. Dazu wird die aus der Bilanz ableitbare Kennzahl in Form des Verhältnisses der Aktiva am bilanziellen Eigenkapital (Assets to Equity – AtE) berücksichtigt.[397] Das Verhältnis soll in der vorliegenden Untersuchung rein aus Risikogesichtspunkten interpretiert werden: Je mehr Eigenkapital („sicheres Kapital") bei einem Institut vorhanden ist, desto niedriger ist der Quotient und entsprechend weniger riskant ist ein Institut aufgestellt. Mit der Messgröße wird unter anderem *Elsas/Hackethal/Holzhäuser*[398] gefolgt.

Im Rahmen von freiwilliger Offenlegung bzw. Angabe ist aus theoretischer Sicht ebenfalls die sogenannte Proprietary-Cost-Hypothese von Bedeutung, die Gegenstand einer Vielzahl an Untersuchungen ist.[399] Der Hypothese nach werden Informationen von Unternehmen bewusst zurückgehalten, um einen Einfluss auf den Unternehmenserfolg zu verhindern. Ein Nachweis für die Hypothese ist sowohl *Scott*[400], als einer der ersten, als auch *Leuz*[401], für deutsche Unternehmen, bei freiwilliger Angabe zu entnehmen. Basierend auf diesen Erkenntnissen ist zu erwarten, dass erfolgreichere Institute tendenziell eher dazu geneigt sind, auf eine freiwillige Angabe zu verzichten, da sie mit höheren proprietären Kosten konfrontiert sind. Aus diesem Grund wird folgende vierte Hypothese (H4) erwartet:

H4: Institute, die stärker unter dem Bekanntwerden vormals privater Informationen leiden, wählen seltener die Veröffentlichung.

Als Maß für den Erfolg wird auf die Performancekennzahl Return on Equity (RoE) sowie Return on Assets (RoA) zurückgegriffen. Der RoE gibt das Verhältnis des Gewinns zum

---

397 In Anlehnung an Elsas/Hackethal/Holzhäuser (2010).
398 Elsas/Hackethal/Holzhäuser (2010): *The anatomy of bank diversification.*
399 Siehe hierzu u. a. Botosan/Harris (2000); Berger/Hann (2007), oder Bens/Berger/Monahan (2011).
400 Scott (1994): *Incentives and disincentives for financial disclosure: voluntary disclosure of defined benefit pension plan information by Canadian firms.*
401 Leuz (2003): *Proprietary versus non-proprietary disclosures: Evidence from Germany.*

Eigenkapital (Eigenkapitalrendite) an. Der Gewinn entspricht der Ertragskennzahl „Jahresüberschuss". Im Gegensatz dazu stellt der RoA das Verhältnis des Jahresüberschuss zur Bilanzsumme dar und quantifiziert damit die Gesamtkapitalrendite. Bei beiden Kennzahlen drückt ein höherer Quotient ein „profitableres" Geschäftsmodell aus. In der Literatur werden regelmäßig sowohl der RoE als auch der RoA angewendet.[402]

V.3.1.2 Informationsumfang

Neben der Angabe wird als zweites wesentliches Umsetzungsmerkmal der Informationsumfang aus theoretischer Sicht untersucht. Bei der Frage nach möglichen Einflussfaktoren gilt es das Konzept der positiven Skaleneffekte zu berücksichtigen. Eine zusätzliche Information führt mit zunehmender Größe eines Unternehmens zu sinkenden Grenzkosten. Die sinkenden Grenzkosten lassen sich auf den hohen Anteil von Fixkosten zurückführen, da unabhängig von der Umsetzung Kosten für die benötigten Mitarbeiter und Programme anfallen. Aufgrund der Abteilungsstrukturierung und der Anzahl geschulter Mitarbeiter ist jedoch die Umsetzung der neuen Anforderungen bei größeren Unternehmen (Instituten) mit weniger Aufwand verbunden.[403] Entsprechend können größere Unternehmen von Synergieeffekten profitieren. Diverse Studien zeigen dabei, dass bspw. Unternehmen, die mit einem verstärkten Wettbewerb konfrontiert sind, regelmäßig mehr Informationen preisgeben.[404] Aus diesem Grund wird in Bezug auf den Zusammenhang zwischen Größe und Umfang folgende fünfte Hypothese (H5) getestet:

H5: Größere Institute werden tendenziell mehr Informationen preisgeben.

Die Größe eines Unternehmens bzw. eines Instituts kann generell durch mehrere Merkmale gemessen werden. In den meisten empirischen Studien wird die Bilanzsumme, der Marktwert oder der Umsatz herangezogen. Da für die Berechnung des Marktwerts unter anderem der Börsenkurs benötigt wird, dieser allerdings aufgrund mangelnder Börsennotierung bei dem Großteil der in die Untersuchung einbezogenen Institute nicht vorhanden ist, wird als Messgröße die Bilanzsumme herangezogen. Einer Vielzahl von empirischen Untersuchungen folgend, erfolgt dabei der Ansatz des logarithmierten Werts der

---

402 Für den RoE, vgl u. a. Elsas/Hackethal/Holzhäuser (2010), oder Athanasoglou/Brissimis/Delis (2008). Für den RoA, vgl. u. a. Erhardt/Werbel/Shrader (2003), oder Qasim/Rehman (2011).

403 Siehe hierzu u. a. Zeghal (1984).

404 Siehe hierzu u. a. Darrough/Stoughton (1990), oder Verrecchia (1990).

Bilanzsumme.[405] In der Literatur wird hierzu auf die Veröffentlichung von *Zeghal* verwiesen;[406] dieser führt als Begründung insbesondere Economies of Scale im Hinblick auf Informationen sowie Verteilungsaspekte an.[407]

Aufgrund der Besonderheit der verlustfreien Bewertung auf zinstragende Geschäfte dient als zweite Größenmessgröße der Zinsüberschuss.[408] Bei den klassischen Einlagen- und Kreditinstituten fungiert er als zentrale Steuerungsgröße, da auf den Bestandteil „Zinsertrag" der größte Anteil der Erträge entfällt.[409] Im Rahmen der Analyse erfolgt der Rückgriff auf diese Kennzahl aufgrund deren Wichtigkeit für die verlustfreie Bewertung. Darüber hinaus wird damit anderen empirischen Untersuchungen gefolgt.[410]

V.3.1.3 Übersicht über Einflussfaktoren

Unter Berücksichtigung der theoretischen Überlegungen wird davon ausgegangen, dass die in Abbildung 16 aufgelisteten Einflussfaktoren die Angabe im Jahresabschluss sowie den Informationsumfang festlegen. Entsprechend werden die Einflussfaktoren im Rahmen der folgenden Regressionsanalyse als unabhängige Variablen betrachtet.

Merkmal	Kennzahl	Variablenname
Institutsstruktur	Bilanzsumme	BS
	Loans to Assets	LtA
	Zinsüberschuss	ZÜ
	Assets to Equity	AtE
Performance-Maß	Return on Equity	RoE
	Return on Assets	RoA
Risiko-Maß	Veränderung der regionalen Insolvenzverfahren von Unternehmen	rel. Inso UN
	Veränderung der regionalen Insolvenzverfahren von Übrigen (Nicht-Unternehmen)	rel. Inso Übrige
Kontrollinstanz	Wirtschaftsprüfungsgesellschaft	Prüfer

Abbildung 16: Einordnung der unabhängigen Variablen

405 Siehe hierzu u.a. Demsetz/Strahan (1997); Böve (2009); Elsas/Hackethal/Holzhäuser (2010), oder Rathgeber/Wallmeier (2011).

406 Zeghal (1984): *Firm Size and the Informational Content of Financial Statement.*

407 Vgl. Zeghal (1984), S. 307.

408 In Anlehnung an Stiroh (2004).

409 Siehe hierzu u.a. Simpson/Kohers (2002).

410 Siehe hierzu u.a. Nandy (2010), oder Lepetit et al. (2008).

V.3.2 Deskriptive Auswertung der Einflussfaktoren[411]

V.3.2.1 Institutsstruktur und Performance-Maße

Bei der Auswahl der Institute unterscheiden sich die unabhängigen Variablen zwischen den Institutsgruppen insbesondere aufgrund des Größenkriteriums teils deutlich. Eine Übersicht der Werte zur „Institutsstruktur" und zu den „Performance-Maßen" ist in Tabelle 26 für das Jahr 2011 enthalten.[412]

Tabelle 26: Deskriptive Statistik der unabhängigen Variablen in 2011

		Institutsart						
		Private KI	**Öffentl. KI**	**Spk**	**Genos**	**Bauspk**	**Förder-KI**	**Gesamt**
Anzahl		21	18	51	53	21	18	182
BS*	MW	177.465,0	114.967,5	9.034,7	3.966,5	9.192,6	51.033,9	41.641,9
	Std.	409.444,5	98.395,1	6.367,4	2.197,9	12.831,1	116.929,9	155.787,6
	Min.	11.176,4	19.625,2	3.294,4	1.186,0	503,0	1.386,4	503,0
	Max.	1.869.074,0	380.346,0	38.575,3	12.180,9	45.015,1	493.008,5	1.869.074,0
ZÜ*	MW	967,2	641,5	165,1	68,7	144,3	212,9	279,0
	Std.	1.241,9	602,8	97,4	40,9	217,1	450,8	564,9
	Min.	27,1	86,8	58,7	20,9	9,4	-15,4	-15,5
	Max.	4.711,0	2.437,0	603,4	220,5	895,6	1.927,8	4.711,0
LtA (in %)	MW	0,67	0,63	0,75	0,66	0,82	0,77	0,71
	Std.	0,19	0,16	0,08	0,14	0,09	0,16	0,14
	Min.	0,25	0,33	0,50	0,25	0,67	0,40	0,25
	Max.	0,94	0,92	0,88	0,90	0,97	1,00	1,00
AtE (in %)	MW	29,51	39,18	19,32	21,57	25,52	190,36	40,75
	Std.	15,43	29,39	4,13	6,16	8,72	611,90	194,43
	Min.	9,46	19,78	12,33	12,20	12,13	6,72	6,72
	Max.	63,01	120,64	34,02	38,47	43,91	2.627,67	2.627,67
RoE (in %)	MW	0,70	0,00	3,41	5,03	3,42	5,74	3,46
	Std.	8,78	4,75	2,10	2,54	3,13	8,98	5,07
	Min.	-21,45	-15,73	0,00	0,29	0,00	0,00	-21,45
	Max.	24,46	5,79	10,19	16,99	11,26	31,22	31,22
RoA (in %)	MW	0,05	0,00	0,18	0,25	0,16	0,14	0,16
	Std.	0,34	0,14	0,12	0,14	0,16	0,23	0,20
	Min.	-0,69	-0,41	0,00	0,01	0,00	0,00	-0,69
	Max.	1,04	0,23	0,69	0,85	0,62	0,94	1,04

*Angabe in Mio.

Nach Tabelle 26 liegen die größten *Bilanzsummen* bei den privaten Instituten und öffentlichen Instituten vor.[413] Dies liegt insbesondere an den jeweiligen Geschäftsmodellen, da

[411] Die zugrunde gelegten Daten sind den Jahresabschlüssen 2011 entnommen, sowie im Falle der relativen Veränderungen der Insolvenzverfahren von Unternehmen und „Übrigen" dem Statistischen Bundesamt.

[412] Die Übersicht für 2012 findet sich in Anhang 5, Tabelle 52. Da sich die Übersicht von 2012 nicht wesentlich zu der von 2011 unterscheidet, werden im Folgenden überwiegend die Ergebnisse für 2011 erläutert.

[413] Zusätzlich wurde im Rahmen der vorliegenden Untersuchung die Unabhängigkeit zwischen den Institutsgruppen analysiert. Der Kolmogorov-Smirnov-Test ergab für die metrischen Variablen, dass keine Normalverteilung vorliegt, deshalb wird der Mann-Whitney-U-Test angewendet, vgl. Brosius (2011).

diese unter anderem regelmäßig nicht zu sehr lokal begrenzt sind, und an dem Auswahlkriterium für den Datensatz. Deutlich größer sind außerdem die Bilanzsummen der Förderinstitute im Vergleich zu den Genossenschaftsbanken und Bausparkassen.[414] Bei den verbandsorganisierten Instituten weisen die Sparkassen deutlich größere Bilanzsummen auf als die Genossenschaftsbanken.[415]

Neben der Bilanzsumme dient der *Zinsüberschuss* als weiteres Merkmal für die Institutsstruktur, insbesondere im Hinblick auf die Geschäftsaktivität. Nicht überraschend ähnelt die Auswertung zum Zinsüberschuss der zur Bilanzsumme. Demnach weisen private Institute einen deutlich größeren Zinsüberschuss als Sparkassen, Förderbanken, Genossenschaftsbanken und Bausparkassen auf.[416] Gleiches gilt für den Vergleich zwischen öffentlichen Instituten und anderen Instituten (mit Ausnahme privater Institute).[417] Die deutlich größeren Zinsüberschüsse lassen sich bei privaten und öffentlichen Instituten auf den generell größeren Geschäftsumfang (Bilanzsumme) zurückführen. Des Weiteren weisen Sparkassen einen größeren Zinsüberschuss gegenüber Genossenschaften und Bausparkassen auf.[418] Aufgrund der Fokussierung auf das Einlagen- und Kreditgeschäft und der damit wesentlichen Erfolgsquelle des Zinsergebnisses sind die Werte nachvollziehbar. Der Unterschied in Bezug auf die Genossenschaftsbanken lässt sich über die Bilanzsumme begründen, da beide Institutsgruppen grundsätzlich sehr ähnlich ausgerichtet sind und den Zinsertrag als wesentliche Erfolgsquelle ausweisen.

Als drittes Merkmal für die Institutsstruktur weist die bilanzielle Kennzahl *Loans to (total) Assets* deutliche Unterschiede im Vergleich zu den Ergebnissen der Bilanzsumme und des Zinsüberschusses auf. Die recht heterogenen Ergebnisse bestätigen die Unterschiede in den Geschäftsmodellen. So zeigen die Sparkassen gegenüber öffentlichen Instituten, Genossenschaften, privaten Instituten einen höheren Anteil der Forderungen an der Bilanzsumme.[419] Grund hierfür ist das Kredit- und Einlagengeschäft als Kerngeschäft. Noch

---

In Bezug auf die Bilanzsummen der privaten und öffentlichen Institute bestätigen die Ergebnisse des Mann-Whitney-U-Tests die Unterschiede zu den anderen Institutsgruppen für 2011 und 2012, vgl. Anhang 4.2.1, Tabelle 44.

414 Siehe hierzu auch die Ergebnisse des Mann-Whitney-U-Tests, vgl. Anhang 4.2.1, Tabelle 44.

414 Siehe hierzu auch die Ergebnisse des Mann-Whitney-U-Tests, vgl. Anhang 4.2.1, Tabelle 44.

415 Siehe hierzu auch die Ergebnisse des Mann-Whitney-U-Tests, vgl. Anhang 4.2.1, Tabelle 44.

416 Siehe hierzu auch die Ergebnisse des Mann-Whitney-U-Tests, vgl. Anhang 4.2.1, Tabelle 45.

417 Siehe hierzu auch die Ergebnisse des Mann-Whitney-U-Tests, vgl. Anhang 4.2.1, Tabelle 45.

418 Siehe hierzu auch die Ergebnisse des Mann-Whitney-U-Tests, vgl. Anhang 4.2.1, Tabelle 45.

419 Siehe hierzu auch die Ergebnisse des Mann-Whitney-U-Tests, vgl. Anhang 4.2.1, Tabelle 46.

eindeutiger steht die Kreditvergabe bei Bausparkassen im Mittelpunkt; diese konzentrieren sich ausschließlich auf die Vergabe von Bausparkrediten. Entsprechend resultieren bei ihnen deutlich größere Anteile als bei öffentlichen Instituten, Genossenschaftsbanken, privaten Instituten und Sparkassen.[420] Gleiches gilt für Förderinstitute; auch bei ihnen steht die Vergabe von Krediten (Förderkrediten) im Mittelpunkt.[421]

Bei dem letzten Merkmal in Bezug auf die Institutsstruktur, dem Verhältnis *Assets to Equity*, zeigt der Vergleich zwischen den Institutsgruppen, dass das Verhältnis bei den Sparkassen am geringsten ist.[422] Dies lässt darauf schließen, dass andere Institutsgruppen einer deutlich riskanteren Geschäftsstruktur nachgehen als Sparkassen. Ähnliches kann für Genossenschaftsbanken schlussgefolgert werden, die den zweitniedrigsten Quotient ausweisen. Sowohl die Ergebnisse der Sparkassen als auch der Genossenschaftsbanken unterstreichen die Einschätzung vieler Anleger, dass diese beiden Institutsgruppen als „sicher" für die Geldanlage gelten.[423]

Der Vergleich der Performance-Maße *Return on Equity* und *Return on Assets* zeigt, dass die Genossenschaftsbanken einen deutlich höheren RoE vorweisen als Sparkassen, Bausparkassen, private und öffentliche Institute.[424] Ähnliches gilt für den RoA. Allerdings ist der RoA von Genossenschaftsbanken auch zusätzlich deutlich größer als der von Förderinstituten.[425] Das Ergebnis der Genossenschaftsbanken stimmt mit anderen Untersuchungen überein, wie etwa mit einer Untersuchung von *Gropp* et al.[426]. Des Weiteren zeigt der Vergleich, dass Sparkassen einen höheren RoE aufweisen als öffentliche respektive private Institute.[427] Dies deckt sich weitgehend auch mit den Ergebnissen des RoA.[428]

---

420 Siehe hierzu auch die Ergebnisse des Mann-Whitney-U-Tests, vgl. Anhang 4.2.1, Tabelle 46.
421 Siehe hierzu auch die Ergebnisse des Mann-Whitney-U-Tests, vgl. Anhang 4.2.1, Tabelle 46.
422 Siehe hierzu auch die Ergebnisse des Mann-Whitney-U-Tests, vgl. Anhang 4.2.1, Tabelle 47.
423 Siehe hierzu u. a. Mußler/Amann (2008), oder Welp et al. (2012)
424 Siehe hierzu auch die Ergebnisse des Mann-Whitney-U-Tests, vgl. Anhang 4.2.1, Tabelle 48.
425 Siehe hierzu auch die Ergebnisse des Mann-Whitney-U-Tests, vgl. Anhang 4.2.1, Tabelle 49.
426 Gropp et al. (2012): *Risikoübernahme im Bankensektor: Unterscheiden sich Sparkassen und Genossenschaftsbanken von Geschäftsbanken?*.
427 Siehe hierzu auch die Ergebnisse des Mann-Whitney-U-Tests, vgl. Anhang 4.2.1, Tabelle 48.
428 Siehe hierzu auch die Ergebnisse des Mann-Whitney-U-Tests, vgl. Anhang 4.2.1, Tabelle 49. Die Werte der Sparkassen decken sich bedingt mit anderen Untersuchungen, bspw. zu der Untersuchung von *Gropp et al.* Allerdings lässt sich in Bezug auf diese Untersuchung die Abweichung über den Betrachtungszeitraum erklären. So umfasst die Untersuchung Daten von 2002 bis 2009, d. h. vor der Finanzkrise und während der Finanzkrise. Aufgrund ihrer Verbandsstruktur mussten Sparkassen den krisengebeutelten Landesbanken aushelfen. Entsprechend können temporäre negative Auswirkungen auf die Rentabilität in Form von Rentabilitätseinbußen erklärt werden, denn basierend auf ihrem Geschäftszweck sind sowohl Sparkassen als auch Genossenschaftsbanken eher konservativ aufgestellt.

V.3.2.2 Risiko-Maß

Als Datengrundlage für das Risiko-Maß „relative Veränderung der Anzahl an Insolvenzverfahren" dienen die Angaben des Statistischen Bundesamts. Subsumiert unter „Insolvenzverfahren" wird die Anzahl an eröffneten sowie an mangels Masse abgewiesenen Verfahren. Die absoluten Angaben des Statistischen Bundesamts beziehen sich aufgeteilt nach Bundesland auf 10.000 Unternehmen und „Übrige Schuldner".[429] Im Rahmen der Untersuchung wird dem regionalen Charakter der Geschäftsmodelle sowie der damit verbundenen Abhängigkeit einiger Institute von regionalen Entwicklungen Rechnung getragen, indem für jedes Institut aufgrund dessen Geschäftstätigkeit die relative Veränderung des zugehörigen Bundeslands, mehrere Bundesländer oder der ganz Deutschlands zugeordnet ist. Bei mehreren Bundesländern wird das arithmetische Mittel der Insolvenzverfahren berechnet und daraus die relative Veränderung berücksichtigt. Dies trifft bspw. auf die Nord LB mit Niedersachsen, Sachsen-Anhalt und Mecklenburg-Vorpommern oder die Helaba mit Hessen und Thüringen zu. Allgemein gilt: Je mehr Insolvenzverfahren vorliegen, als desto riskanter wird ein Institut eingestuft. In Tabelle 27 sind die Mittelwerte der relativen Veränderung der Anzahl je Institutsgruppe abgebildet.

Tabelle 27: Relative Veränderungen der Anzahl an Insolvenzverfahren

Institutsart	Private KI	Öffentl. KI	Spk	Genos	Bauspk	Förder-KI
Rel. Veränderung Unternehmen 10/11	-5,93	-5,15	-5,86	-6,21	-5,15	-6,37
Rel. Veränderung Übrige 10/11	-5,15	-4,18	-5,69	-5,35	-4,97	-4,86
Rel. Veränderung Unternehmen 11/12	-5,99	-6,09	-5,14	-5,94	-6,11	-6,23
Rel. Veränderung Übrige 11/12	-5,67	-5,82	-6,04	-6,28	-5,99	-6,24

Die angegebenen Werte zeigen die Mittelwerte der relativen Veränderung der Anzahl an Insolvenzverfahren für „Unternehmen" und „Übrige" je Institutsgruppe für die Jahre 2011 und 2012

Insgesamt unterscheiden sich die Mittelwerte nur unwesentlich.[430] Die Unterschiede zwischen den privaten und öffentlichen Instituten lassen sich über die regionale Zuordnung im Datensatz erklären. So wird bei den privaten Instituten durchweg der für ganz Deutschland geltende relative Wert angesetzt. Für 2011 handelt es sich um eine Abnahme i.H.v. 5,93 %. Im Gegensatz dazu werden bei den öffentlichen Instituten, insbesondere wegen der Landesbanken, die relative Wertänderung der einzelnen Bundesländer sowie

[429] Vgl. Statistisches Bundesamt (2015).

[430] Siehe hierzu auch die Ergebnisse des Mann-Whitney-U-Tests, vgl. Anhang 4.2.2, Tabelle 50 und 51.

die Wertänderung aus dem arithmetischen Mittel der zugehörigen Bundesländer zugrunde gelegt. Einigen Instituten wird dadurch eine Zunahme an Insolvenzen zugeordnet, wie etwa am Beispiel von Nordrhein-Westfalens (Zunahme i. H. v. 9,52 %) – sofern sich Sitz und Schwerpunkt der Geschäftsaktivitäten dort befinden.[431]

V.3.2.3 Abschlussprüfer

Als weiteres Merkmal wird die Wahl des Abschlussprüfers (hier gleichzusetzen mit der Wirtschaftsprüfungsgesellschaft) analysiert. Die Auswertung erfolgt durch eine Codierung der in den Jahresabschlüssen angegebenen Abschlussprüfer. Eine Übersicht enthält Abbildung 17.

Codierung	Prüfer	Wirtschaftsprüfungsgesellschaft
1	Big 4	KPMG, PWC, EY, Deloitte
2	Verbandsprüfer	Verbandsprüfer von Genossenschaftsbanken und Sparkassen
3	Mittelstandsprüfer	BDO, RBS (vormals Susat), Rölfs
4	Andere	Audit GmbH Karlsruhe Stuttgart, FIDES Treuhand GmbH & Co. KG

Abbildung 17: Codierung der Prüfer-Variablen

Die Auswertung der Verteilung der Prüfmandate wird je Institutsgruppe für den Jahresabschluss 2011 und 2012 in Tabelle 28 angegeben. Die privaten Institute werden demnach ausschließlich von Big-4-Prüfungsgesellschaften geprüft. Bei den Sparkassen und Genossenschaftsbanken erfolgt aufgrund ihrer Verbandsstruktur die Prüfung durch Verbandsprüfer. Einzig die Vereinigte Volksbank AG Sindelfingen wird in 2011 und 2012 von der Audit GmbH Karlsruhe Stuttgart sowie die Bank für Sozialwirtschaft AG von BDO geprüft. Bei den öffentlichen Instituten liegt hingegen ein Verbandsprüfer bei der Deutschen Apotheker- und Ärztebank EG und der Münchener Hypothekenbank eG vor. Die fünf nicht von Big 4 geprüften Bausparkassen werden in 2011 zu 80,00 % von RBS und 20,00 % von BDO geprüft. Durch den Wechsel der LBS Bausparkasse Schleswig-Holstein-Hamburg AG in 2012 von RBS zu BDO verändert sich das Verhältnis auf 60,00 % zu 40,00 %. Des Weiteren ist der Tabelle 28 zu entnehmen, dass ein Förderinstitut in 2011 und in 2012 nicht von den Big 4 geprüft wird. In 2011 handelt es sich um die Bremer Aufbau-Bank (BAB), deren Prüfung von FIDES Treuhand GmbH & Co. KG durchgeführt wird, in 2012 hingegen

431 Der Wert bezieht sich auf 2011.

um die Nbank (Investitions- und Förderbank Niedersachsen) mit Rölfs als Abschlussprüfer.

Tabelle 28: Überblick über die Abschlussprüfer für 2011 und 2012[432]

Prüfer	Institutsart						Gesamt
	Private KI	Öffentl. KI	Spk	Genos	Bauspk	Förder-KI	
1	21 (21)	16 (16)	0 (0)	0 (0)	16 (16)	17 (17)	70 (70)
2	0 (0)	2 (2)	51 (51)	51 (51)	0 (0)	0 (0)	104 (104)
3	0 (0)	0 (0)	0 (0)	1 (1)	5 (5)	0 (1)	6 (7)
4	0 (0)	0 (0)	0 (0)	1 (1)	0 (0)	1 (0)	2 (1)
Gesamt	21 (21)	18 (18)	51 (51)	53 (53)	21 (21)	18 (18)	182 (182)

Tabelle 29: Aufteilung der Prüfungsmandate unter den Big 4 für 2011 und 2012

Big 4	Institutsart						Gesamt
	Private KI	Öffentl. KI	Spk	Genos	Bauspk	Förder-KI	
KPMG	7 (8)	3 (5)	0 (0)	0 (0)	4 (3)	3 (5)	17 (21)
PWC	9 (9)	7 (6)	0 (0)	0 (0)	9 (9)	5 (4)	30 (28)
EY	3 (2)	6 (4)	0 (0)	0 (0)	2 (1)	4 (3)	15 (10)
Deloitte	2 (2)	0 (1)	0 (0)	0 (0)	1 (3)	5 (5)	8 (11)
Gesamt	21 (21)	16 (16)	0 (0)	0 (0)	16 (16)	17 (17)	70 (70)

Nach der Aufteilung in Tabelle 28 entfällt auf die Big 4 ein Anteil von insgesamt 89,74 % (ohne Sparkassen und Genossenschaften). Eine Aufteilung bezogen auf die einzelnen Big-4-Prüfungsgesellschaften ist in Tabelle 29 dargestellt. Demnach ist PWC mit einem Anteil von 42,86 % in 2011 sowie 40,00 % in 2012 „Marktführer des Datensatzes". Deloitte ist mit einem Anteil von 11,43 % Schlusslicht in 2011, wobei EY in 2012 mit einem Anteil von 14, 29 % Deloitte ablöst.

Im Hinblick auf eine Angabe und den Informationsumfang ist zudem ein Prüferwechsel interessant: Aufgrund von Informationsdefiziten und Regressmöglichkeiten wird angenommen, dass eine Erstprüfung regelmäßig „intensiver" ist, sodass ein Zusammenhang zwischen Prüferwechsel und den wesentlichen Umsetzungsmerkmalen möglich ist. Aus Tabelle 28 und Tabelle 29 ist ersichtlich, dass mehrere Prüferwechsel vorliegen, insbesondere innerhalb der Big 4. Eine genaue Aufstellung der Prüferwechsel enthält Tabelle

[432] Vor dem Hintergrund, dass die Mehrheit der Institute eine Big-4-Prüfungsgesellschaft als Abschlussprüfer in 2011 und 2012 hat (ohne die Berücksichtigung von Sparkassen und Genossenschaftsbanken), wird zur Verdeutlichung der Häufigkeitsverteilung der exakte Test nach Fisher zur Untersuchung der Unterschiede zwischen den Institutsgruppen in Bezug auf Big-4-Prüfungsgesellschaft als Abschlussprüfer (ja/nein) durchgeführt. Die Auswertung bestätigt die Ergebnisse für 2011 und 2012, vgl. Anhang 3.2, Tabelle 40.

30. Danach wechseln 7 (13) Institute von 2010 auf 2011 (von 2011 auf 2012) den Abschlussprüfer. Besonders aktiv sind die Förderinstitute mit 3 (5) Wechseln. Entsprechend liegt eine Erstprüfung bei fast 17,00 % (30,00 %) der Institute in 2011 (2012) vor. Darüber hinaus ist ein Prüferwechsel auch bei 11,11 % (16,67 %) der öffentlichen Instituten und bei 9,52 % (14,28 %) der Bausparkassen in 2011 (2012) zu beobachten.[433]

Tabelle 30: Wechsel von Prüfungsmandaten in 2011 und 2012

Wechsel	Institutsart						Gesamt
	Private KI	Öffentl. KI	Spk	Genos	Bauspk	Förder-KI	
Ja	0 (1)	2 (3)	0 (0)	0 (1)	2 (3)	3 (5)	7 (13)
Nein	21 (20)	16 (15)	51 (51)	53 (52)	19 (18)	15 (13)	175 (169)
Gesamt	21 (21)	18 (18)	51 (51)	53 (53)	21 (21)	18 (18)	182 (182)

V.3.2.4 Korrelationsmatrix

Um die Eignung der vorgestellten Merkmale (unabhängigen Variablen) für die Regressionsanalyse zu testen, werden Korrelationen nach Spearman paarweise berechnet. Der Rückgriff auf Spearman erfolgt aufgrund der vorliegenden metrisch ordinal skalierten Merkmale.[434] Ein perfekter positiver (negativer) Zusammenhang zwischen den Variablen liegt dann vor, sofern der Koeffizient einen Wert von +1/-1 aufweist. Bei einem Wert von null liegt kein Zusammenhang vor.[435]

Tabelle 31: Korrelationsanalyse (Spearman-Rho-Korrelationskoeffizient) für 2011[436]

Variablen		(1)	(2)	(3)	(4)	(5)	(6)	(7)	(8)
(1)	**BS**	1,000							
(2)	**ZÜ**	**0,850****	1,000						
(3)	**LtA**	**-0,153***	-0,062	1,000					
(4)	**RoE**	**-0,304****	**-0,199****	-0,053	1,000				
(5)	**RoA**	**-0,431****	**-0,216****	-0,019	**0,887****	1,000			
(6)	**AtE**	**0,322****	0,038	**-0,136***	-0,039	**-0,378****	1,000		
(7)	**rel Ins UN**	-0,026	0,006	0,109	-0,036	-0,009	-0,032	1,000	
(8)	**rel Ins Übrige**	0,005	0,044	0,011	-0,092	-0,061	-0,040	**0,343****	1,000

**signifikant auf dem 1 %-Niveau, * signifikant auf dem 5 %-Niveau.

433 Die Ergebnisse werden durch die Ergebnisse des exakten Tests nach Fisher bestätigt. Darin zeigen sich wesentliche Unterschiede zwischen öffentlichen Instituten, Förderinstituten und Bausparkassen gegenüber Sparkassen und Genossenschaftsbanken (sowohl in 2011 als auch in 2012). Darüber hinaus unterscheiden sich auch die privaten Institute und Förderinstitute in 2011 und 2012, vgl. Anhang 3.2, Tabelle 41 und 42.

434 Vgl. Schneider (2009), S. 224 i.V.m. Moosmüller (2004), S. 22.

435 Vgl. Brosius (2011), S. 527.

436 Die Ergebnisse der Korrelationsanalyse für 2012 zeigen unwesentliche Änderungen, vgl. Anhang 6.

Gemäß Tabelle 31 nimmt der Korrelationskoeffizient beim Vergleich von Bilanzsumme und Zinsüberschuss einen Wert von 0,850 an (Signifikanzniveau 0,01). Dieses Ergebnis weist auf eine hohe Korrelation hin.[437] Ebenfalls liegt eine hohe Korrelation zwischen RoE und RoA mit einem Wert von 0,887 vor (Signifikanzniveau 0,01). Die weiteren Vergleiche zeigen eine schwache Korrelation mit Korrelationskoeffizienten zwischen 0,2 und 0,4 oder eine mittlere Korrelation mit einem Korrelationskoeffizienten um die 0,5. Zu den schwach korrelierten Variablen zählen die Vergleiche von Bilanzsumme und Loans-to-Assets, RoE und Assets-to-Equity mit Werten von -0,153, –0,304 und 0,322. Zudem zeigen sich die Vergleiche von Zinsüberschuss zu RoA (-0,216) sowie RoA zu Assets-to-Equity (-0,378) schwach korreliert. Eine positive schwache Korrelation besteht zwischen den relativen Veränderungen der Anzahl an Insolvenzverfahren von „Unternehmen" und „Übrigen" (0,343). Eine mittlere negative Korrelation lässt sich zwischen der Bilanzsumme und dem RoA (-0,431) feststellen.

Insgesamt liegt kein Korrelationskoeffizient größer als 0,9 vor. Vor diesem Hintergrund können mit Verweis auf *Tabachnick/Fidell*[438] alle Variablen grundsätzlich in die Regressionsanalyse einbezogen werden. Um jedoch die Robustheit der Resultate zu fördern, werden nur Variablen mit schwacher Korrelation berücksichtigt. Des Weiteren kann an dieser Stelle auf weitere Tests bezüglich Multikollinearität verzichtet werden, da es sich bei den Regressionen ausschließlich um eine bivariate Analyse handelt. Entsprechend reicht die Korrelationsmatrix aus, um auf Multikollinearität zu testen.[439]

V.3.3 Logistische Regression

Unter Berücksichtigung der Ausführungen in Abschnitten V.3.1. werden die formulierten Hypothesen im Rahmen der folgenden Regressionsanalysen getestet.[440] Kontrolliert wird jeweils für das Entwurfsjahr sowie für das Jahr der finalen Verabschiedung, wobei als abhängige Variable die Angabe im Jahresabschluss sowie der Informationsumfang dienen. Die abhängigen Variablen sind jeweils in Form einer 0,1-codierten Dummy-Variable (Angabe vorhanden/Angabe nicht vorhanden; Informationsumfang unter bzw. gleich dem Mittelwert/Informationsumfang über dem Mittelwert) dargestellt. Aufgrund der Ausprägung der Dummy-Variablen erfolgt ein Rückgriff auf die logistische Regressionsanalyse.

437 Vgl. Brosius (2011), S. 253.
438 Tabachnick/Fidell (2007): *Using multivariate statistics.*
439 Vgl. Schneider (2009), S. 224 i.V.m. Moosmüller (2004), S. 22.
440 Vgl. Backhaus et al. (2010), S. 249 ff.

Bei den unabhängigen Variablen werden die Ergebnisse der Korrelationsmatrix in Tabelle 31 berücksichtigt.[441] Als Ergänzung wird als unabhängige Variable der Prüferwechsel miteinbezogen, da Erstprüfungen aufgrund von negativen Implikationen regelmäßig einen größeren und intensiveren Prüfungsumfang aufweisen als Folgeprüfungen.[442]

Des Weiteren wird infolge der deskriptiven Ergebnisse aus Abschnitt V.2 für die Angabe und den Informationsumfang eine Einschränkung in Bezug auf Sparkassen und öffentliche Institute vorgenommen. Diese Institutsgruppen werden aufgrund ihrer eindeutigen Ergebnisse außenvorgelassen. Eine Einbeziehung würde zu Verzerrungen bei den Ergebnissen führen, da zum einen bei diesen Instituten eine Angabe vollständig bzw. nahezu vollständig erfolgt,[443] zum anderen ihr Informationsumfang wesentlich größer ist als bei allen anderen Institutsgruppen.

Aufgebaut in vier Schritte, beziehen sich die ersten beiden Schritte (Schritt 1 und 2) jeweils auf die Jahresabschlüsse von 2011, hingegen Schritt 3 und 4 auf die Jahresabschlüsse von 2012. Vor dem Hintergrund, dass sich die Werte der relativen Veränderung der Anzahl an Insolvenzverfahren der „Unternehmen" und der „Übrigen" unwesentlich unterscheiden, aber Institute zwischen Firmen- und Privatkunden differenzieren, wird für beide Variablen kontrolliert. In Schritt 1 und 3 erfolgt die Auswertung unter Einbeziehung der relativen Veränderungen der Anzahl an Insolvenzverfahren von „Unternehmen", in Schritt 2 und 4 entsprechend für die von „Übrigen".

Nach der deskriptiven Analyse des Informationsumfangs weist kein Institut einen Umfang von 16 Informationen auf. Somit – und unter Berücksichtigung, dass ein Vergleich der Institutsgruppen untereinander angestrebt wird – erscheint es geeignet, den Mittelwert des Informationsumfangs als Referenzgröße festzulegen und zu beobachten, welche Institute weniger bzw. gleich viel oder mehr Informationen angeben. Aufgrund von Interpretationsvorteilen dient in der vorliegenden Arbeit der Mittelwert als Referenzmaßstab.[444] Unter Ausschluss der Sparkassen und der öffentlichen Institute ergibt sich abweichend zu

441 Für 2012 wurden entsprechend die Werte der Korrelationsmatrix aus Anhang 6 berücksichtigt. Da sich weder in Bezug auf die Höhe noch Richtung wesentliche Unterschiede zu der Korrelationsmatrix auf 2011 zeigen, werden für beide Jahre die gleichen Variablen berücksichtigt.

442 Siehe hierzu die Ausführungen in Abschnitt V.3.2.3.

443 Siehe hierzu die Ausführungen in Abschnitt V.2.1.

444 Die Ergebnisse der Regressionsanalyse für den Mittelwert und Median stimmen größtenteils überein, sodass aufgrund von Interpretationsvorteilen die Auswertung für den Mittelwert Gegenstand der vorliegenden Arbeit ist. Die Ergebnisse unterstreichen nichtdestotrotz die Robustheit des Tests.

Tabelle 24 (25) ein Mittelwert i. H. v. 1,22 (2011) bzw. 3,95 (2012).[445] Darüber hinaus erfolgt im Unterschied zur Auswertung der Angabe eine differenzierte Berücksichtigung der Variabel Prüfer; so werden die Big-4-Prüfungsgesellschaften nicht als Gruppe, sondern einzeln miteinbezogen. Damit sollen verstärkt Unterschiede hinsichtlich der Tiefe der Auseinandersetzung untersucht werden. Die Ergebnisse der logistischen Regressionsanalyse für die Angabe im Jahresabschluss 2011 und 2012 sind in Tabelle 32 dargestellt.

Im Hinblick auf den Erklärungsgehalt führt die Berücksichtigung der relativen Veränderung der Anzahl an Insolvenzverfahren der „Übrigen" im Vergleich zu den „Unternehmen" zu einem besseren Erklärungsgehalt in 2011. Für 2012 erzielt hingegen die Einbeziehung der relativen Veränderung der Anzahl an Insolvenzverfahren der „Unternehmen" eine Verbesserung des Erklärungsgehalts (vgl. jeweils Pseudo-R^2 und Omnibus (Chi-Quadrat)). Die Pseudo-R^2-Statistiken weisen mit Werten zwischen 0,262 und 0,395 bei Nagelkerkes-R^2[446] akzeptable bis gute Werte auf, die Werte bei Cox und Snell[447] sind mit Ausnahme von 0,197 ebenfalls akzeptabel.[448] Dies wird auch durch die insgesamt korrekt geschätzten Fälle widergespiegelt.[449] Insgesamt können die Ergebnisse für 2011 und für 2012 als robust betrachtet werden, das zeigen neben den Gütemaßen auch die überwiegend in die gleiche Richtung laufenden Regressionskoeffizienten.

445 In 2011 (2012) beträgt der Median 1 (5) sowie die Standardabweichung 1,82 (2,18).

446 Beim Nagelkerke-R^2 deuten Werte ab 0,4 (0,2) auf einen guten (akzeptablen) Modellfit hin, vgl. Backhaus et al. (2010), S. 276.

447 Bei Cox und Snell deuten Werte ab 0,2 auf einen akzeptablen Modellfit hin, vgl. Backhaus (2010), S. 276.

448 Da der Modellfit bei Nagelkerke-R^2 allerdings akzeptabel ist, kann die Güte des Gesamtmodells m. E. als akzeptabel betrachtet werden.

449 In Prozentsatz der Richtigen bei Berücksichtigung der der relativen Veränderung der Insolvenzverfahren von „Unternehmen" („Übrigen") liegt in 2011 bei 67,3 % (51,3 %) sowie in 2012 bei jeweils 88,1 %.

Tabelle 32: Ergebnisse der logistischen Regression zur Angabe in 2011 und 2012

	Schritt 1	Schritt 2	Schritt 3	Schritt 4
Bilanzsumme	-0,393	-0,378	0,047	-0,157
	[0,494]	[0,490]	[0,734]	[0,687]
Loans-to-Assets	-0,152	-0,600	0,917	0,675
	[1,489]	[1,504]	[2,601]	[2,826]
RoE	**-0,122***	**-0,139***	**-0,255***	**-0,263***
	[0,054]	**[0,058]**	**[0,112]**	**[0,115]**
Assets-to-Equity	-0,003	-0,003	-0,027	-0,013
	[0,007]	[0,007]	[0,034]	[0,032]
rel. Insolvenzdelta (UN)	**-0,121***		0,181	
	[0,054]		[0,114]	
rel. Insolvenzdelta (Übrige)		**-0,222****		0,180
		[0,087]		[8,045]
Prüfer	-0,915	**-1,058#**	**-0,983***	**-0,923#**
	[0,567]	**[0,564]**	**[0,555]**	**[0,541]**
Prüferwechsel	1,087	1,014	0,005	0,768
	[1,180]	[1,136]	[1,473]	[1,472]
Genossenschaftsbanken	-0,171	0,026	1,167	1,167
	[0,995]	[0,989]	[1,652]	[1,575]
Bausparkassen	**-1,604#**	**-1,588#**	**-1,629#**	-1,896
	[0,938]	**[0,947]**	**[1,627]**	[1,670]
Förderinstitute	-0,384	-0,093	-0,775	-1,171
	[0,872]	[0,881]	[1,629]	[1,580]
Konstante	5,765	5,665	5,868	7,725
	[5,728]	[5,732]	[8,190]	[8,045]
Signifikanz	**0,778**	**0,778**	**0,000**	**0,000**
N	113	113	113	113
Omnibus (Chi-Quadrat)	**24,7439****	**26,139****	**25,007****	**24,327****
Pseudo R^2				
Cox und Snell	0,197	0,207	0,205	0,200
Nagelkerkes R^2	0,262	0,275	0,395	0,386

In der Tabelle werden die Ergebnisse der logistischen Regressionsanalyse für die Angabe der verlustfreien Bewertung im Jahresabschluss 2011 und 2012 gezeigt. Damit werden die Hypothesen 1 bis 4 getestet. Die angegebenen Werte zeigen die Regressionskoeffizienten sowie in der eckigen Klammer die Standardabweichungen (**signifikant auf dem 1 %-Niveau, * signifikant auf dem 5 %-Niveau, #signifikant auf dem 10 %-Niveau).

Für 2011 (Schritt 1 und 2) lassen sich die Variablen RoE sowie die relative Veränderung der Insolvenzverfahren von „Übrigen" bzw. „Unternehmen" als erklärungsstärkste Prädiktoren identifizieren. Je höher der RoE bzw. die Veränderung der relativen Insolvenzverfahren der „Übrigen" bzw. „Unternehmen", desto unwahrscheinlicher ist die Angabe im Jahresschluss 2011. Der Einfluss der RoE bestätigt, dass erfolgreichere Institute eher dazu neigen, auf eine freiwillige Angabe zu verzichten. Daher ist die vierte Hypothese (H4) nicht abzulehnen. Die Berücksichtigung der Veränderung der relativen Anzahl an Insolvenzverfahren der „Übrigen" bzw. „Unternehmen" als Messgrößen für die Risikobereitschaft der Institute zeigt, dass Institute, die eine erhöhte Risikobereitschaft – hier bezogen auf den Ertrag im Privat- und Firmenkundengeschäft – aufweisen, seltener eine Angabe veröffentlichen. Entsprechend ist die zweite Hypothese (H2) ebenfalls nicht abzulehnen. Außerdem lässt sich bei Betrachtung der relativen Veränderung der Insolvenzverfahren von „Übrigen" ein wesentlicher Einfluss der Wahl des Prüfers feststellen. Nach der Auswertung ist eine Angabe in 2011 unwahrscheinlicher, je eher Verbandsprüfer, Mittelstandsprüfer oder andere Prüfer die Jahresabschlussprüfung durchführen. Im Umkehrschluss bedeutet dies, dass die Wahl einer Big-4-Prüfungsgesellschaft einen positiven Einfluss auf die Angabe in der Berichterstattung eines Instituts hat. Vor diesem Hintergrund ist die erste Hypothese (H1), bei der als Messgröße der Prüfer (stellvertretend für die Glaubwürdigkeit) berücksichtigt wird, nicht abzulehnen. Allerdings könnte der Grund für die Angabe auch darin bestehen, dass Abschlussprüfer von Big-4-Prüfungsgesellschaften Beispiele für ihren Vorschlag einholen wollen, um ihre Verhandlungsposition bei der finalen Verabschiedung der IDW Verlautbarung zu untermauern. Folglich wäre die Angabe seitens der Institute nicht mit dem Ziel erfolgt, Informationsasymmetrien zu reduzieren und Glaubwürdigkeit zu stärken. Unstrittig ist der Entwurf keinesfalls, vor allem nicht bei den Verbänden. Ein Ausdruck ihrer Zurückhaltung zeigt etwa die Kommentierung zum IDW ERS BFA 3 von *Schorr*[450], der als Vertreter des Verbandes Baden-Württemberg Kritik an der Entwurffassung äußert.

Schließlich lässt sich bei der Auswertung für 2011 ebenfalls für die Institutsgruppe „Bausparkassen" ein Einfluss nachweisen; sowohl unter Berücksichtigung der relativen Veränderung der Anzahl an Insolvenzverfahren von „Übrigen" als auch von „Unternehmen". Die Wahrscheinlichkeit auf einen Verzicht der Angabe ist bei Bausparkassen größer. Die Zurückhaltung kann als Zeichen gewertet werden, dass die Entwurffassung sich nicht auf ihr Geschäftsmodell bezieht und somit keine Auseinandersetzung mit der Thematik erfolgt. Auch wird hiermit das Ergebnis der deskriptiven Statistik in Abschnitt V.2.1 bestätigt.

Für die Jahresabschlüsse von 2012 (Schritt 3 und 4) zeigt sich, dass bei unverändertem Einfluss von RoE, von der Wahl des Prüfers ein Einfluss auf die Angabe ausgeht. Daraus

[450] Schorr (2012): *Stellungnahme zum IDW ERS BFA 3 („Einzelfragen der Bewertung von zinsbezogenen Geschäften des Bankbuchs (Zinsbuchs).*

lassen sich zwei wesentliche Erkenntnisse ableiten: Zum einen verzichten erfolgreichere Institute tendenziell auch bei bestehender Pflicht zur Angabe auf diese. Zum anderen ist bei Wahl einer Big-4-Prüfungsgesellschaft eine Angabe regelmäßig wahrscheinlicher. Dies erscheint vor dem Hintergrund der finalen Veröffentlichung und eines möglichen Enforcements bei Nicht-Angabe für die Wirtschaftsprüfer plausibel, da das Fehlen einer Angabe insbesondere für Big-4-Prüfungsgesellschaften erhebliche Konsequenzen haben könnte. Etwa können sich Reputationsverluste stärker bemerkbar machen würden als bei Verbandsprüfern, da Letztere unabhängig vom „Prüfermarkt" agieren. Im Vergleich zu 2011 deuten die Ergebnisse für 2012 insgesamt daraufhin, dass am Markt mit dem Thema der verlustfreien Bewertung „gewissenhafter" umgegangen wird. Als Beleg für intensivere Auseinandersetzungen mit Einflussgrößen, insbesondere der Entwicklung von Risiken, kann auch die Ankündigung des DPR-Prüfungsschwerpunkts in Bezug auf den Lagebericht betrachtet werden.[451] Des Weiteren kann man aus den Ergebnissen ableiten, dass Bausparkassen mit der Angabe auch in 2012 Schwierigkeiten hatten, wenngleich eine Besserung zum Vorjahr festzustellen ist. Im Hinblick auf die Hypothese für 2012, dass Institute mit erhöhter Risikobereitschaft seltener die Veröffentlichung wählen, lässt sich anhand der Ergebnisse keine Aussage treffen. Folglich ist die dritte Hypothese (H3) zu verwerfen.

Die Ergebnisse der logistischen Regressionsanalyse für den Informationsumfang sind in Tabelle 33 dargestellt. Auch diese Analyse weist einen hohen Erklärungsgehalt auf (Pseudo-R^2-Statistiken und Omnibus (Chi-Quadrat)), dabei liegen die Werte bei Cox und Snell zwischen 0,186 und 0,290 und bei Nagelkerke-R^2 zwischen 0,252 und 0,422. Insgesamt lassen sich somit im Wesentlichen akzeptable bis gute Werte feststellen.[452] Im Unterschied zu den vorangegangen Regressionsanalysen ist nun jedoch der Erklärungsgehalt bei Einbeziehung der relativen Veränderung der Anzahl an Insolvenzverfahren von „Unternehmen" (Schritt 1 und 3) eindeutig höher als der von „Übrigen" (Schritt 2 und 4). Dies zeigt sich bei der Anzahl korrekt geschätzter Fälle[453] i. V. m. den Werten von Cox und Snell und Nagelkerke-R^2. Insgesamt können die Ergebnisse für 2011 und 2012 ebenfalls

451 Explizit stand die Risikoberichterstattung im Fokus der Prüfstelle in 2012, vgl. DPR (2011).

452 Beim Nagelkerke-R^2 deuten Werte ab 0,4 (0,2) auf einen guten (akzeptablen) Modellfit hin, bei Cox und Snell deuten Werte ab 0,2 auf einen akzeptablen Modellfit hin, vgl. Backhaus et al. (2010), S. 276. Einzig Cox und Snell liegt mit 0,189 bei Berücksichtigung der relativen Veränderung der Anzahl an Insolvenzverfahren von „Übrigen" nicht im akzeptablen Bereich, allerdings ist der Modellfit bei Nagelkerke-R^2 akzeptabel ist, sodass die Güte des Gesamtmodells m. E. als akzeptabel betrachtet werden.

453 Der Prozentsatz der Richtigen bei Berücksichtigung der relativen Veränderung der Insolvenzverfahren von „Unternehmen" („Übrigen") liegt in 2011 bei 73,5 % (77,0 %) sowie in 2012 bei jeweils 60,6 %.

als robust betrachtet werden, das zeigen neben den Gütemaßen auch die überwiegend in die gleiche Richtung laufenden Regressionskoeffizienten.

Tabelle 33: Ergebnisse der logistischen Regression zum Informationsumfang in 2011 und 2012

	Schritt 1	Schritt 2	Schritt 3	Schritt 4
Bilanzsumme	-0,314	-0,154	0,134	0,005
	[0,557]	[0,538]	[0,545]	[0,519]
Loans-to-Assets	-0,927	-0,546	-0,277	-0,883
	[1,913]	[1,870]	[1,671]	[1,617]
RoE	-0,071	-0,061	-0,030	-0,015
	[0,048]	[0,046]	[0,072]	[0,069]
Assets-to-Equity	-0,010	-0,009	-0,024	-0,018
	[0,018]	[0,014]	[0,022]	[0,017]
rel. Insolvenzdelta (UN)	**-0,164***		**0,137#**	
	[0,081]		**[0,072]**	
rel. Insolvenzdelta (Übrige)		-0,071		-0,092
		[0,114]		[0,061]
Prüfer	-0,105	-0,172	**-0,717***	**-0,675***
	[0,246]	[0,243]	**[0,303]**	**[0,298]**
Prüferwechsel	0,965	0,719	0,553	0,513
	[1,171]	[1,099]	[1,035]	[1,079]
Genossenschaftsbanken	**-2,702***	-2,058	**3,142***	**2,765**
	[1,329]	**[1,254]#**	**[1,474]**	**[1,424]#**
Bausparkassen	-0,649	-0,521	-0,787	-0,908
	[0,904]	[0,886]	[0,927]	[0,918]
Förderbanken	0,668	0,858	0,986	0,810
	[0,848]	[0,831]	[1,051]	[0,982]
Konstante	3,471	2,202	2,400	2,561
	[6,454]	[6,297]	[6,058]	[5,840]
Signifikanz	**0,000**	**0,000**	**0,029**	**0,029**
N	113	113	113	113
Omnibus (Chi-Quadrat)	**38,646***	**33,262***	**24,362**	**22,487***
Pseudo R^2				
Cox und Snell	0,290	0,255	0,200	0,186
Nagelkerkes R^2	0,422	0,372	0,271	0,252

In der Tabelle werden die Ergebnisse der logistischen Regressionsanalyse für die Abweichung vom Mittelwert des Informationsumfangs im Jahresabschluss 2011 und 2012 gezeigt. Damit wird die Hypothese 5 getestet. Die angegebenen Werte zeigen die Regressionskoeffizienten sowie in der eckigen Klammer die Standardabweichungen (***signifikant auf dem 1‰-Niveau,**signifikant auf dem 1 %-Niveau, * signifikant auf dem 5 %-Niveau, #signifikant auf dem 10 %-Niveau).

Für den Informationsumfang in 2011 (Schritt 1 und 2) lassen sich einzig unter Berücksichtigung der relativen Veränderung der Anzahl an Insolvenzverfahren von „Unternehmen" diese Variable sowie die Institutsart „Genossenschaftsbanken" als erklärungsstarke Prädiktoren identifizieren. In Bezug auf die relative Veränderungen der Anzahl an Insolvenzverfahren gilt, dass je größer die Veränderung, d.h., je höher die Zunahme ist, desto weniger Informationen werden im Verhältnis von Instituten veröffentlicht. Im Umkehrschluss bleibt festzustellen, dass wenn ein Institut überdurchschnittlich viele Informationen veröffentlicht, die Veränderung der Insolvenzverfahren von Unternehmen gering bzw. geringer ausfällt. Eine generelle Aussage ist indes nur unter starkem Vorbehalt möglich, da das Privatkundengeschäft ebenfalls einen Teil der Erträge darstellt und eine Aussage zu den Ergebnissen bei Berücksichtigung von der relativen Veränderung der Insolvenzverfahren von „Übrigen" nicht möglich ist. Des Weiteren zeigen die Ergebnisse, dass unter Berücksichtigung von der relativen Veränderung der Anzahl an Insolvenzverfahren von „Unternehmen" bei der Institutsgruppe Genossenschaftsbanken in 2011 relativ gesehen weniger Informationen angegeben werden respektive ihr Informationsumfang geringer ist. Die Ergebnisse decken sich mit der Auswertung in Abschnitt V.2.4. Damit verstärkt sich die Vermutung, dass in 2011 entweder keine oder eine negative Vorgabe des Verbandes in Bezug auf die Angabe vorliegt.[454]

Die Auswertung des Informationsumfangs für 2012 belegt, dass ein Einfluss auf den Informationsumfang sowohl von der Institutsart „Genossenschaftsbanken" als auch von dem „Prüfer" ausgeht. Außerdem lässt sich unter deren Berücksichtigung die relative Veränderung der Anzahl Insolvenzverfahren von „Unternehmen" als erklärungsstarker Prädikator identifizieren. In Bezug auf die „Genossenschaftsbanken" ist im Gegensatz zu den Ergebnissen von 2012 feststellen, dass ihr Informationsumfang relativ gesehen größer ist als der der anderen Institute. Unter Berücksichtigung der Ergebnisse von 2011 sowie der deskriptiven Auswertung in Abschnitt V.2.1 verstärkt sich die Vermutung, dass von Verbandsseite für 2012 eine entsprechende Vorgabe vorliegt. Auf dies deutet auch der Einfluss des „Prüfers" hin, denn die Prüfvariable zeigt, dass der Informationsumfang bei Big-4-Prüfungsgesellschaften als Abschlussprüfer relativ gesehen geringer ist als bei Verbandsprüfern. Der gleiche Rückschluss wie für Verbandsprüfer kann auch für mittelstän-

454 Vgl. Abschnitt V.2.1. Zur kritischen Haltung von Verbandsseite, vgl. Schorr (2012).

dische und andere Prüfer gezogen werden, allerdings wird aufgrund deren geringen Anzahl im Datensatz der Einfluss im Wesentlich den Verbandsprüfern zuzuschreiben sein. Des Weiteren zeigen die Ergebnisse, dass eine Veränderung in Form einer Erhöhung der Anzahl an Insolvenzverfahren von „Unternehmen" den Informationsumfang positiv beeinflussen. Dies kann ebenfalls als Hinweis interpretiert werden, dass in 2012 am Markt mit dem Thema der verlustfreien Bewertung „gewissenhafter" umgegangen wird. Jedoch ist mit Verweis auf die Wichtigkeit des Firmenkundengeschäfts bei Geschäftsbanken und Genossenschaftsbanken weiterhin Vorsicht geboten.

Insgesamt belegen die Ergebnisse der Regressionsanalyse für den Informationsumfang nicht, dass größere Institute mehr Informationen preisgeben. Vielmehr scheint die Verbandsstruktur sowie damit zusammenhängend der Abschlussprüfer den Umfang zu beeinflussen. Insofern ist die fünfte Hypothese (H5) zu verwerfen.

V.4 Zwischenfazit VI und Forschungsausblick

Zusammengefasst zeigt die empirische Untersuchung, dass Sparkassen und öffentlichen Instituten in der Umsetzung der verlustfreien Bewertung sowohl im Jahresabschluss 2011 als auch 2012 eine Sonderrolle zukommt. Bei beiden Institutsgruppen ist fast durchweg eine freiwillige Angabe sowie eine Angabe zum Verpflichtungsüberschuss vorhanden, die Mehrheit legen die barwertige Betrachtungsweise zugrunde und weisen einen relativ großen Informationsumfang auf. Darüber hinaus ist festzustellen, dass über alle Institutsgruppen hinweg äußerst selten eine Drohverlustrückstellung gebildet wird.

Des Weiteren bestätigen die Ergebnisse der Regressionsanalyse im Rahmen der weiterführenden Auswertung für die freiwillige Angabe im Jahresabschluss 2011 die drei aufgestellten theoretischen Überlegungen. So wirkt es sich positiv auf die freiwillige Angabe aus, wenn Institute stärker von der Reduktion von Informationsasymmetrien profitieren. Da Institute mit dieser Absicht regelmäßig als Zeichen für den Markt eine Big-4-Prüfungsgesellschaft als Abschlussprüfer wählen, wird diese Variable bei der Regressionsanalyse berücksichtigt.[455] Als negativen Einfluss auf die Angabe in 2011 vermutet zeigen sich sowohl Institute mit einer erhöhten Risikobereitschaft als auch – gemessen am RoE – erfolgreichere Institute. In Bezug auf die Risikobereitschaft wird aufgrund des Privatkunden- und Firmenkundengeschäfts der Einfluss der relativen Veränderung der Anzahl an

455 Entsprechend kann die erste Hypothese (H1) nicht abgelehnt werden.

Insolvenzverfahren für „Unternehmen“ und „Übrige“ getestet. Deren nachgewiesener Einfluss bestätigt die “Proprietary-Cost-Hypothese“, so verzichten Institute, die mit höheren proprietären Kosten konfrontiert sind, eher auf eine Angabe. Abgesehen von den aus theoretischen Überlegungen abgeleiteten Vermutungen belegen die Ergebnisse auch die im Rahmen der deskriptiven Statistik gewonnene Erkenntnis, wonach der Institutsgruppe „Bausparkassen“ die Umsetzung der verlustfreien Bewertung Schwierigkeiten bereitet. Im Gegensatz zu der Auswertung für die Angabe 2011 bestätigen die Ergebnisse der Regressionsanalysen für eine Angabe 2012 nicht die theoretische Überlegung. Folglich kann keine Aussage getroffen werden, ob Institute mit erhöhter Risikobereitschaft weiterhin auf eine Angabe eher verzichten. Allerdings zeigt sich, dass ebenfalls am RoE-gemessene erfolgreichere Institute eher auf eine Angabe verzichten sowie, dass eine Angabe eher bei Instituten vorhanden ist, die als Abschlussprüfer eine Big-4-Prüfungsgesellschaft beauftragt haben. Für Bausparkassen sind die Ergebnisse nicht eindeutig. Ein negativer Zusammenhang zur Angabe ist lediglich bei Berücksichtigung der relativen Veränderung der Anzahl an Insolvenzverfahren von „Unternehmen“ festzustellen.

Im Hinblick auf den Informationsumfang bestätigt sich der auf theoretischen Überlegungen basierende Zusammenhang ebenfalls nicht. Demnach kann weder für 2011 noch für 2012 eine Aussage zum Zusammenhang der Institutsgröße und dem Informationsumfang getroffen werden. Allerdings zeigt sich, dass in 2011 unter Berücksichtigung der relativen Veränderung der Anzahl an Insolvenzverfahren von „Unternehmen“ sowohl zwischen deren Anstieg als auch sofern als Institutsgruppe die Genossenschaftsbanken betrachtet werden, ein negativer Zusammenhang zur Angabe besteht. Für 2012 zeigt sich durchweg ein positiver Zusammenhang zwischen dem Informationsumfang und Genossenschaftsbanken. Dies wird auch durch die Wahl des Prüfers bestätigt wird, so tendieren Institute mit Verbandsprüfer eher zu einem größeren Informationsumfang. Als Begründung hierfür wird eine Verbandsvorgabe vermutet.

Insgesamt umfasst die vorliegende Untersuchung das Entwurfsjahr sowie das Jahr der finalen Veröffentlichung. Es zeigt sich, dass einige Ungenauigkeiten in den Angaben vorhanden sind, bzw. einige Institute noch keine Angabe machen, obwohl sie dazu verpflichtet sind. Entsprechend besteht hier weiterer Forschungsbedarf. Zum einen, ob etwa zum Abschlussstichtage 31. Dezember 2013, 2014 und 2015 Ungenauigkeiten verbessert und externen Adressanten umfangreichere Informationen bereitgestellt werden. Letzteres würde darauf schließen lassen, dass Institute sich intensiver mit der Thematik der verlustfreien Bewertung auseinandersetzen. Interessant wäre hierbei, ob ggf. mehr Institute darauf verweisen, bspw. eine vereinfachte Vorgehensweise anzuwenden. Zum anderen ist zu vermuten, dass durch das anhaltende Niedrigzinsumfeld in der Zukunft mehr Institute eine Drohverlustrückstellung bilden müssen. Diese Einschätzung deckt sich mit der Äußerung von *Röseler* im Rahmen der Jahrespressekonferenz der BaFin vom 10. Mai 2016.[456] *Röseler* nach seien gerade Institute mit breiter Kundschaft im Einlagen- und Kreditgeschäft vom Niedrigzinsniveau betroffen, dabei würden mittlerweile deutlich mehr als 50 Prozent aller Kreditinstitute erhöhte Zinsänderungsrisiken aufweisen. Die Tendenz sei steigend. Entsprechend begründet *Röseler* die Schlussfolgerung der BaFin, noch in diesem Jahr im Rahmen des SREP (Supervisory Review and Evaluation Process) für alle rund 1.600 direkt beaufsichtigten Institute, einen Kapitalaufschlag zur Unterfütterung der Zinsänderungsrisiken festzusetzen. Diese Äußerungen lassen nicht zuletzt vermuten, dass mittel- bis langfristig sogar eher noch mit weiteren Maßnahmen zur Begegnung von Zinsänderungsrisiken zu rechnen ist. Vor diesem Hintergrund könnte im Rahmen weiterer Untersuchungen noch intensiver das Thema der Fusionen, Erstprüfungen und Drohverlustrückstellungen analysiert werden.

[456] Vgl. BaFin (2016).

VI Zusammenfassung und Schlussbetrachtung

Seit dem Bilanzrechtsmodernisierungsgesetz (BilMoG) wurde bis zur Veröffentlichung der in der vorliegenden Arbeit im Mittelpunkt stehenden Stellungnahme zur Rechnungslegung „IDW RS BFA 3" keine weitreichende „neue" Vorschrift erlassen. Zwar gab es Änderungen i. S. v. Anpassungen, bspw. im Rahmen des Aufsichtsrechts, was die Information über Geldwäscheaktivitäten oder Meldevorschriften betrifft, aber deren Auswirkungen blieben in Bezug auf den von Instituten bereitzustellenden Informationsumfang größtenteils überschaubar. Aus diesem Grund ist die Verlautbarung „IDW RS BFA 3" schon für sich „bemerkenswert". Diese Einschätzung wird durch die inhaltlichen Anforderungen bedeutend gesteigert; denn bis dato wurde auf eine zinsinduzierte Bewertung bei allen Geschäften des Bankbuchs verzichtet. Insbesondere in Bezug auf den Normzweck nach § 264 Abs. 2 HGB, wonach der Jahresabschluss unter Beachtung der Grundsätze ordnungsmäßiger Buchführung ein den tatsächlichen Verhältnissen entsprechendes Bild der Vermögens-, Finanz- und Ertragslage vermitteln soll, war dies kritisch einzustufen. Dennoch war die Zurückhaltung gegenüber dem mit der IDW Verlautbarung anvisierten Vorhaben seitens der Institute nachvollziehbar, da mit der IDW Verlautbarung eine Nachkalkulation in Form einer Bewertung des originären Bankgeschäfts umgesetzt wurde. Ein negatives Ergebnis kann hierbei erhebliche negative Implikationen für ein Institut zur Folge haben, da die Bildung einer Drohverlustrückstellung signalisiert, dass mit dem „originären Bankgeschäft" Verluste erwirtschaftet werden.

Bei der Lösung des Dilemmas, dass man sich bis dato auf keine Bewertungsvorschrift der Bankbuch-Geschäfte verständigen konnte, wurde vom BFA versucht, über die Verzahnung von modelltheoretischen, bilanztheoretischen und praktischen Elementen Regelungen festzulegen. In weiten Teilen gelang dies gut, indem die jeweiligen Konzepte korrekt „eingesetzt" wurden. Dies zeigen entsprechend die Ausführungen zur theoretischen Würdigung und zur modelltheoretischen Analyse in den Kapiteln III und IV. In Kapitel III wurde dabei eines der Ziele der vorliegenden Arbeit umgesetzt, Schwachstellen an der aktuell gültigen Fassung der IDW Verlautbarung aus (bilanz-)theoretischer und praktischer Sicht offenzulegen. Die Schwachstellen führen i. d. R. zur Verletzung des zugrunde gelegten Methodenwahlrechts. Im Vordergrund stehen insbesondere die Berücksichtigung von (erhöhten) Refinanzierungskosten, der Ansatz von Eigenkapital sowie die Schließung einer Refinanzierungslücke im Rahmen der barwertigen Betrachtungsweise.

Im Zusammenhang mit den Refinanzierungskosten zeigt sich, dass für die Erhaltung der Methodenfreiheit zwangsläufig die Schließung einer Lücke nur in der periodischen Betrachtungsweise zu den einjährigen impliziten Terminzinssätzen erfolgen darf, und Refinanzierungskosten folglich nur als Differenz zu den jeweiligen einjährigen (impliziten) Terminzinssätzen anzusetzen sind. Grundsätzlich ist es in Bezug auf Scheingewinne und -verluste empfehlenswert, den Barwert für zukünftige Risiko-, Verwaltungs- und Refinanzierungskosten separat zu berechnen, wenn die Differenz zu den einjährigen impliziten Terminzinssätzen in diesem Berechnungsschritt Berücksichtigung findet. Durch diese Vorgehensweise wird eine korrekte Umsetzung aus theoretischer und modelltheoretischer Sicht gewährleistet. Die Ausführungen sind allerdings hierzu in der IDW Verlautbarung nicht präzise.

Bei dem Ansatz von Eigenkapital zeigt sich, dass bei einer Berücksichtigung aus modelltheoretischer Sicht zunächst wie im Zusammenhang mit den Refinanzierungskosten zu verfahren wäre. Allerdings stehen gemäß Abschnitt III.3.6 wichtige bilanztheoretische Argumente einer grundsätzlichen Berücksichtigung entgegen. Zugunsten von Bausparkassen kann zwar die Ausführung in der IDW Verlautbarung begrüßt werden, allerdings sollten in einer Stellungnahme zur Rechnungslegung wesentliche Rechnungslegungs- und Bilanzierungsprinzipien nicht außer Acht gelassen werden. Aus diesem Grund wäre eine Beschränkung der Berücksichtigung von Eigenkapital auf Bausparkassen wünschenswert. Im Endeffekt würde dadurch einerseits der Bilanztheorie entsprochen, andererseits wäre die praktische Abweichung vor dem Hintergrund von § 264 Abs. 1 HGB auch aus bilanztheoretischer Sicht gerechtfertigt.

Des Weiteren ist die Schließung einer Refinanzierungslücke im Rahmen der barwertigen Betrachtungsweise zurückzuweisen. Diese führt zwar bei korrekter Umsetzung zu keiner Ergebnisverschiebung, jedoch wird aus theoretischer Sicht damit konzeptionell gegen das zugrunde liegende Barwert-Konzept verstoßen. Außerdem führt schon eine leichte Abweichung vom korrekten Ansatz der zu berücksichtigenden Parameter, wie etwa Refinanzierungskosten, zur Verletzung der Methodengleichheit. Aus praktischen und theoretischen Überlegungen gilt es somit einer derartigen Fehlerquelle vorzubeugen. Ein empirischer Beleg, dass eine solche Schließung vorgenommen wurde, zeigt sich unter anderem im Rahmen der Auswertung der Jahresabschlüsse in Kapitel V. Neben diesen drei wesentlichen Schwachstellen wurde eine Reihe weiterer Konkretisierungspunkte in diesem Kapitel herausgearbeitet. Hierzu zählt etwa die Veröffentlichung des KAGB.

Kapitel IV verfolgt die zweite Zielsetzung, einen formalen modelltheoretischen Nachweis für die Gültigkeit der Methodenfreiheit zu erbringen. Es zeigt sich, dass aus modelltheoretischer Sicht weder Laufzeit- noch Betragsinkongruenzen zur Verletzung der Methodengleichheit führen; gleiches gilt für komplexere Bankprodukte. Allerdings werden im Rahmen der modelltheoretischen Untersuchung auch Grenzen aufgezeigt, die zur Verletzung der Methodengleichheit führen. Diese stimmen mit den Schlussfolgerungen aus Kapitel III über. Entsprechend sind die Schwachstellen aus modelltheoretischer Sicht mit den theoretischen bzw. bilanztheoretischen Schwachstellen identisch.

Insgesamt ist aus theoretischer, modelltheoretischer und praktischer Sicht eine Überarbeitung i.S. eines Nachbesserungs- bzw. Präzisierungsbedarfs der IDW Verlautbarung zur Sicherstellung der Methodengleichwertigkeit empfehlenswert. Dennoch lässt sich in Anlehnung an die „Lücke" im Lücke-Theorem feststellen, dass mithilfe des Lücke-Theorems die seit Jahren bestehende Bewertungslücke für Bankbuch-Geschäfte durch die IDW Verlautbarung erfolgreich geschlossen wurde.

In Bezug auf die dritte Zielsetzung, der Untersuchung der Umsetzung der IDW Verlautbarung durch Institute, insbesondere vor dem Hintergrund der Informationsfunktion der Rechnungslegung und den herausgearbeiteten Schwachstellen, zeigt sich, dass grundsätzlich eine hohe Bereitschaft von Institutsseite besteht, die Vorschrift frühzeitig umzusetzen und damit Informationen externen Adressaten zur Verfügung zu stellen. Die aufgestellten theoretischen Hypothesen für die Angabe in Bezug auf die IDW Verlautbarung werden für den Jahresabschluss 2011 größtenteils bestätigt. Für das Jahr 2012 ist dies nicht möglich, da ohnehin bei fast allen Instituten eine Angabe vorlag. Nicht nur im Hinblick auf die Angabe, sondern auch auf den Informationsumfang, schnitten die untersuchten Sparkassen überdurchschnittlich ab. Ein Grund hierfür besteht sicherlich in ihrer Verbandsstruktur. Zu den theoretischen und modelltheoretischen Schwachstellen waren nur bedingt Informationen verfügbar. Am häufigsten wurde hierbei die Schließung von Eigenkapital erwähnt. Ein Institut führte die Schließung einer Refinanzierungslücke im Rahmen der barwertigen Betrachtungsweise durch. Aufgrund der nur im geringen Umfang verfügbaren Informationen zu den Schwachstellen, lassen sich jedoch keine allgemeingültigen Schlüsse ableiten. Es ist dennoch für externe Adressaten erfreulich, dass festgestellt werden konnte, dass kaum ein Institut eine Drohverlustrückstellung bilden musste. Insofern tragen die Ergebnisse der Nachkalkulation aktuell zur Vertrauensbildung und damit zur Stabilisierung des Bankensektors bei. Dem Gläubigerschutz wird auf jeden Fall insofern entsprochen, dass zumindest ein extensives Eingehen von Zinsrisiken aufgrund einer möglichen aufwandswirksamen und ausschüttungspotenzialkürzenden Rückstellungsbildung begrenzt wird.[457] Nichtsdestotrotz ist mit Blick in die Zukunft anzunehmen, dass die Häufigkeit zur Bildung einer Drohverlustrückstellung zunehmen wird und somit die Bedeutung der IDW Verlautbarung. Bedingt wird diese Vermutung durch das anhaltende Niedrigzinsumfeld, da Institute mit Schwierigkeiten bei der Ertragserzielung konfrontiert sind. Letzteres deckt sich auch mit der Einschätzung des aktuellen BaFin-Präsident *Hufeld*, der in seiner Rede auf der Jahrespressekonferenz der Behörde konstatiert, dass das „niedrige Zinsniveau [...] nicht mehr nur den klassischen Betroffenen wie den Lebensversicherern und Bausparkassen Probleme [bereite]. Es mache sich in den Bilanzen der gesamten Bankenbranche bemerkbar. Institute, deren Geschäftsmodell vor allem auf Zinserträgen und Fristentransformation basiere, täten sich immer schwerer damit, auf lange Sicht auskömmliche Erträge zu erwirtschaften."[458]

---

457 Vgl. Jessen/Haaker/Briesemeister (2011b), S. 365.
458 BaFin (2016).

Anhang

Anhang 1: Übersicht der untersuchten Institute

Private Institute*	Öffentliche Institute*	Bausparkassen*	Förderinstitute*,**
Deutsche Bank AG	LBBW	Bausparkasse Schwäbisch Hall AG	kfw
Commerzbank AG	DZ Bank AG	BHW Bausparkasse AG	NRW.BANK
UniCredit Bank AG/HVB	Bayrische LB	Wüstenrot Bausparkasse AG	Landwirtschaftliche Rentenbank
Postbank AG Bonn	HeLaBa	LBS Bayerische Landesbausparkasse	L-Bank
Hypothekenbank Frankfurt AG	Nord LB	LBS Landesbausparkasse BW	LfA Bayern
ING-DiBa AG	HSH Nordbank AG	LBS Westdeutsche Landesbausparkasse	Investitionsbank Berlin
Deutsche Pfandbriefbank AG	DekaBank	Debeka Bausparkasse AG	Investitionsbank Schleswig Holstein
Dexia DKD Kommunalbank Deutschland AG	WestLB/Portigon	Deutsche Bank Bauspar AG	Investitionsbank Brandenburg
Aareal Bank AG	Landesbank Berlin AG	LBS Norddeutsche Landesbausparkasse Berlin – Hannover	Wirtschafts- und Infrastrukturbank Hessen
Volkswagen Bank GmbH	DKB Deutsche Kreditbank AG	Deutsche Bausparkasse Badenia AG	Investitions- und Strukturbank Rheinland-Pfalz
Santander Consumer Bank AG	Deutsche Genossenschafts-Hypothekenbank AG	LBS Ostdeutsche Landesbausparkasse AG	Sächsische AufbauBank
Deutsche Hypothekenbank AG	WGZ BANK AG	LBS Landesbausparkasse Rheinland-Pfalz	Nbank
Berlin-Hannoversche Hypothekenbank AG	WL BANK AG	Bausparkasse Mainz AG	Hamburgische Investitions- und Förderbank
SEB AG	Deutsche Apotheker- und Ärztebank eG	Aachener Bausparkasse AG	Thüringer Aufbaubank
IKB Deutsche Industriebank AG	Münchener Hypothekenbank eG	LBS Bauspakasse Schleswig-Holstein-Hamburg AG	Landesförderinstitut Mecklenburg-Vorpommern[459]
DVB Bank SE	Bremer Landesbank Kreditanstalt Oldenburg	Alte Leipziger Bauspar AG	Investitionsbank Sachsen-Anhalt
BMW Bank GmbH	Westdeutsche ImmobilienBank AG	BSQ Bauspar AG	Saarländische Investitionskreditbank
HSBC Trinkaus & Burkhardt AG	Landesbank Saar	LBS Landesbausparkasse Saar	Bremer Aufbau-Bank
Mercedes-Benz Bank AG		Signal Iduna Bauspar	
Targobank AG & Co. KGaA		Deutscher Ring Bausparkasse AG	
Comdirect Bank AG		LBS Landesbausparkasse Bremen AG	

*Basis ist die Bilanzsumme in den Geschäftsberichten/Jahresabschlüssen 2012. In den Gruppen „private" und „öffentliche" Institute gibt es Überschneidung zu anderen Gruppen. Für Zwecke der vorliegenden Untersuchung wurde die Auswahl wie dargelegt getroffen.
**Größte Förderinstitute nach Bilanzsumme 2012 (Quelle: Geschäftsberichte i. V. m VöB (2012), ohne Bayern LABO).

[459] Das Landesförderinstitut Mecklenburg-Vorpommern (LFI) ist ein rechtlich unselbstständiger Geschäftsbereich der NORD/LB, der jedoch in seiner Aufgabenstellung selbstständig und dementsprechend betriebswirtschaftlich, organisatorisch und personell von der NORD/LB getrennt ist. Demgemäß stellt das LFI einen eigenen Jahresabschluss auf; er wird in den Jahresabschluss der NORD/LB einbezogen.

Sparkassen		Genossenschaften	
Hamburger Sparkasse	Stadtsparkasse Wuppertal	Sparda-Bank Baden-Württemberg eG	Evang. Darlehnsgenossenschaft eG
Sparkasse Köln Bonn	Sparkasse Karlsruhe Ettlingen	Berliner Volksbank eG	Münchner Bank eG
Kreissparkasse Köln	Sparkasse Paderborn-Detmold	Sparda-Bank Südwest eG	PSD Bank Rhein-Ruhr eG
Frankfurter Sparkasse	Sparkasse Heidelberg	Frankfurter Volksbank eG	Sparda-Bank Nürnberg eG
Sparkasse München/Stadtsparkasse München	Sparkasse Saarbrücken	Sparda-Bank West eG	Volksbank eG Villingen-Schwenningen
Sparkasse Hannover	Kreissparkasse Biberach	BBBank eG Karlsruhe	Volksbank Kraichgau Wiesloch-Sinsheim eG
Stadtsparkasse Düsseldorf	Förde Sparkasse	Bank für Sozialwirtschaft AG	SPARDA-BANK HAMBURG eG
Nassauische Sparkasse	Sparkasse Westmünsterland	Volksbank Mittelhessen eG	GLS Gemeinschaftsbank eG
Ostsächsische Sparkasse Dresden	Sparkasse Neuss	Sparda-Bank München eG	Volksbank Pforzheim eG
Sparkasse Bremen	Nord-Ostsee Sparkasse	Mainzer Volksbank eG	Volksbank Kur- und Rheinpfalz eG
Sparkasse Pforzheim Calw	Sparkasse Osnabrück	Sparda-Bank Berlin eG	PSD Bank Nürnberg eG
Kreissparkasse München Starnberg Ebersberg	Sparkasse Bielefeld	Sparda-Bank Hessen eG	Volksbank Oberberg eG
Sparkasse Nürnberg	Sparkasse Ulm	Volksbank Stuttgart eG	Volksbank Lüneburger Heide eG
Mittelbrandenburgische Sparkasse in Potsdam	Sparkasse Vest Recklinghausen	Bank für Kirche und Diakonie eG - KD-Bank	Vereinigte Volksbank AG Sindelfingen
Kreissparkasse Ludwigsburg	Sparkasse Duisburg	LIGA Bank eG	Volksbank Freiburg eG
Sparkasse Aachen	Sparkasse Holstein	Dortmunder Volksbank eG	VR Bank Rosenheim-Chiemsee eG
Stadt- und Kreissparkasse Leipzig	Sparkasse Bochum	Sparda-Bank Hannover eG	Volksbank Alzey-Worms eG
Sparkasse Münsterland Ost	Sparkasse Freiburg - Nördlicher Breisgau	Hannoversche Volksbank eG	Volksbank Ulm-Biberach eG
Kreissparkasse Esslingen-Nürtingen	Sparkasse Südholstein	Evangelische Kreditgenossenschaft eG	VR Bank Main-Kinzig-Büdingen eG
Spk Krefeld – Zweckverbandssparkasse Krefeld und des Kreises Viersen	Stadtsparkasse Augsburg	BANK IM BISTUM ESSEN eG	Hamburger Volksbank eG
Landessparkasse zu Oldenburg	Sparkasse Rhein Neckar Nord	DKM Darlehnskasse Münster eG	Pax-Bank eG
Sparkasse Essen	Kasseler Sparkasse	Volksbank Paderborn-Höxter-Detmold eG	Volksbank Karlsruhe eG
Sparkasse Dortmund	Kreissparkasse Göppingen	Bank für Kirche und Caritas eG	Volksbank eG Braunschweig Wolfsburg
Kreissparkasse Heilbronn	Kreissparkasse Ravensburg	Bank 1 Saar eG	Westerwald Bank eG Volks- und Raiffeisenbank
Kreissparkasse Waiblingen		Wiesbadener Volksbank eG	Volksbank Lahr eG
Sparkasse Mainfranken Würzburg		Volksbank Darmstadt-Südhessen eG	Volksbank Gütersloh eG
Kreissparkasse Böblingen		VR Bank Rhein-Neckar eG	

*Reihenfolge aufgrund der Bilanzsumme in den Geschäftsberichten/Jahresabschlüssen 2012; absteigend sortiert, jeweils spaltenweise.

Abbildung 18: Übersicht der untersuchten Institute

Anhang 2: Marktanteile an den Einlagen von Privatpersonen der Bankengruppen in Deutschland

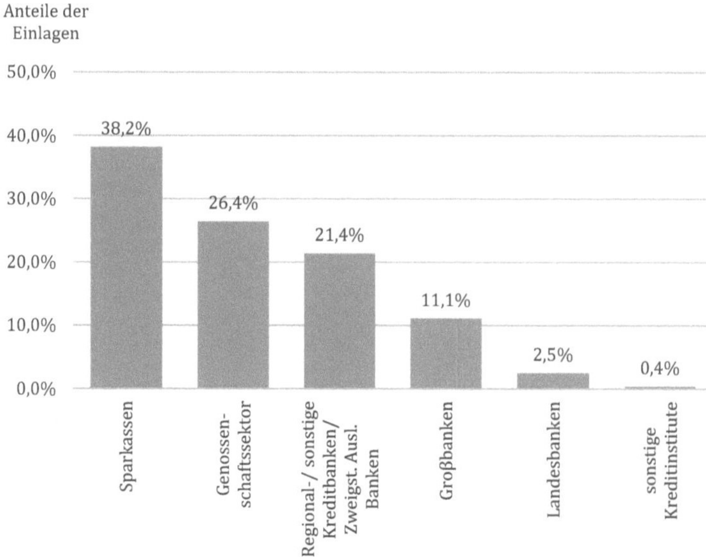

Abbildung 19: Marktanteile an den Einlagen von Privatpersonen der Bankengruppen in Deutschland im Jahr 2013[460]

460 In Anlehnung an Statista (2013).

Anhang 3: Ergebnisse des exakten Tests nach Fisher

Anhang 3.1: Ergebnisse für die wesentlichen Umsetzungsmerkmale

Tabelle 34: Ergebnisse für die Angabe in 2011

	Private KI	Öffentl. KI	Spk	Genos	Bauspk
Öffentl. KI	0,022*				
Spk	0,002**	1,000			
Genos	0,120	0,000***	3,512		
Bauspk	0,029*	0,000***	1,000	0,301	
Förder-KI	0,337	0,003**	0,000***	0,786	0,206

Die angegebenen Werte zeigen die p-Werte des zweiseitigen Tests nach Fisher. Als Ausprägungen werden die Institutsgruppe und die Angabe (ja/nein) unterschieden (*** signifikant auf dem 1 ‰-Niveau, ** signifikant auf dem 1 %-Niveau, * signifikant auf dem 5 %-Niveau, # signifikant auf dem 10 %-Niveau). Der Rückgriff auf den exakten Test nach Fisher erfolgt aufgrund der kleinen Stichprobe und der nominalen (dichotomen) Messgrößen.

Tabelle 35: Ergebnisse für die Angabe in 2012

	Private KI	Öffentl. KI	Spk	Genos	Bauspk
Öffentl. KI	1,000				
Spk	0,292	1,000			
Genos	1,000	0,566	0,243		
Bauspk	0,184	0,050*	0,001***	0,037*	
Förder-KI	0,162	0,104	0,004**	0,064	1,000

Die angegebenen Werte zeigen die p-Werte des zweiseitigen Tests nach Fisher. Als Ausprägungen werden die Institutsgruppe und die Angabe (ja/nein) unterschieden (*** signifikant auf dem 1 ‰-Niveau, ** signifikant auf dem 1 %-Niveau, * signifikant auf dem 5 %-Niveau, # signifikant auf dem 10 %-Niveau). Der Rückgriff auf den exakten Test nach Fisher erfolgt aufgrund der kleinen Stichprobe und der nominalen (dichotomen) Messgrößen.

Tabelle 36: Ergebnisse für die Betrachtungsweise in 2011

	Private KI	Öffentl. KI	Spk	Genos	Bauspk
Öffentl. KI	0,372				
Spk	0,049*	0,602			
Genos	1,000	1,000	1,000		
Bauspk	0,249	1,000	1,000	1,000	
Förder-KI	1,000	0,326	0,063	1,000	0,212

Die angegebenen Werte zeigen die p-Werte des zweiseitigen Tests nach Fisher. Als Ausprägungen werden die Institutsgruppe und die Betrachtungsweise (GuV/BW) unterschieden (*** signifikant auf dem 1 ‰-Niveau, ** signifikant auf dem 1 %-Niveau, * signifikant auf dem 5 %-Niveau, # signifikant auf dem 10 %-Niveau). Der Rückgriff auf den exakten Test nach Fisher erfolgt aufgrund der kleinen Stichprobe und der nominalen (dichotomen) Messgrößen.

Tabelle 37: Ergebnisse für die Betrachtungsweise in 2012

	Private KI	Öffentl. KI	Spk	Genos	Bauspk
Öffentl. KI	1,000				
Spk	0,379	0,647			
Genos	0,026*	0,084	0,122		
Bauspk	1,000	1,000	0,612	0,064	
Förder-KI	0,238	0,195	0,018*	0,000***	0,215

Die angegebenen Werte zeigen die p-Werte des zweiseitigen Tests nach Fisher. Als Ausprägungen werden die Institutsgruppe und die Betrachtungsweise (GuV/BW) unterschieden (*** signifikant auf dem 1 ‰-Niveau, ** signifikant auf dem 1 %-Niveau, * signifikant auf dem 5 %-Niveau, # signifikant auf dem 10 %-Niveau). Der Rückgriff auf den exakten Test nach Fisher erfolgt aufgrund der kleinen Stichprobe und der nominalen (dichotomen) Messgrößen.

Tabelle 38: Ergebnisse für die Angabe eines Verpflichtungsüberschusses in 2011

	Private KI	Öffentl. KI	Spk	Genos	Bauspk
Öffentl. KI	1,000				
Spk	0,009**	0,004**			
Genos	0,000***	0,000***	0,000***		
Bauspk	1,000	0,637	0,232	0,000***	
Förder-KI	1,000	1,000	0,069#	0,000***	1,000

Die angegebenen Werte zeigen die p-Werte des zweiseitigen Tests nach Fisher. Als Ausprägungen werden die Institutsgruppe und die Angabe eines Verpflichtungsüberschusses (ja/nein) unterschieden (*** signifikant auf dem 1 ‰-Niveau, ** signifikant auf dem 1 %-Niveau, * signifikant auf dem 5 %-Niveau, # signifikant auf dem 10 %-Niveau). Der Rückgriff auf den exakten Test nach Fisher erfolgt aufgrund der kleinen Stichprobe und der nominalen (dichotomen) Messgrößen.

Tabelle 39: Ergebnisse für die Angabe eines Verpflichtungsüberschusses in 2012

	Private KI	Öffentl. KI	Spk	Genos	Bauspk
Öffentl. KI	0,606				
Spk	0,020*	0,261			
Genos	0,343	1,000	0,118		
Bauspk	1,000	0,323	0,012*	0,148	
Förder-KI	0,627	1,000	0,215	1,000	0,602

Die angegebenen Werte zeigen die p-Werte des zweiseitigen Tests nach Fisher. Als Ausprägungen werden die Institutsgruppe und die Angabe eines Verpflichtungsüberschusses (ja/nein)) unterschieden (*** signifikant auf dem 1 ‰-Niveau, ** signifikant auf dem 1 %-Niveau, * signifikant auf dem 5 %-Niveau, # signifikant auf dem 10 %-Niveau). Der Rückgriff auf den exakten Test nach Fisher erfolgt aufgrund der kleinen Stichprobe und der nominalen (dichotomen) Messgrößen.

Anhang 3.2: Ergebnisse Einflussfaktoren (unabhängige Variablen)

Tabelle 40: Ergebnisse für die Wahl einer Big 4 in 2011 und 2012

	Private KI	Öffentl. KI	Spk	Genos	Bauspk
Öffentl. KI	0,206				
Spk	1,294	7,997			
Genos	6,602	4,779	1,000		
Bauspk	0,048*	0,418	4,944	3,025	
Förder-KI	0,462	1,000	3,018	1,738	0,190

Die angegebenen Werte zeigen die p-Werte des zweiseitigen Tests nach Fisher. Als Ausprägungen werden die Institutsgruppe und die Wahl einer Big-4-Prüfungsgesellschaft als Abschlussprüfer unterschieden (*** signifikant auf dem 1 ‰-Niveau, ** signifikant auf dem 1 %-Niveau, * signifikant auf dem 5 %-Niveau, # signifikant auf dem 10 %-Niveau). Der Rückgriff auf den exakten Test nach Fisher erfolgt aufgrund der kleinen Stichprobe und der nominalen (dichotomen) Messgrößen.

Tabelle 41: Ergebnisse für den Prüferwechsel in 2011

	Private KI	Öffentl. KI	Spk	Genos	Bauspk
Öffentl. KI	0,206				
Spk	1,000	0,065#			
Genos	1,000	0,062#	1,000		
Bauspk	0,488	1,000	0,082#	0,078#	
Förder-KI	0,089#	1,000	0,016*	0,014*	0,647

Die angegebenen Werte zeigen die p-Werte des zweiseitigen Tests nach Fisher. Als Ausprägungen werden die Institutsgruppe und der Prüferwechsel von 2010 auf 2011 unterschieden (*** signifikant auf dem 1 ‰-Niveau, ** signifikant auf dem 1 %-Niveau, * signifikant auf dem 5 %-Niveau, # signifikant auf dem 10 %-Niveau).

Tabelle 42: Ergebnisse für den Prüferwechsel in 2012

	Private KI	Öffentl. KI	Spk	Genos	Bauspk
Öffentl. KI	0,318				
Spk	0,292	0,016*			
Genos	0,490	0,048*	1,000		
Bauspk	0,606	1,000	0,022*	0,066#	
Förder-KI	0,077#	0,691	0,001***	0,003**	0,432

Die angegebenen Werte zeigen die p-Werte des zweiseitigen Tests nach Fisher. Als Ausprägungen werden die Institutsgruppe und der Prüferwechsel von 2011 auf 2012 unterschieden (*** signifikant auf dem 1 ‰-Niveau, ** signifikant auf dem 1 %-Niveau, * signifikant auf dem 5 %-Niveau, # signifikant auf dem 10 %-Niveau).

Anhang 4: Ergebnisse des Mann-Whitney-U-Tests

Anhang 4.1: Ergebnisse für die wesentlichen Umsetzungsmerkmale

Tabelle 43: Ergebnisse des Mann-Whitney-U-Tests für den Informationsumfang

Institutsart	Private KI		Öffentl. KI		Spk		Genos		Bauspk	
	2011	2012	2011	2012	2011	2012	2011	2012	2011	2012
Öffentl. KI	98**	181								
	15,64	19,62								
	25,08	20,44								
Spk	158***	329**	236**	262**						
	18,52	26,67	22,58	24,03						
	43,90	**40,55**	**39,38**	**38,87**						
Genos	315**	447	24***	32*	58***	50***				
	49,07	42,71	**61,17**	**44,94**	**77,86**	**69,23**				
	32,92	35,43	27,45	32,96	28,09	36,41				
Bauspk	144*	125*	55***	103*	104***	135***	553	434		
	25,14	**26,05**	**27,44**	**24,78**	**44,97**	**44,36**	37,57	39,81		
	17,86	16,95	13,62	15,90	15,93	17,40	37,33	31,67		
Förder-KI	169	155	76**	128	110***	210***	326*	460	148	150
	20,95	21,64	**23,31**	20,39	**41,85**	**39,88**	33,14	35,68	37,90	18,12
	18,89	18,08	13,69	16,61	15,58	21,17	**44,42**	36,94	40,10	22,19

Es wird der Mann-Whitney-U-Wert, das Signifikanzniveau sowie der jeweils mittlere Rang dargestellt. ***signifikant auf dem 1 ‰-Niveau, **signifikant auf dem 1 %-Niveau, * signifikant auf dem 5 %-Niveau.

Anhang 4.2: Ergebnisse für Einflussfaktoren (unabhängige Variablen)

Anhang 4.2.1: Institutsstruktur

Tabelle 44: Ergebnisse des Mann-Whitney-U-Tests für die Bilanzsumme

Institutsart	Private KI		Öffentl. KI		Spk		Genos		Bauspk	
	2011	2012	2011	2012	2011	2012	2011	2012	2011	2012
Öffentl. KI	138	135								
	17,57	17,43								
	22,83	23,00								
Spk	36***	32***	8***	9***						
	60,29	**60,48**	**60,06**	**60,00**						
	26,71	26,63	26,16	26,18						
Genos	2***	2***	0***	0***	291***	323***				
	63,90	**63,90**	**62,50**	**62,50**	**73,29**	**72,67**				
	27,04	27,04	27,00	27,00	32,49	33,09				
Bauspk	32***	32***	14***	13***	383	382	513	536		
	30,48	**30,48**	**29,72**	**29,78**	39,49	39,51	36,68	37,11		
	12,52	12,52	11,67	11,62	29,24	29,19	39,57	38,48		
Förder-KI	80**	79*	54**	54**	388	262	248**	176**	117*	82*
	25,19	**21,24**	**24,50**	**20,50**	33,61	31,14	31,68	30,32	16,57	14,90
	13,94	13,14	12,50	11,36	38,94	39,79	**48,72**	**47,93**	**24,00**	**22,64**

Es wird der Mann-Whitney-U-Wert, das Signifikanzniveau sowie der jeweils mittlere Rang dargestellt. ***signifikant auf dem 1 ‰-Niveau, **signifikant auf dem 1 %-Niveau, * signifikant auf dem 5 %-Niveau.

Tabelle 45: Ergebnisse des Mann-Whitney-U-Tests für den Zinsüberschuss

Institutsart	Private KI		Öffentl. KI		Spk		Genos		Bauspk	
	2011	2012	2011	2012	2011	2012	2011	2012	2011	2012
Öffentl. KI	189	166								
	20,00	21,10								
	20,00	18,72								
Spk	273**	217***	171***	262**						
	49,00	**51,67**	**51,00**	**45,94**						
	31,35	30,25	29,35	31,14						
Genos	106***	76***	31***	89***	264***	256***				
	58,95	**60,38**	**60,78**	**57,56**	**73,82**	**73,98**				
	29,00	28,43	27,58	28,68	31,98	31,83				
Bauspk	74***	74***	51***	66***	318**	302**	524	541		
	28,48	**28,48**	**27,67**	**26,83**	**40,76**	**41,08**	38,11	37,79		
	14,52	14,52	13,43	14,14	26,14	25,38	35,95	36,76		
Förder-KI	72**	65***	48***	61***	265**	273**	475	465	181	182
	25,57	**25,90**	**24,83**	**24,11**	**38,80**	**38,65**	36,04	35,77	20,38	20,33
	13,50	13,11	12,17	12,89	24,22	24,67	35,89	36,67	19,56	19,61

Es wird der Mann-Whitney-U-Wert, das Signifikanzniveau sowie der jeweils mittlere Rang dargestellt. ***signifikant auf dem 1 ‰-Niveau, **signifikant auf dem 1 %-Niveau, * signifikant auf dem 5 %-Niveau.

Tabelle 46: Ergebnisse des Mann-Whitney-U-Tests für Loans-to-Assets

Institutsart	Private KI		Öffentl. KI		Spk		Genos		Bauspk	
	2011	2012	2011	2012	2011	2012	2011	2012	2011	2012
Öffentl. KI	162	166								
	21,29	21,10								
	18,50	18,72								
Spk	370*	336*	245**	252**						
	28,62	27,00	23,11	23,50						
	39,75	**40,41**	**39,20**	**39,06**						
Genos	547	550	414	424	828**	823***				
	37,95	37,19	32,50	33,06	**62,76**	**62,86**				
	37,32	37,62	37,19	37,00	42,62	42,53				
Bauspk	102**	99**	62***	72***	307**	369*	189***	227***		
	15,86	15,71	12,94	13,50	32,02	33,24	30,57	31,28		
	27,14	**27,29**	**26,05**	**25,57**	**47,38**	**44,43**	**55,00**	**53,19**		
Förder-KI	125	117*	89*	85*	375	391	281**	271**	160	176
	16,95	16,57	14,44	14,22	33,35	33,67	32,30	32,11	21,38	20,62
	23,56	**24,00**	**22,56**	**22,78**	39,67	38,78	**46,89**	**47,44**	18,39	19,28

Es wird der Mann-Whitney-U-Wert, das Signifikanzniveau sowie der jeweils mittlere Rang dargestellt. ***signifikant auf dem 1 ‰-Niveau, **signifikant auf dem 1 %-Niveau, * signifikant auf dem 5 %-Niveau.

Tabelle 47: Ergebnisse des Mann-Whitney-U-Tests für Assets-to-Equity[461]

Institutsart	Private KI		Öffentl. KI		Spk		Genos		Bauspk	
	2011	2012	2011	2012	2011	2012	2011	2012	2011	2012
Öffentl. KI	149	151								
	18,10	18,19								
	22,22	22,11								
Spk	343*	342*	59***	75***						
	45,67	**45,76**	**57,22**	**56,33**						
	32,73	32,69	27,16	27,47						
Genos	410	417	159***	177***	1076	1058				
	44,48	44,14	**53,67**	**52,67**	47,10	46,75				
	34,74	34,87	30,00	30,34	57,70	58,04				
Bauspk	205	218	130	149	292**	213***	398	339		
	22,24	21,38	23,28	22,22	31,73	30,18	34,51	33,40		
	20,76	21,62	17,19	18,10	**48,10**	**51,86**	45,05	47,86		
Förder-KI	173	171	154	157	300*	304*	340	337	156	166
	19,24	19,14	18,94	18,78	31,88	31,96	33,42	33,36	18,43	18,90
	20,89	21,00	18,06	18,22	**43,83**	**43,61**	43,61	43,78	21,83	21,28

Es wird der Mann-Whitney-U-Wert, das Signifikanzniveau sowie der jeweils mittlere Rang dargestellt. ***signifikant auf dem 1 ‰-Niveau, **signifikant auf dem 1 %-Niveau, * signifikant auf dem 5 %-Niveau.

461 Bei der Interpretation der Ergebnisse des Mann-Whitney-U-Tests ist Achtsamkeit geboten: Ein höherer Wert drückt aus, dass eine Institutsgruppe einen größeren Quotienten aufweist und damit eine riskantere Geschäftsstruktur vorweist.

Tabelle 48: Ergebnisse des Mann-Whitney-U-Tests für RoE

Institutsart	Private KI		Öffentl. KI		Spk		Genos		Bauspk	
	2011	2012	2011	2012	2011	2012	2011	2012	2011	2012
Öffentl. KI	185	179								
	20,19	19,52								
	19,78	20,56								
Spk	328**	243***	178***	188***						
	26,62	22,57	19,39	19,94						
	40,57	**42,24**	**40,51**	**40,31**						
Genos	247***	190***	100***	98***	724***	799***				
	22,76	20,05	15,06	14,94	40,20	41,67				
	43,34	**44,42**	**43,11**	**43,15**	**64,34**	**62,92**				
Bauspk	145	141*	96**	115*	504	455	360*	328**		
	17,90	17,71	14,83	15,89	37,12	38,08	**41,21**	**41,81**		
	25,10	**25,29**	**24,43**	**23,52**	35,00	32,67	28,14	26,62		
Förder-KI	117,5*	103*	90*	81**	452	421	348	401	182	156
	16,60	15,90	14,50	14,00	35,14	34,25	38,43	37,43	19,67	18,43
	23,97	**24,78**	**22,50**	**23,00**	34,61	37,11	28,83	31,78	20,39	21,83

Es wird der Mann-Whitney-U-Wert, das Signifikanzniveau sowie der jeweils mittlere Rang dargestellt. ***signifikant auf dem 1 ‰-Niveau, **signifikant auf dem 1 %-Niveau, * signifikant auf dem 5 %-Niveau.

Tabelle 49: Ergebnisse des Mann-Whitney-U-Tests für RoA

Institutsart	Private KI		Öffentl. KI		Spk		Genos		Bauspk	
	2011	2012	2011	2012	2011	2012	2011	2012	2011	2012
Öffentl. KI	184									
	20,24	19,33								
	19,72	20,78								
Spk	211***	203***	100***	113***						
	21,05	20,67	15,06	15,78						
	42,86	**43,02**	**42,04**	**41,78**						
Genos	165***	159***	54***	45***	876**	934**				
	18,86	18,57	12,50	12,00	43,18	44,31				
	44,89	**45,00**	**43,98**	**44,15**	**61,47**	**60,38**				
Bauspk	123*	137*	85**	108*	448	381	332**	254***		
	16,86	17,52	14,22	15,50	38,22	39,53	**41,74**	**43,21**		
	26,14	**25,48**	**24,95**	**23,86**	32,33	29,14	26,81	23,10		
Förder-KI	123	105*	93**	85*	286*	292*	207***	175***	162	182
	16,83	16,00	14,67	14,22	**38,39**	**38,27**	**41,09**	**41,70**	21,29	20,33
	23,69	**24,67**	**22,33**	**22,78**	25,39	25,72	21,00	19,22	18,50	19,61

Es wird der Mann-Whitney-U-Wert, das Signifikanzniveau sowie der jeweils mittlere Rang dargestellt. ***signifikant auf dem 1 ‰-Niveau, **signifikant auf dem 1 %-Niveau, * signifikant auf dem 5 %-Niveau.

Anhang 4.2.2: Risikomaß

Tabelle 50: Ergebnisse des Mann-Whitney-U-Tests für relative Veränderung der Anzahl an Insolvenzverfahren bei Unternehmen

Institutsart	Private KI		Öffentl. KI		Spk		Genos		Bauspk	
	2011	2012	2011	2012	2011	2012	2011	2012	2011	2012
Öffentl. KI	189	168								
	20,00	19,00								
	20,00	21,17								
Spk	504	210***	448	297						
	35,00	21,00	35,61	26,00						
	37,12	**42,88**	34,78	38,18						
Genos	525	420	444	422	1209	1109				
	39,00	31,00	37,86	32,94	55,30	57,26				
	36,91	40,08	35,37	37,04	49,80	47,92				
Bauspk	210	210	189	181	504	325**	508	481		
	22,00	21,00	20,00	20,44	35,87	**40,64**	36,58	38,92		
	21,00	22,00	20,00	19,62	38,02	26,45	39,81	33,90		
Förder-KI	168	168	146	146	414	341	456	414	167	171
	21,00	21,00	19,39	19,39	35,89	37,32	36,41	37,20	21,05	20,86
	18,83	18,83	17,61	17,61	32,47	28,42	34,81	32,47	18,78	19,00

Es wird der Mann-Whitney-U-Wert, das Signifikanzniveau sowie der jeweils mittlere Rang dargestellt. ***signifikant auf dem 1 ‰-Niveau, **signifikant auf dem 1 %-Niveau, * signifikant auf dem 5 %-Niveau.

Tabelle 51: Ergebnisse des Mann-Whitney-U-Tests für relative Veränderung der Anzahl an Insolvenzverfahren bei Übrigen

Institutsart	Private KI		Öffentl. KI		Spk		Genos		Bauspk	
	2011	2012	2011	2012	2011	2012	2011	2012	2011	2012
Öffentl. KI	126*	189								
	17,00	20,00								
	23,50	20,00								
Spk	504	420	385	389						
	38,00	42,00	39,11	38,89						
	35,88	34,24	33,55	33,63						
Genos	546	525	390	436	1333	1300				
	37,00	39,00	40,86	38,28	52,13	53,52				
	37,70	36,91	34,35	35,23	52,86	51,52				
Bauspk	189	210	155	187	512	451	521	522		
	20,00	22,00	21,89	20,11	36,03	34,83	36,83	36,85		
	23,00	21,00	18,38	19,90	37,64	40,55	39,19	39,14		
Förder-KI	168	168	143	151	432	433	442	457	185	176
	19,00	21,00	19,56	19,11	34,46	34,48	35,33	35,61	19,81	20,62
	21,17	18,83	17,44	17,89	36,53	36,47	37,97	37,14	20,22	19,28

Es wird der Mann-Whitney-U-Wert, das Signifikanzniveau sowie der jeweils mittlere Rang dargestellt. ***signifikant auf dem 1 ‰-Niveau, **signifikant auf dem 1 %-Niveau, * signifikant auf dem 5 %-Niveau.

Anhang 5: Deskriptive Statistik der unabhängigen Variablen

Tabelle 52: Deskriptive Statistik der unabhängigen Variablen in 2012

		Institutsart						
		Private KI	Öffentl. KI	Spk	Genos	Bauspk	Förder-KI	Gesamt
Anzahl		21	18	51	53	21	18	182
BS*	MW	166.825,7	108.619,8	9.178,1	4.177,0	9.371,8	51.207,1	39.925,8
	Std.	378.635,8	91.355,8	6.366,6	2.275,6	12.953,3	117.731,3	145.112,3
	Min.	12.247,6	18.376,4	4.706,6	2.078,9	502,6	1.354,5	502,6
	Max.	1.723.500,0	345.944,0	39.573,3	12.806,2	47.895,5	497.544,4	1.723.500,0
ZÜ*	MW	882,5	558,5	162,3	69,2	140,7	239,1	262,5
	Std.	1.056,0	473,4	92,3	40,0	213,5	557,6	500,2
	Min.	13,1	30,8	64,6	-4,7	8,9	-13,9	-13,9
	Max.	3.743,0	1.438,0	549,2	216,1	912,1	2.398,5	3.743,0
LtA (in %)	MW	0,65	0,62	0,75	0,66	0,80	0,77	0,71
	Std.	0,18	0,20	0,09	0,15	0,08	0,16	0,15
	Min.	0,27	0,11	0,51	0,23	0,66	0,40	0,11
	Max.	0,92	0,91	0,89	0,92	0,97	1,00	1,00
AtE (in %)	MW	28,36	37,51	18,78	20,96	26,01	191,96	40,33
	Std.	14,97	29,21	3,73	5,78	8,40	616,94	196,07
	Min.	10,23	17,86	12,66	12,17	12,86	6,59	6,59
	Max.	62,06	117,82	31,82	37,87	46,65	2.647,20	2.647,20
RoE (in %)	MW	1,17	0,91	3,42	4,92	2,97	5,15	3,47
	Std.	5,62	2,75	2,00	2,24	2,65	8,31	4,03
	Min.	-15,72	-7,13	0,00	1,72	0,00	0,00	-15,72
	Max.	14,52	6,18	9,49	15,30	7,59	36,40	36,40
RoA (in %)	MW	0,05	0,03	0,19	0,25	0,13	0,11	0,16
	Std.	0,28	0,10	0,12	0,12	0,11	0,10	0,16
	Min.	-0,79	-0,29	0,00	0,08	0,00	0,00	-0,79
	Max.	0,68	0,26	0,64	0,75	0,34	0,29	0,75

*Angabe in Mio.

Anhang 6: Korrelationsanalyse

Tabelle 53: Korrelationsanalyse (Spearman-Rho-Korrelationskoeffizient) für 2012[462]

	Variablen	(1)	(2)	(3)	(4)	(5)	(6)	(7)	(8)
(1)	**BS**	1,000							
(2)	**ZÜ**	**0,852****	1,000						
(3)	**LtA**	**-0,238****	-0,130	1,000					
(4)	**RoE**	**-0,335****	**-0,213****	-0,040	1,000				
(5)	**RoA**	**-0,491****	**-0,266****	-0,030	**0,892****	1,000			
(6)	**AtE**	**0,406****	0,103	-0,104	-0,077	**-0,393****	1,000		
(7)	**rel Ins UN**	-0,067	-0,046	0,093	-0,054	-0,043	0,007	1,000	
(8)	**rel Ins Übrige**	-0,019	0,014	-0,032	-0,099	-0,108	0,041	**0,256****	1,000

**signifikant auf dem 1 %-Niveau, * signifikant auf dem 5 %-Niveau.

462 Ohne Sparkassen.

Literaturverzeichnis

Altvater, C. (2013): Steuerrechtliche Aspekte der verlustfreien Bewertung von zinsbezogenen Geschäften des Bankbuchs, in: *Recht der Finanzinstrumente*, S. 329-336.

Ang, J./Lauterbach, B./Schreiber B. Z. (2002): Pay at the executive suite: How do US banks compensate their top management teams?, in: *Journal of Banking & Finance*, Bd. 26, S. 1143-1163.

Athanasoglou, P. P./Brissimis, S. N./Delis, M. D. (2008): Bank-specific, industry-specific and macroeconomic determinants of bank profitability, in: *Journal of international financial Markets, Institutions and Money*, Bd. 18, S. 121-136.

Backhaus, K. et al. (2010): Multivariate Analysemethoden: Eine anwendungsorientierte Einführung, Springer-Verlag, 13. Auflage.

BaFin (2012): Erläuterung zu den MaRisk in der Fassung vom 14.12.2012. Abrufbar unter: https://www.bafin.de/SharedDocs/Downloads/DE/Rund-schreiben/dl_rs 1210_erlaeuterungen_ba.pdf?__blob=publicationFile&v=3; abgerufen am 07. Juli 2014.

BaFin (2016): BaFin-Präsident: Niedrige Zinsen belasten Finanzsektor. Abrufbar unter: http://www.bafin.de/SharedDocs/Veroeffentlichungen/DE/Pressemitteilung/2016/pm_160510_jahrespressekonferenz.html; abgerufen am 20. Mai 2016.

Bagehot, W. (1873): Lombard Street: A Description of the Money Market, Henry S. King & Co.

Baiman, S./Verrecchia, R. E. (1996): The Relation Among Capital Markets, Financial Disclosure, Production Efficiency, and Insider Trading, in: *Journal of Accounting Research*, Bd. 34, S. 1-22.

Barth, J. R. et al. (1989): Thrift-Institution Failures: Estimating the Regulator's Closure Rule, Research Working Paper Nr. 125, Office of Policy and Economic Research, Federal Home Loan Bank Board, Washington, D.C.

Basler Ausschuss für Bankenaufsicht (1997): Grundsätze für das Management des Zinsänderungsrisikos.

Basler Ausschuss für Bankenaufsicht (2006): Internationale Konvergenz der Eigenkapitalmessung und Eigenkapitalanforderungen.

Becker, C. L. et al. (1998): The Effect of Audit Quality on Earnings Management, in: *Contemporary Accounting Research*, Bd. 15, S. 1-24.

Beer, A./Goj, W. (2002): Zinsrisikomanagement mit Ablaufbilanz und Barwertmethode, Deutscher Sparkassen-Verlag, 2. Auflage.

Bens, D. A./Berger, P. G./Monahan, S. J. (2011): Discretionary disclosure in financial reporting: An examination comparing internal firm data to externally reported segment data, in: *The Accounting Review*, Bd. 86, S. 417-449.

Berger, P. G./Hann, R. N. (2007): Segment profitability and the proprietary and agency costs of disclosure, in: *The Accounting Review*, Bd. 82, S. 869-906.

BFH-Urteil vom 24. Januar 1990, I R 157/85, I R 145/86, in: *Der Betrieb*, Heft 24 (1990), S. 1214-1216.

BFH-Urteil vom 23. Juni 1997, GrS 2/39, in: *Der Betrieb*, Heft 38 (1997), S. 1897-1900.

BFH-Urteil vom 29. November 2006, I R 46/05, in: *Der Betrieb*, Heft 13 (2007), S. 718-720.

BGH-Urteil vom 1. März 1982, II ZR 23/81, in: *Zeitschrift für Wirtschaftsrecht*, S. 1077-1081.

Birck, H./Meyer H. (1989): Die Bankbilanz, Gabler-Verlag, Teilband 5, 3. Auflage.

Bodarwé, E. (1966): Erfüllen die Grundsätze ordnungsgemäßer Buchführung und Bilanzierung noch ihre Aufgaben?, in: *Die Wirtschaftsprüfung*, S. 668-672.

Botosan, C. A./Harris, M. S. (2000): Motivations for a Change in Disclosure Frequency and Its Consequences: An Examination of Voluntary Quarterly Segment Disclosures, in: *Journal of Accounting Research*, Bd. 38, S. 329-353.

Böve, R. (2009): Spezialisierungsvorteile und -risiken im Kreditgeschäft, Gabler Verlag.

Brosius, Felix (2011): SPSS 19, mitp-Verlag.

Bruttel, H. (2001): Einsatz von Swapgeschäften in Versicherungsunternehmen, in Schweber, R./Knauth, K. W./Simmert (Hrsg.): *Kapitalmärkte: Aktuelle Anlage- und Absicherungsmöglichkeiten für Versicherungsunternehmen*, Schriftenreihe: Aktuelle Fragen der Vermögensanlagepraxis, Bd. 5, S. 1-49.

BT-Drs. 16/634 (2006): Gesetzentwurf der Bundesregierung: Entwurf eines Gesetzes zur Eindämmung missbräuchlicher Steuergestaltungen. Abrufbar unter: `http://dip21.bundestag.de/dip21/btd/16/006/1600634.pdf`; abgerufen am 11. Dezember 2013.

BT-Drs. 16/10067 (2008): Gesetzentwurf der Bundesregierung: Entwurf eines Gesetzes zur Modernisierung des Bilanzrechts (Bilanzrechtsmodernisierungsgesetz – BilMoG). Abrufbar unter: `http://dip21.bundestag.de/dip21/btd/16/100/1610067.pdf`; abgerufen am 11. Dezember 2013.

BT-Drs 16/12407 (2009): Beschlussempfehlung und Bericht des Rechtsausschusses: Entwurf eines Gesetzes zur Modernisierung des Bilanzrechts (Bilanzrechtsmodernisierungsgesetz – BilMoG). Abrufbar unter: `http://dip21.bundestag.de/dip21/btd/16/124/1612407.pdf`; abgerufen am 12. Dezember 2013.

Bundesverband deutscher Banken (1987): Bilanzrichtlinien Gesetz, Arbeitsmaterialien zu den Auswirkungen des Bilanzrichtlinien-Gesetzes (BiRiLiG) auf die Rechnungslegung von Banken, Teil I, Köln.

Bundesverband deutscher Banken (2013): Übersicht der 100 größten deutschen Kreditinstitute 2012. Abrufbar unter: `https://bankenverband.de/media/file/top100-2012.pdf`; abgerufen am 18. September 2013.

Buser, S. A./Chen, A. H./Kane, E. J. (1981): Federal Deposit Insurance, Regulatory Policy, and Optimal Bank Capital, in: *The Journal of Finance*, Bd. 36, S. 51-60.

Büschgen, H. E. (1998): Praxishandbuch Leasing, C. H. Beck Verlag.

BVR (2012): Alle Volksbanken und Raiffeisenbanken per Ende 2012. Abrufbar unter: `https://www.bvr.de/Presse/Zahlen_Daten_Fakten`; abgerufen am 18. September 2013.

Core, J. E. (2001): A Review of the Empirical Disclosure Literature: Discussion, in: *Journal of Accounting and Economics,* Bd. 31, S. 441–456.

Dangelmayer, S. V. (2013): Der Schutz von Genussrechtsinhabern im Anwendungsbereich des Kreditwesengesetzes, in: Untersuchungen über das Spar-, Giro- und Kreditwesen. Abteilung B: Rechtswissenschaft, Duncker & Humblot.

Darrough, M. N./Stoughton, N. M. (1990): Financial Disclosure Policy in an Entry Game, in: *Journal of Accounting and Economics*, Bd. 12, S. 219-243.

Daske, H. et al. (2008): Mandatory IFRS Reporting around the World: Early Evidence on the Economic Consequences, in: *Journal of Accounting Research*, Bd. 46, S. 1085-1142.

Deloitte (2014): IFRS fokussiert: IFRS 9 – Das neue Wertminderungsmodell im Überblick. Abrufbar unter: `http://www.iasplus.com/de/publications/german-publications/ifrs-fokussiert/ifrs-9-impairment-de/at_down-load/file/IFRS_fokussiert_IFRS%209%20-%20Impairment_ extern.pdf`; abgerufen am 30. August 2015.

Demsetz R. S./Strahan P. E. (1997): Diversification, Size, and Risk at Bank Holding Companies, in: *Journal of Money, Credit and Banking*, Bd. 29, S. 300-313.

Deutsche Bundesbank (1997): Schätzung von Zinsstrukturkurven, Monatsbericht Oktober 1997, S. 61-66.

Deutsche Bundesbank (2006): Bestimmungsgründe der Zinsstruktur – Ansätze zur Kombination arbitragefreier Modelle und monetärer Makroökonomik, Monatsbericht April 2006, S. 15-29.

Deutsche Bundesbank (2010): Das Bilanzrechtsmodernisierungsgesetz aus Sicht der Bankenaufsicht, Monatsbericht September 2010, S. 49-68.

Deutsche Bundesbank (2011): Basel III – Leitfaden zu den neuen Eigenkapital- und Liquiditätsregeln für Banken. Abrufbar unter: https://www.bundesbank.de/Redaktion/DE/Downloads/Veroeffentlichunge/Bundesbank/basel3_leitfaden.pdf ?__blob=publicationFile; abgerufen am 30. September 2013.

Deutsche Bundesbank (2013a): Bankenstatistik – Juli 2013, Statistisches Beiheft 1 zum Monatsbericht.

Deutsche Bundesbank (2013b): Herausforderungen des Niedrigzinsumfelds. Abrufbar unter: https://www.bundesbank.de/Redaktion/DE/Reden/2013/2013_11_13_weidmann.html; abgerufen am 24. April 2015.

Deutsche Bundesbank (2013c): Finanzstabilitätsbericht 2013.

Deutsche Bundesbank (2014): Die Ertragslage der deutschen Kreditinstitute im Jahr 2013, Monatsbericht September 2014, S. 55-90.

Deutsche Bundesbank (2015a): Bankenaufsicht – Motive und Ziele. Abrufbar unter: http://www.bundesbank.de/Navigation/DE/Aufgaben/Bankenaufsicht/Motive_und_Ziele/motive_und_ziele.html; abgerufen am 30. August 2015.

Deutsche Bundesbank (2015b), Risikotragfähigkeitsinformationen – Merkblatt für die Meldungen gemäß §§ 10,11 FinaRisikoV. Abrufbar unter: https://www.bundesbank.de/Redaktion/DE/Downloads/Service/Meldewesen/Bankenaufsicht/PDF /merkblatt_zu_den_meldevordrucken.pdf?__blob=publicationFile; abgerufen am 30. Mai 2015.

Deutsche Bundesbank (2016): Zinsänderungsrisiken. Abrufbar unter: https: //www.bundesbank.de/Navigation/DE/Aufgaben/Bankenaufsicht/Risikomanagement/Zinsaenderungsrisiken/zinsaenderungsrisiken.html; abgerufen am 5. Mai 2016.

Deutsche Kreditwirtschaft (2012): IDW ERS BFA 3: Einzelfragen der verlustfreien Bewertung von zinsbezogenen Geschäften des Bankbuchs. Abrufbar unter: https://bankenverband.de/media/files/DK-StN_10072012-dt.pdf; abgerufen am 24. Mai 2013.

DGRV (Hrsg.): Praxis Handbuch Derivate und strukturierte Produkte, Loseblatt.

Diamond, D. W./Dybvig, P. H. (1983): Bank Runs, Deposit Insurance, and Liquidity, in: *The Journal of Political Economy*, Bd. 91, S. 401-419.

Diamond, D. W./Verrecchia, R. E. (1991): Disclosure, Liquidity, and the Cost of Capital, in: *The Journal of Finance*, Bd. 46, S. 1325-1359.

Döring, U./Buchholz, R. (2005): Buchhaltung und Jahresabschluss, Erich Schmidt Verlag, 9. Auflage.

DPR (2011): Prüfungsschwerpunkte 2012. Abrufbar unter: http://www.frep.info/docs/pressemitteilungen/2011/20111020_pm.pdf; abgerufen am 24. Mai 2015.

Dreher, M. (1991): Die Versicherung als Rechtsprodukt, J. C. B. Mohr.

DSGV (2012): Sparkassenrangliste 2012. Abrufbar unter: http://www.dsgv.de/_downloadgallery/statistik/Sparkassenrangliste2012.pdf; abgerufen am 14. Februar 2014.

Düpmann, M. (2007): Zinsinduzierte Wertänderungen und Zinsrisiken im Jahresabschluss der Kreditinstitute - Bilanzielle Abbildung nach HGB und IFRS, IDW Verlag.

Dye, R. A. (2001): An Evaluation of "Essays on Disclosure" and the Disclosure Literature in Accounting, in: *Journal of Accounting and Economics*, Bd. 32, S. 181–235.

Elsas, R./Hackethal, A./Holzhäuser, M. (2010): The Anatomy of Bank Diversification, in: *Journal of Banking & Finance*, Bd. 34, S. 1274-1287.

Erhardt, N. L./Werbel J. D./Shrader, C.B. (2003): Board of Director Diversity and Firm Financial Performance, in: *Corporate Governance: An International Review*, Bd. 11, S. 102-111.

EY (2014): Applying IFRS – Impairment of financial instruments under IFRS 9. Abrufbar unter: http://www.ey.com/Publication/vwLUAssets/Applying_IFRS:_Impairment_of_financial_instruments_under_IFRS_9/$FILE/Apply-FI-Dec 2014.pdf; abgerufen am 10. September 2015.

Findeisen, K.-D. (2008): Wirtschaftliche Problemkomplexe des Leasings, in Martinek, M./ Stoffels, M./Wimmer-Leonhardt, S. (Hrsg.): *Handbuch des Leasingrechts*, C. H. BECK, 2. Auflage.

Fischer, P./Flick, P./Krakuhn, J. (2014): Möglichkeiten und Grenzen zur Übernahme der nach IFRS 9 berechneten Risikovorsorge in die handelsrechtliche Rechnungslegung, in: *Zeitschrift für Internationale Rechnungslegung*, S. 435-442.

Flannery, M. J./Kwan, S. H./ Nimalendrana, M. (2013): The 2007-2009 financial crisis and bank opaqueness, in: *Journal of Financial Intermediation*, Bd. 22, S. 55-84.

Francis, J. R./Krishnan, J. (1999): Accounting Accruals and Auditor Reporting Conservatism, in: *Contemporary Accounting Research*, Bd. 16/1, S. 135-165.

Franke, G./Hax, H. (2004): Finanzwirtschaft des Unternehmens und Kapitalmarkt, Springer Verlag, 5. Auflage.

Gaida, S./Homölle, S./Pfingsten, A. (1996): Das Marktzinsmodell in der Bankkalkulation, ifk Diskussionsbeitrag 96-01. Abrufbar unter: https://www.wiwi.uni-muenster.de/fcm/downloads/forschen/ifk_db/ifkdb96_01.pdf; abgerufen am 30. Mai 2013.

Gelhausen, H. F./Fey, G./Kämpfer, G. (2009): Rechnungslegung und Prüfung nach dem Bilanzrechtsmodernisierungsgesetz, IDW Verlag.

Glischke, T./Hallpap, P./Wolfgarten, W. (2012): IDW ERS BFA 3 Verlustfreie Bewertung des Bankbuchs, Deloitte White Paper Nr. 53.

Göttgens, M. (2013): Einzelfragen der verlustfreien Bewertung von zinsbezogenen Geschäften des Bankbuchs (Zinsbuchs) – Zur Anwendung von IDW RS BFA 3, in: *Die Wirtschaftsprüfung*, S. 20-28.

Grimmer, J.-U. (2003): Gesamtbanksteuerung – Theoretische und empirische Analyse des Status Quo in der Bundesrepublik Deutschland, Österreich und der Schweiz. Abrufbar unter: http://duepublico.uni-duisburg-essen.de/servlets/DerivateServlet/Derivate-5480/grimmerdiss.pdf; abgerufen am 15. Mai 2014.

Gropp, R. et al. (2012): Risikoübernahme im Bankensektor: Unterscheiden sich Sparkassen und Genossenschaftsbanken von Geschäftsbanken?, in ZEW: *Untersuchung für die Wissenschaftsförderung der Sparkassen Finanzgruppe e.V. Mannheim.*

Grossman, S. J. (1981): The Informational Role of Warranties and Private Disclosure about Product Quality, in: *Journal of Law and Economics*, Bd. 24, S. 461-483.

Grossman, S. J./Stiglitz, J. E. (1980): On the Impossibility of Informationally Efficient Markets, in: *The American Economic Review*, Bd. 70, S. 393-408.

Haaker, A. (2012): Zur verlustfreien Bewertung des Bankbuches im handelsrechtlichen Jahresabschluss von Kreditinstituten, in: Seicht, G. (Hrsg.): *Jahrbuch für Controlling und Rechnungswesen 2012*, LexisNexis.

Hannemann, R./Schneider, A. (2011): Mindestanforderungen an das Risikomanagement (MaRisk), Schäffer-Poeschel Verlag, 3. Auflage.

Hannemann, R./Schneider, A. /Weigl, W. (2013): Mindestanforderungen an das Risikomanagement (MaRisk), Schäffer-Poeschel Verlag, 4. Auflage.

Hartmann-Wendels, T./Gumm-Heußen, M. (1994): Zur Diskussion um die Marktzinsmethode: Viel Lärm um Nichts?, in: *Zeitschrift für Betriebswirtschaft*, Bd. 64, S. 1285-1301.

Hax, H. (2004), Was bedeutet Periodenerfolgsmessung?, in: Gillenkirch, R. M. et. al. (Hrsg.): *Wertorientierte Unternehmenssteuerung – Festschrift für Helmut Laux*, S. 77-98.

Healy, P. M./Palepu, K. G. (2001): Information Asymmetry, Corporate Disclosure, and the Capital Markets: A Review of the Empirical Disclosure Literature, in: *Journal of Accounting and Economics*, Bd. 31, S. 405-440.

Heddäus, B. (1997): Handelsrechtliche Grundsätze ordnungsmäßiger Bilanzierung für Drohverlustrückstellungen, IDW-Verlag.

Henkel, K. (2010): Rechnungslegung von Treasury-Instrumenten nach IAS/IFRS und HGB, Ein Umsetzungsleitfaden mit Fallstudien und Tipps, in: Eller, R./Reif, M., Perrot, R. (Hrsg.), Gabler Verlag.

Heuter, H. (2007): Zinsänderungsrisiko im Bankbuch und Liquiditätsrisiko, in: Cramme, T. et al. (Hrsg.): Handbuch Solvabilitätsverordnung, Schäffer-Poeschel Verlag.

Hull, J. C. (2009): Optionen, Futures und andere Derivate, Pearson Studium, 7. Auflage.

Hyun, J.-S./Rhee, B.-K. (2011): Bank Capital Regulation and Credit Supply, in: *Journal of Banking & Finance*, Bd. 35, S. 323-330.

IDW (1986): Bankenfachausschuß – Über die 111. bis 118. Sitzung des BFA, FN-IDW 12/1986, S. 477-448.

IDW ERS BFA 3: Einzelfragen zur verlustfreien Bewertung von zinsbezogenen Geschäften des Bankbuchs (Zinsbuchs), FN-IDW 1/2012, S. 36 ff.

IDW FN Nr. 1/2013: 237. Sitzung des BFA, FN-IDW 1/2013, S. 64 f.

IDW FN Nr. 11/2013: 244. Sitzung des BFA, FN-IDW 11/2013, S. 501 f.

IDW FN Nr. 8/2015: BFA: Negative Zinsen und EU-Bankenabgabe nach HGB und IFRS, FN-IDW 8/2015, S. 448-452.

IDW PS 201: Rechnungslegungs- und Prüfungsgrundsätze für die Abschlussprüfung, FN-IDW 6/2015, S. 300 ff.

IDW RS BFA 3: Einzelfragen der verlustfreien Bewertung von zinsbezogenen Geschäften des Bankbuchs (Zinsbuchs), FN-IDW 10/2012, S. 545 ff.

IDW RS HFA 4: Zweifelsfragen zum Ansatz und zur Bewertung von Drohverlustrückstellungen, FN-IDW 1/2013, S. 61 f.

IDW RS HFA 35: Handelsrechtliche Bilanzierung von Bewertungseinheiten, FN-IDW 7/2011, S. 445 ff.

IFRS (2016): Work plan—as at 23 June 2016. Abrufbar unter: `http://www.ifrs.org/Current-Projects/IASB-Projects/Pages/IASB-Work-Plan.aspx`; abgerufen am 2. Juli 2016.

Janko, M. (2016): Die Funktion des Eigenkapitals bei der handelsrechtlichen Bewertung offener Festzinspositionen im Bankbuch – Eine Analyse im Spannungsfeld zwischen interner Steuerung und externer Rechnungslegung, IDW Verlag.

Jessen, U./Haaker, A./Briesemeister, H. (2011a): Der handelsrechtliche Rückstellungstest für das allgemeine Zinsänderungsrisiko im Rahmen der verlustfreien Bewertung des Bankbuchs – Teil 1: Erfordernis und bilanzrechtstheoretische Fundierung, in: *Zeitschrift für internationale und kapitalmarktorientierte Rechnungslegung*, S. 313-321.

Jessen, U./Haaker, A./Briesemeister, H. (2011b): Der handelsrechtliche Rückstellungstest für das allgemeine Zinsänderungsrisiko im Rahmen der verlustfreien Bewertung des Bankbuchs – Teil 2: Praktische Umsetzung unter Rückgriff auf die internen Banksteuerungsinstrumente, in: *Zeitschrift für internationale und kapitalmarktorientierte Rechnungslegung*, S. 359-365.

Kaltenhauser, H./Begon, C. (1998): Interne Geschäfte, in: *Zeitschrift für das gesamte Kreditwesen*, S. 1191-1198.

Kaufman G. G. (1966): Bank Market Structure and Performance: The Evidence from Iowa, in: *Southern Economic Journal*, Bd. 32, S. 429-439.

Kesten, R. (2005): ERIC versus EVA: Zwei wertorientierte Controllingkennzahlen im kritischen Vergleich, Arbeitspapier Nr. 2005-02, Nordakademie. Abrufbar unter: http://hdl.handle.net/10419/23368; abgerufen am 30. Mai 2015.

Kim, D./Santomero, A. M. (1988): Risk in Banking and Capital Regulation, in: *The Journal of Finance*, Bd. 43, S. 1219-1233.

Klemm, E. (2002): Einführung in die Statistik: Für die Sozialwissenschaften, Westdt. Verlag.

Knüdeler, R./Feil, E. (2012): Die "Zinsschockproblematik" in der Zinsrisikomessung der Bausparkassen, in: *Immobilien & Finanzierung*, S. 402-406.

Körnert, J. (1998): Dominoeffekte im Bankensystem – Theorie & Evidenz. Verlag Arno Spitz.

Morck, W. (2007): § 249 HGB, in Koller, I./Roth, W.-H./Morck, W. (Hrsg.): *Handelsgesetzbuch – Kommentar*, C. H. Beck, 6. Auflage.

Krumnow, J. et al. (2004): Rechnungslegung der Kreditinstitute, Schäffer-Poeschel Verlag, 2. Auflage.

Kuckartz, U. (2012): Qualitative Inhaltanalyse: Methoden, Praxis, Computerunterstützung, Beltz Juventa.

Kugler, A. (1985): Konzeptionelle Ansätze zur Analyse und Gestaltung von Zinsänderungsrisiken in Kreditinstituten, Europäische Hochschulschriften.

Kuhn, S./Scharpf, P. (2006): Rechnungslegung von Financial Instruments nach IFRS, IAS 32, IAS 39 und IFRS 7, Schäffer-Poeschel Verlag, 3. Auflage.

Kühn, S. (2011): Integrierte Zinsbuch-, Vertriebs- und Risikotragfähigkeits-Steuerung, in: *BankPraktiker*, S. 465-471.

Lambert, R./Leuz, C./Verrecchia, R. E. (2007): Accounting Information, Disclosure, and the Cost of Capital, in: *Journal of Accounting Research*, Bd. 45, S. 385-420.

Lang, M./Lins, K. V./Maffett, M. (2012): Transparency, Liquidity, and Valuation: International Evidence on When Transparency Matters Most, in: *Journal of Accounting Research*, Bd. 50, S. 729-774.

Leffson, U. (1987): Die Grundsätze ordnungsmäßiger Buchführung, IDW Verlag, 7. Auflage.

Lehmann, W. (1934): Leistung und Gegenleistung bei gewagten Verträgen : unter besonderer Berücksichtigung des Lotterie-, des Versicherungs- und des Bausparvertrages, Risse-Verlag.

Lepetit, L. et al. (2008): Bank Income Structure and Risk: An Empirical Analysis of European Banks, in: *Journal of Banking & Finance*, Bd. 32, S. 1452–1467.

Leuz, C. (2003): Proprietary versus Non-Proprietary Disclosures: Evidence from Germany. Abrufbar unter: `http://ssrn.com/abstract=99861`; abgerufen am 20. Juli 2015.

Leuz, C./Verrecchia, R. E. (2000): The Economic Consequences of Increased Disclosure, in: *Journal of Accounting Research*, Bd. 38, S. 91-124.

Löw, E. (2013): Handelsrechtliche Aspekte der verlustfreien Bewertung von zinsbezogenen Geschäften des Bankbuchs, in: *Recht der Finanzinstrumente*, S. 320-328.

Löw, E./Scharpf, P./Weigel, W. (2008): Auswirkungen des Regierungsentwurfs zur Modernisierung des Bilanzrechts auf die Bilanzierung von Finanzinstrumenten, in: *Die Wirtschaftsprüfung*, S. 1011-1020.

Lücke, W. (1995): Investitionsrechnung auf der Grundlage von Ausgaben oder Kosten, in: *Zeitschrift für handelswissenschaftliche Forschung*, Bd. 7, S. 310-324.

Luz, G. et al. (2015): Kreditwesengesetz (KWG) – Kommentar zu KWG, CRR, SolvV, WuSolvV, GroMiKV, LiqV und weiteren aufsichtsrechtlichen Vorschriften, Schäffer-Poeschel Verlag, 3. Auflage.

Marusev, A. W./Pfingsten, A. (1993): Das Lücke-Theorem bei gekrümmter Zinsstruktur-Kurve, in: *Zeitschrift für betriebswirtschaftliche Forschung*, Bd. 45, S. 361-365.

Melcher, W./ David, K./ Skowronek, T. (2013): Rückstellungen in der Praxis – Anwendungsfälle nach HGB und IFRS, Wiley-VCH Verlag.

Meyer, P. A./Pifer, H. W. (1970): Prediction of Bank Failures, in: *Journal of Finance*, Bd. 25, S. 853-868.

Milgrom, P. R. (1981): Good News and Bad News: Representation Theorems and Applications, in: *The Bell Journal of Economics*, Bd. 12, S. 380-391.

Moccia, M. (2012): Stellungnahme zum Entwurf der IDW Stellungnahme zur Rechnungslegung: Einzelfragen zur verlustfreien Bewertung von zinsbezogenen Geschäften des Bankbuchs (Zinsbuchs) (IDW ERS BFA 3). Abrufbar unter: http://www.idw.de/idw/download/IDWERSBFA3_Moccia.pdf?id=621948&property=Datei; abgerufen am 20. Mai 2013.

Moosmüller, G. (2004): Methoden der empirischen Wirtschaftsforschung, Pearson Studium.

Morgan, D. (2002): Rating Banks: Risk and Uncertainty in an Opaque Industry, in: *The American Economic Review*, Bd. 92, S. 874-888.

Moxter, A. (2003): Grundsätze ordnungsgemäßer Rechnungslegung, IDW-Verlag.

Mülhaupt, L. (1980): Einführung in die Betriebswirtschaftslehre der Banken: Struktur und Grundprobleme des Bankbetriebs und des Bankwesens in der Bundesrepublik Deutschland, Gabler Verlag, 3. Auflage.

Mußler, H./ Amann, M. (2008): Wie sicher ist das Geld in der Bank?. Abrufbar unter: http://www.faz.net/aktuell/wirtschaft/finanzkrise-wie-sicher-ist-das-geld-in-der-bank-1488836.html; abgerufen am 20. Juli 2015.

Nandy, D. (2010): Banking Sector Reforms in India and Performance Evaluation of Commercial Banks, Universal-Publishers.

Naumann, T. K. (1995): Bewertungseinheiten im Gewinnermittlungsrecht der Banken, IDW Verlag.

Obst, G./Hintner, O. (2000): Geld-, Bank- und Börsenwesen, Schäffer-Poeschel Verlag, 40. Auflage.

Oesterreichische Nationalbank (2008): Leitfaden zum Management des Zinsrisikos im Bankbuch.

Oestreicher, A. (1993): Die Berücksichtigung von Marktzinsänderungen bei Finanzierungsverträgen in der Handels- und Steuerbilanz, in: *Der Betriebsberater*, Beilage 12.

Pellens, B et al. (2014): Internationale Rechnungslegung, Schäffer-Poeschel Verlag, 9. Auflage.

Prahl, R./Naumann, T. K. (1992): Moderne Finanzinstrumente im Spannungsfeld zu traditionellen Rechnungslegungsvorschriften: Barwertansatz, Hedge-Accounting und Portfolio-Approach, in: *Die Wirtschaftsprüfung*, S. 709-719.

Preinreich, G. A. D. (1937): Valuation and Amortization, in: *The Accounting Review,* Bd. 12, S. 209-226.

Preinreich, G. A. D. (1938): Annual Survey of Economic Theory: The Theory of Depreciation, in: *Econometrica,* Bd. 6, S. 219-231.

PwC (2013): IASB veröffentlicht Standardentwurf zu Wertminderungen von finanziellen Vermögenswerten. Abrufbar unter: `http://www.pwc.at/newsletter/ifrs/2013/standardentwurf-zu-wertminderungen-des-iasb-ifrs-direkt-04-2013.pdf`; abgerufen am 10. September 2015.

Qasim, S./Rehman, R.U. (2011): Impacts of liquidity ratios on profitability, in: *Interdisciplinary Journal of Research in Business,* Bd. 1, S. 95-98.

Rappaport, A. (1999): Shareholder Value: ein Handbuch für Manager und Investoren. Schäffer-Poeschel Verlag.

Rathgeber, A./Wallmeier, M. (2011): Regionales Clustering im Ausschüttungsverhalten von Sparkassen, in: *Zeitschrift für Betriebswirtschaft,* S. 1341-1377.

Rebmann, D./Weigel, W. (2014): Verlustfreie Bewertung von zinsbezogenen Geschäften des Bankbuchs bei Kreditinstituten nach dem deutschen HGB und dem österreichischen UGB, in: *Zeitschrift für internationale und kapitalmarktorientierte Rechnungslegung,* S 211–220.

Reuse, S. (2012): Definition und Ausprägung des Zinsänderungsrisikos, in: Reuse, S. (Hrsg.): *Zinsrisikomanagement,* Finanz Colloquium Heidelberg, 2. Auflage.

Rinck, T. (2013): Management von Marktpreisrisiken, in: Buchmüller, P./Ullrich, G. (Hrsg.): *MaRisk Interpretationshilfen,* 4. Auflage.

Rolfes, B./Schierenbeck, H./Schüller, S. (1995): Risikomanagement in Kreditinstituten, Fritz Knapp Verlag.

Scharpf, P. (2009): Finanzinstrumente, in Küting, P./Pfitzer, N./Weber, C.-P.: *Das neue deutsche Bilanzrecht – Handbuch zur Anwendung des Bilanzmodernisierungsgesetzes (BilMoG),* Schäffer Poeschel Verlag, 2. Auflage, S. 197-262.

Scharpf, P. (2012): § 254 HGB, in: Küting, P./Pfitzer, N./Weber, C. P. (Hrsg.): *Handbuch der Rechnungslegung – Einzelabschluss,* 5. Auflage.

Scharpf, P./Luz, G. (1996): Risikomanagement, Bilanzierung und Aufsicht von Finanzderivaten, Schäffer-Poeschel Verlag.

Scharpf, P./Luz, G. (2000): Risikomanagement, Bilanzierung und Aufsicht von Finanzderivaten, Schäffer-Poeschel Verlag, 2. Auflage.

Scharpf, P./Schaber, M. (2011a): Verlustfreie Bewertung des Bankbuchs bei Kreditinstituten – Einige ausgewählte Aspekte, in: *Der Betrieb,* S. 2034-2051.

Scharpf, P./Schaber, M. (2011b): Handbuch Bankbilanz, IDW Verlag, 4. Auflage.

Scharpf, P./Schaber, M. (2013): Handbuch Bankbilanz, IDW Verlag, 5. Auflage.

Scharpf, P./Schaber, M. (2015): Handbuch Bankbilanz, IDW Verlag, 6. Auflage.

Schäfer, O./Cirpka, E./Zehnder, A. J. (1999): Bausparkassengesetz und Bausparkassenverordnung – Kommentar, Domus-Verlag, 5. Auflage.

Scheffler, Jan (1994): Hedge-Accounting – Jahresabschlußrisiken in Banken, Gabler Verlag.

Scherff, S./Willeke, C. (2011): Ansatz und Bewertung von. Drohverlustrückstellungen, in: *Buchführung, Bilanzierung, Kostenrechnung*, S. 259-269.

Schierenbeck, H. (1985): Ertragsorientiertes Bankmanagement, Gabler Verlag.

Schierenbeck, H. (2001): Ertragsorientiertes Bankmanagement, Gabler Verlag.

Schildbach, T. (2009): Der handelsrechtliche Jahresabschluss, NWB Verlag, 9. Auflage.

Schneider, H. (2009): Nachweis und Behandlung von Multikollinearität, in: Albers, S. et al. (Hrsg.): *Methodik der empirischen Forschung*, Gabler Verlag, 3. Auflage.

Scholz, W. (1979): Zinsänderungsrisiken im Jahresabschluß der Kreditinstitute, in: *Kredit und Kapital*, S. 517-544.

Schorr, G. (2012): Stellungnahme zum IDW ERS BFA 3 („Einzelfragen der Bewertung von zinsbezogenen Geschäften des Bankbuchs (Zinsbuchs)"). Abrufbar unter: http://www.idw.de/idw/download/IDWERSBFA3_Schorr.pdf?id=620594&property=Datei; abgerufen am 20. Mai 2013.

Schubert, W. J. (2014): § 249 HGB, in: *Beck'scher Bilanz-Kommentar*, 9. Auflage.

Scott, T.W. (1994): Incentives and disincentives for financial disclosure: voluntary disclosure of defined benefit pension plan information by Canadian firms, in: *The Accounting Review*, Bd. 69, S. 26-43.

Shleifer, A./Vishny, R. W. (1989): Management Entrenchment: The Case of Manager-Specific Investments, in: *Journal of Financial Economics*, Bd. 25, S. 123-139.

Simpson W.G./Kohers T. (2002): The Link between Corporate Social and Financial Performance: Evidence from the Banking Industry, in: *Journal of Business Ethics*, S. 97-109.

Sopp, G./Grünberger, D. (2014): Die Bilanzierung von Derivaten zur Steuerung der Zinsrisiken im Bankbuch, in: *Zeitschrift für internationale und kapitalmarktorientierte Rechnungslegung*, S. 36-46.

Statista (2013): Marktanteile an den Einlagen von Privatpersonen der Bankengruppen in Deutschland im Jahr 2013. Abrufbar unter: http://de.statista.com/statistik/daten/studie/161138/umfrage/marktanteile-der-banken-an-den-einlagen-von-privatpersonen/; abgerufen am 10. Mai 2015.

Statistisches Bundesamt (2015): Insolvenzen. Abrufbar unter: https://www.destatis.de/DE/ZahlenFakten/GesamtwirtschaftUmwelt/UnternehmenHandwerk/Insolvenzen/Insolvenzen.html; abgerufen am 10. Juli 2015.

Sternberg, C. (2012): Stellungnahme zum IDW ERS BFA 3 insbesondere im Hinblick auf die Möglichkeit der periodischen (GuV-orientierten) Betrachtungsweise. Abrufbar unter: http://www.idw.de/idw/download/IDWERSBFA3_Sternberg.pdf?id=621950&property=Datei; abgerufen am 20 Mai. 2013.

Stiroh, K. (2004): Diversification in banking: Is non-interest income the answer?, in: *Journal of Money, Credit and Banking*, Bd. 36, S. 853-882.

Stolberg, F. (1971): Bericht über die Fachtagung des Instituts der Wirtschaftsprüfer 1971 in Düsseldorf, in: *Die Wirtschaftsprüfung*, S. 385-393.

Stulz, R. (1990): Managerial Discretion and Optimal Financing Policies, in: *Journal of financial Economics*, Bd. 26, S. 3-27.

Süchting, J. /Paul, S, (1998): Bankmanagement, Schäffer-Poeschel Verlag, 4. Auflage.

Tabachnick, B. G./Fidell, L. S. (2007): Using Multivariate Statistics, Pearson Education.

Tagesspiegel (1997): City Back löst Run auf Citibank aus. Abrufbar unter: http://www.tagesspiegel.de/wirtschaft/city-back-loest-run-auf-citibank-aus/17264.html; abgerufen am 20. Januar 2016.

Trautmann, S. (2007): Investitionen – Bewertung, Auswahl und Risikomanagement, Springer Verlag, 2. Auflage.

Tscherny, O. (2005): Einsatzmöglichkeiten von derivativen Instrumenten in einer Regionalbank, in: Eller, R. et al. (Hrsg.): *Handbuch Derivativer Instrumente: Produkte, Strategien, Risikomanagement*, Schäffer-Poeschel Verlag.

Verse, D./Wiersch R. R. (2013): Genussrechte nach vertraglicher Konzernierung des Emittenten, Arbeitspapiere 2013, Institut für deutsches und internationales Kreditrecht an der Johannes Gutenberg - Universität Mainz.

Verrecchia, R.E. (1990): Endogenous proprietary costs through firm interdependence, in: *Journal of Accounting and Economics*, Bd. 12, S. 245-250.

Verrecchia, R. E. (2001): Essay on Disclosure, in: *Journal of Accounting and Economics*, Bd. 32, S. 97-180.

VöB (2011): Aufsichtliche Beurteilung bankinterner Risikotragfähigkeitskonzepte. Abrufbar unter: www.voeb.de/download/rtf-arbeitspapier.pdf; abgerufen am 30. Juni 2013.

VöB (2012): Förderbanken in Deutschland, Unterwegs im öffentlichen Auftrag. Abrufbar unter: https://www.voeb.de/de/publikationen/fachpublikationen/publikation-foerderbanken-deutschland.pdf; abgerufen am 23. April 2014.

Walter, K.-F. (2012): IDW ERS BFA 3 Einzelfragen der verlustfreien Bewertung von zinsbezogenen Geschäften des Bankbuchs (Zinsbuchs). Abrufbar unter: http://www.idw.de/idw/download/IDWERSBFA3_Walter.pdf?id=621944&property=Datei; abgerufen am 30. Mai 2013.

Walter, K. W. (2010): Zinsbuch: Verlustfreie Bewertung, in: *BankPraktiker*, S. 233-237.

Welker, M. (1995): Disclosure Policy, Information Asymmetry, and Liquidity in Equity Markets, in: *Contemporary accounting research*, Bd. 11, S. 801-827.

Welp, C. et al. (2012): Sind Europas Banken noch zu retten?. Abrufbar unter: http://www.wiwo.de/politik/europa/euro-krise-sind-europas-banken-noch-zu-retten/6846206.html; abgerufen am 10. September 2015.

Wimmer, K. (2009): Barwertige Steuerung des Unternehmenserfolg, in: Riekeberg, M./Utz, E. R. [Hrsg.]: Strategische Gesamtbanksteuerung, Deutscher Sparkassenverlag.

Winkeljohann, N./Büssow T. (2014): § 252 HGB, in: *Beck'scher Bilanz-Kommentar*, 9. Auflage.

Zeghal, D. (1984): Firm Size and the Informational Content of Financial Statements, in: *Journal of Financial and Quantitative Analysis*, Bd. 19, S. 299-310.